U0299786

住房和城乡建设领域专业人员岗位培训考核系列用书

质量员专业管理实务
（市政工程）

江苏省建设教育协会　组织编写

中国建筑工业出版社

图书在版编目（CIP）数据

质量员专业管理实务（市政工程）/江苏省建设教育协会组织编写. —北京：中国建筑工业出版社，2014.4

住房和城乡建设领域专业人员岗位培训考核系列用书

ISBN 978-7-112-16577-3

Ⅰ.①质…　Ⅱ.①江…　Ⅲ.①建筑工程-质量管理-岗位培训-教材②市政工程-质量管理-岗位培训-教材　Ⅳ.①TU712

中国版本图书馆 CIP 数据核字（2014）第 052631 号

本书是《住房和城乡建设领域专业人员岗位培训考核系列用书》中的一本，依据《建筑与市政工程施工现场专业人员职业标准》编写。全书共分8章，包括城市道路工程施工、城市桥梁工程施工、城市管道工程施工、城市轨道交通与隧道工程施工、城市道路工程质量验收标准、城市桥梁工程质量验收标准、城市管道工程质量验收标准以及城市轨道交通与隧道工程质量验收标准。本书可作为市政工程质量员岗位考试的指导用书，又可作为施工现场相关专业人员的实用手册，也可供职业院校师生和相关专业技术人员参考使用。

责任编辑：刘　江　岳建光　王砾瑶

责任设计：董建平

责任校对：李美娜　刘　钰

住房和城乡建设领域专业人员岗位培训考核系列用书

质量员专业管理实务

（市政工程）

江苏省建设教育协会　组织编写

*

中国建筑工业出版社出版、发行（北京西郊百万庄）

各地新华书店、建筑书店经销

北京科地亚盟排版公司制版

北京圣夫亚美印刷有限公司印刷

*

开本：787×1092毫米　1/16　印张：17¼　字数：415千字

2014年9月第一版　2014年9月第一次印刷

定价：**45.00**元

ISBN 978 - 7 - 112 - 16577 - 3

（25344）

住房和城乡建设领域专业人员岗位培训考核系列用书

编审委员会

主　任：杜学伦

副主任：章小刚　　陈　曦　　曹达双　　漆贯学

　　　　金少军　　高　枫　　陈文志

委　员：王宇旻　　成　宁　　金孝权　　郭清平

　　　　马　记　　金广谦　　陈从建　　杨　志

　　　　魏傻燕　　惠文荣　　刘建忠　　冯汉国

　　　　金　强　　王　飞

出版说明

为加强住房城乡建设领域人才队伍建设，住房和城乡建设部组织编制了住房城乡建设领域专业人员职业标准。实施新颁职业标准，有利于进一步完善建设领域生产一线岗位培训考核工作，不断提高建设从业人员队伍素质，更好地保障施工质量和安全生产。第一部职业标准——《建筑与市政工程施工现场专业人员职业标准》（以下简称《职业标准》），已于 2012 年 1 月 1 日实施，其余职业标准也在制定中，并将陆续发布实施。

为贯彻落实《职业标准》，受江苏省住房和城乡建设厅委托，江苏省建设教育协会组织了具有较高理论水平和丰富实践经验的专家和学者，以职业标准为指导，结合一线专业人员的岗位工作实际，按照综合性、实用性、科学性和前瞻性的要求，编写了这套《住房和城乡建设领域专业人员岗位培训考核系列用书》（以下简称《考核系列用书》）。

本套《考核系列用书》覆盖施工员、质量员、资料员、机械员、材料员、劳务员等《职业标准》涉及的岗位（其中，施工员、质量员分为土建施工、装饰装修、设备安装和市政工程四个子专业），并根据实际需求增加了试验员、城建档案管理员岗位；每个岗位结合其职业特点以及培训考核的要求，包括《专业基础知识》、《专业管理实务》和《考试大纲·习题集》三个分册。随着住房城乡建设领域专业人员职业标准的陆续发布实施和岗位的需求，本套《考核系列用书》还将不断补充和完善。

本套《考核系列用书》系统性、针对性较强，通俗易懂，图文并茂，深入浅出，配以考试大纲和习题集，力求做到易学、易懂、易记、易操作。既是相关岗位培训考核的指导用书，又是一线专业人员的实用手册；既可供建设单位、施工单位及相关高、中等职业院校教学培训使用，又可供相关专业技术人员自学参考使用。

本套《考核系列用书》在编写过程中，虽经多次推敲修改，但由于时间仓促，加之编者水平有限，如有疏漏之处，恳请广大读者批评指正（相关意见和建议请发送至 JYXH05@163.com），以便我们认真加以修改，不断完善。

本书编写委员会

主　　编：任　强

副 主 编：许琼鹤　金广谦

编写人员：徐良兴　孙霏霖

前　言

为贯彻落实住房城乡建设领域专业人员新颁职业标准，受江苏省住房和城乡建设厅委托，江苏省建设教育协会组织编写了《住房和城乡建设领域专业人员岗位培训考核系列用书》，本书为其中的一本。

质量员（市政工程）培训考核用书包括《质量员专业基础知识（市政工程）》、《质量员专业管理实务（市政工程)》、《质量员考试大纲·习题集（市政工程)》三本，反映了国家现行规范、规程、标准，并以国家质量检查和验收规范为主线，不仅涵盖了现场质量检查人员应掌握的通用知识、基础知识和岗位知识，还涉及新技术、新设备、新工艺、新材料等方面的知识。

本书为《质量员专业管理实务（市政工程)》分册。全书共分 8 章，内容包括：城市道路工程施工；城市桥梁工程施工；城市管道工程施工；城市轨道交通与隧道工程施工；城市道路工程质量验收标准；城市桥梁工程质量验收标准；城市管道工程质量验收标准；城市轨道交通与隧道工程质量验收标准。本书中黑体字为强制性条文。

本书既可作为质量员（市政工程）岗位培训考核的指导用书，又可作为施工现场相关专业人员的实用手册，也可供职业院校师生和相关专业技术人员参考使用。

目 录

第1篇 市政公用工程施工技术

第2篇　市政公用工程质量验收标准

第 1 篇

市政公用工程施工技术

第1章 城市道路工程施工

《城镇道路工程施工与质量验收规范》CJJ 1—2008 于 2008 年 9 月 1 日实施，为行业标准，原《市政道路工程质量检验评定标准》CJJ 1—90 同时废止。本章主要围绕行业标准 CJJ 1—2008 中新增加的施工及验收条款部分进行阐述。

1.1 总　则

（1）为加强城镇道路施工技术管理，规范施工要求，统一施工质量检验及验收标准，提高工程质量，制定《城镇道路工程施工与质量验收规范》CJJ 1—2008。

中华人民共和国行业标准《市政道路工程质量检验评定标准》CJJ 1—90（下简称"原标准"）颁布执行已 18 年了，目前新技术、新工艺、新设备、新材料在施工中得到广泛的应用。2003 年建设部以《关于印发〈2002～2003 年度工程建设城建、建工行业标准制订、修订计划〉的通知》（建标［2003］104 号）正式下达了修订计划，将原标准列入修订范围。修订后的标准题目为《城镇道路工程施工与质量验收规范》。其内容有较大扩充，不仅增加了施工技术要求内容，而且将城镇道路建设中新发展的项目——广场、人行地道、隔离墩、隔离栅、声屏障等纳入《城镇道路工程施工与质量验收规范》CJJ 1—2008 中，对加强施工技术、质量安全生产管理有重要意义。

（2）《城镇道路工程施工与质量验收规范》CJJ 1—2008 适用于城镇新建、改建、扩建的道路及广场、停车场等工程的施工和质量检验、验收。

所谓新建，是指从基础开始建造的建设项目。按照国家规定也包括原有基础很小，经扩大建设规模后，其新增固定资产价值超过原有固定资产价值三倍以上，并需要重新进行总体设计的建设项目。所谓扩建，是指在原有基础上加以扩充的建设项目；包括扩大原有产品生产能力、增加新的产品生产能力以及为取得新的效益和使用功能而新建主要生产场所或工程的建设活动。所谓改建，是指不增加建筑物或建设项目体量，在原有基础上，为提高生产效率，改进产品质量，或改变产品方向，或改善建筑物使用功能、改变使用目的，对原有工程进行改造的建设项目。在改建的同时，扩大主要产品的生产能力或增加新效益的项目，一般称为改扩建项目。

1.2 基本规定

（1）施工单位应具备相应的城镇道路工程施工资质。

按照《建筑业企业资质管理规定》（建设部令第 87 号）要求，从事城镇道路工程施工的施工单位应取得市政公用工程施工总承包企业资质，其等级分为特级、一级、二级、三级。

（2）施工单位应建立健全施工技术、质量、安全生产管理体系，制定各项施工管理制度，并贯彻执行。

本条在文字上表述的是对施工单位在施工中技术、质量、安全等方面的管理性要求，鉴于技术质量管理与生产技术安全是实现施工技术措施与保证工程质量的重要基础条件，故在此予以特别强调。

（3）施工单位应按合同规定的、经过审批的有效设计文件进行施工。未经批准的设计变更、工程洽商严禁施工。

本条强调应按合同规定并经过审批的有效设计文件组织施工。

（4）施工中应对施工测量及其内业经常复核，确保准确。

（5）施工中必须建立安全技术交底制度，并对作业人员进行相关的安全技术教育与培训。作业前主管施工技术人员必须向作业人员进行详尽的安全技术交底，并形成文件。

本条是施工技术安全，质量管理方面的主要要求；是落实操作人员，实现技术要求、生产优质产品、保证安全生产的重要施工管理措施。安全技术教育与培训是企业对作业层人员教育的基本内容，在施工前进行有针对性的技术安全教育，对安全生产具有重要的现实意义。作业前由主管技术人员向作业人员进行详尽的安全技术交底是落实安全生产的重要措施，同时明确了责任。故列为强制性条文。

（6）遇冬、雨期等特殊气候施工时，应结合工程实际情况，制定专项施工方案，并经审批程序批准后实施。

（7）施工中，前一分项工程未经验收合格严禁进行后一分项工程施工。

本条为强制性条文，明确了工程施工质量控制基本规定，强调了各分项工程完成后须进行自检、交接检验，并报监理工程师验收合格后方可进行下个分项工程施工。

（8）与道路同期施工，敷设于城镇道路下的新管线等构筑物，应按先深后浅的原则与道路配合施工。施工中应保护好既有及新建地上杆线、地下管线等建（构）筑物。

工程施工可能给毗邻的构筑物和地下管线等造成损害的，施工单位应采取相应的保护措施。地下管线是城市重要的基础设施，是经济建设和人民生活的必备条件，是城市赖以生存和发展的基础。因此，施工单位有义务保证地下各类管线的安全、完好、正常运行，采取相应的专项防护措施，确保地下管线不受损坏。

（9）道路范围（含人行步道、隔离带）内的各种检查井井座应设于混凝土或钢筋混凝土井圈上。井盖宜能锁固。检查井的井盖、井座应与道路交通等级匹配。

城镇道路的特点之一是道路范围内是各种基础管线设施的走廊。上述管线的检查井给城市道路的使用与管理带来很多要求。为保证道路使用安全，本条提出了对检查井圈、井盖的最基本的要求。检查井盖、井座应与道路交通等级匹配，在施工中应特别注意。

（10）施工中应按合同文件规定的施工技术标准与质量标准的要求，依照国家现行有关规范的规定，进行施工过程与成品质量控制。

（11）道路工程应划分为单位（子单位）工程、分部（子分部）工程、分项工程和检验批，作为工程施工质量检验和验收的基础。单位工程、分部工程、分项工程和检验批的划分应符合《城镇道路工程施工与质量验收规范》CJJ 1—2008 规定。

本条规定了施工过程质量控制的原则要求，即按检验批、分项、分部（子分部）、单位工程进行工程控制，并作为工程验收的基础。对工程规模大、内容复杂的单位道路工程，可以划分为若干子单位工程，对内容复杂的分部工程可以划分为若干子分部工程。

（12）单位工程完成后，施工单位应进行自检，并在自检合格的基础上，将竣工资料、自检结果报监理工程师，申请预验收。监理工程师应在预验收合格后报建设单位申请正式验收。建设单位应依相关规定及时组织相关单位进行工程竣工验收，并在规定时间内报建设行政管理部门备案。

1.3 路　　基

1.3.1　一般规定

（1）施工前，应对道路中线控制桩、边线桩及高程控制桩等进行复核，确认无误后方可施工。

（2）施工前，应根据工程地质勘察报告，依据工程需要按现行国家标准《土工试验方法标准》GB/T 50123 的规定，对路基土进行天然含水量、液限、塑限、标准击实、CBR 试验等，必要时应做颗粒分析、有机质含量、易溶盐含量、冻膨胀和膨胀量等试验。

本条规定的土工试验项目，是填筑路基施工前的必要技术准备。施工过程中各地区可依据本地区情况，对本条所列的检测项目进行必要的选择或扩充。土的粒径试验成果应执行城镇道路宜就地取材原则，确定使用条件。而土的承载比 CBR 值，是考虑到它是路基土材料强度指标，是柔性路面设计的主要参数之一。

1.3.2　土方路基

（1）人、机配合土方作业，必须设专人指挥。机械作业时，配合作业人员严禁处在机械作业和走行范围内。配合人员在机械走行范围内作业时，机械必须停止作业。

本条是关于机械配合土方作业的技术安全要点，从文字上看本条为双向控制，是禁令性条文。列为强制性条文。

（2）路基填、挖接近完成时，应恢复道路中线、路基边线，进行整形，并碾压成活。压实度应符合表 1-3 的有关规定。

（3）使用房渣土、粉砂土作为填料时，应经试验确定。施工中应符合本书 1.4.2 的有关规定。

（4）挖方施工应符合下列规定：

1）挖土时应自上向下分层开挖，严禁掏洞开挖。作业中断或作业后，开挖面应做成稳定边坡。

2）机械开挖作业时，必须避开构筑物、管线，在距管道边 1m 范围内应采用人工开挖；在距直埋缆线 2m 范围内必须采用人工开挖。

3）严禁挖掘机等机械在电力架空线路下作业。需在其一侧作业时，垂直及水平安全距离应符合表 1-1 的规定。

挖掘机、起重机（含吊物、载物）等机械与电力架空线路的最小安全距离　　表 1-1

电压（kV）		<1	10	35	110	220	330	500
安全距离（m）	沿垂直方向	1.5	3.0	4.0	5.0	6.0	7.0	8.5
	沿水平方向	1.5	2.0	3.5	4.0	6.0	7.0	8.5

本条是保证开挖施工安全、施工质量的施工技术规定，强调了挖土施工作业方式和机械操作安全距离，不按条文规定要求作业极易造成安全事故，列为强制性条义。

（5）填方施工应符合下列规定：

1）填方前应将地面积水、积雪（冰）和冻土层、生活垃圾等清除干净。

2）填方材料的强度（CBR）值应符合设计要求，其最小强度应符合表 1-2 规定。不得使用淤泥、沼泽土、泥炭土、冻土、有机土以及含生活垃圾的土做路基填料。对液限大于 50、塑性指数大于 26、可溶盐含量大于 5%、700℃有机质烧失量大于 8%的土，未经技术处理不得作路基填料。

路基填料强度（CBR）的最小值　　表 1-2

填方类型	路床顶面以下深度（cm）	最小强度（CBR%）	
		城市快速路、主干路	其他等级道路
路床	0～30	8.0	6.0
路基	30～80	5.0	4.0
路基	80～150	4.0	3.0
路基	>150	3.0	2.0

3）填方中使用房渣土、工业废渣等需经过试验，确认可靠并经建设单位、设计单位同意后方可使用。

4）路基填方高度应按设计标高增加预沉量值。预沉量应根据工程性质、填方高度、填料种类、压实系数和地基情况与建设单位、设计单位共同商定确认。

5）不同性质的土应分类、分层填筑，不得混填，填土中大于 10cm 的土块应打碎或剔除。

6）填土应分层进行。下层填土验收合格后，方可进行上层填筑。路基填土宽度每侧应比设计规定宽 50cm。

7）路基填筑中宜做成双向横坡，一般土质填筑横坡宜为 2%～3%，透水性小的土类填筑横坡宜为 4%。

8）透水性较大的土壤边坡不宜被透水性较小的土壤所覆盖。

9）受潮湿及冻融影响较小的土壤应填在路基的上部。

10）在路基宽度内，每层虚铺厚度应视压实机具的功能确定。人工夯实应小于 20cm。

11）路基填土中断时，应对已填路基表面土层压实并进行维护。

12）原地面横向坡度在 1∶10～1∶5 时，应先翻松表土再进行填土；原地面横向坡度陡于 1∶5 时应做成台阶形，每级台阶宽度不得小于 1m，台阶顶面应向内倾斜；在沙土地段可不作台阶，但应翻松表层土。

13）压实应符合下列要求：

① 路基压实度应符合表 1-3 的规定。

填挖类型	路床顶面以下深度（cm）	道路类别	压实度（%）（重型击实）	检验频率		检验方法
				范围	点数	
挖方	0~30	城市快速路、主干路	95	1000m²	每层1组（3点）	细粒土用环刀法，粗粒土用灌水法或灌砂法
		次干路	93			
		支路及其他小路	90			
填方	0~80	城市快速路、主干路	95			
		次干路	93			
		支路及其他小路	90			
	>80~150	城市快速路、主干路	93			
		次干路	90			
		支路及其他小路	90			
	>150	城市快速路、主干路	90			
		次干路	90			
		支路及其他小路	87			

② 压实应先轻后重、先慢后快、均匀一致。压路机最大速度不宜超过 4km/h。

③ 填土的压实遍数，应按压实度要求，经现场试验确定。

④ 压实过程中应采取措施保护地下管线、构筑物安全。

⑤ 碾压应自路基边缘向中央进行，压路机轮外缘距路基边应保持安全距离，压实度应达到要求，且表面应无显著轮迹、翻浆、起皮、波浪等现象。

⑥ 压实应在土壤含水量接近最佳含水量值的±2‰时进行。

1.3.3 石方路基

石方填筑路基应符合下列规定：

1）修筑填石路堤应进行地表清理，先码砌边部，然后逐层水平填筑石料，确保边坡稳定。

2）施工前应先通过修筑试验段，确定能达到最大压实干密度的松铺厚度与压实机械组合，及相应的压实遍数、沉降差等施工参数。

3）填石路堤宜选用 12t 以上的振动压路机、25t 以上的轮胎压路机或 2.5t 以上的夯锤压（夯）实。

4）路基范围内管线、构筑物四周的沟槽宜回填土料。

本条是石方、土石方的填料强度、填筑方法、分层松铺厚度的基本规定；是保证压实效果及路基稳定的必须条件。其中第 2 款规定通过试验段，确定压实工艺与沉降差，来保证填石路基质量。第 3 款是对压实机械的选用基本规定。第 4 款是关于沟槽回填的基本要求。

1.3.4 路肩

（1）路肩应与路基、基层、面层等各层同步施工。

（2）路肩应平整、坚实，直线段肩线直顺，曲线段顺畅。

1.3.5 构筑物处理

（1）路基范围内有既有地下管线等构筑物时，施工应符合下列规定：

1）施工前，应根据管线等构筑物顶部与路床的高差，结合构筑物结构状况，分析、评估其受施工影响程度，采取相应的保护措施。

2）构筑物拆改或加固保护处理措施完成后，应进行隐蔽验收，确认符合要求、形成文件后，方可进行下一工序施工。

3）施工中，应保持构筑物的临时加固设施处于有效工作状态。

4）对构筑物的永久性加固，应在达到规定强度后，方可承受施工荷载。

本条是在道路施工中对处于路基范围内的既有管线、构筑物进行处治的基本技术要求。其中心要点是：在施工过程中保证既有管道、构筑物不受影响，处于安全状态。在既有管道、构筑物不具备承受施工荷载能力条件时，不得进行相关的施工，应在对既有管道、构筑物采取防护、加固措施后方可施工。

（2）沟槽回填土施工应符合下列规定：

1）回填土应保证涵洞（管）、地下建（构）筑物结构安全和外部防水层及保护层不受破坏。

2）预制涵洞的现浇混凝土基础强度及预制件装配接缝的水泥砂浆强度达 5MPa 后，方可进行回填。砌体涵洞应在砌体砂浆强度达到 5MPa，且预制盖板安装后进行回填；现浇钢筋混凝土涵洞，其胸腔回填土宜在混凝土强度达到设计强度70%后进行，顶板以上填土应在达到设计强度后进行。

3）涵洞两侧应同时回填，两侧填土高差不得大于 30cm。

4）对有防水层的涵洞靠防水层部位应回填细粒土，填土中不得含有碎石、碎砖及大于 10cm 的硬块。

5）涵洞位于路基范围内时，其顶部及两侧回填土应符合《城镇道路工程施工与质量验收规范》CJJ 1—2008 第 6.3.12 条的有关规定。

6）土壤最佳含水量和最大干密度应经试验确定。

7）回填过程不得劈槽取土，严禁掏洞取土。

城镇道路下方多埋设各种市政基础设施管道工程。在与道路同期施工时，其管道胸腔回填土必须符合本条规定，以保护管道结构安全，管顶 50cm 范围不得用压路机压实，也是为了保护管道结构安全。当管道直径为 900mm 以上的钢管或其他柔性管材，回填土时管道内尚需加竖向支撑。

1.3.6 特殊土路基

软土路基施工应符合下列规定：

1）软土路基施工应列入地基固结期。应按设计要求进行预压，预压期内除补填因加固沉降引起的补方外，严禁其他作业。

2）施工前应修筑路基处理试验路段，获取各种施工参数。

3）置换土施工应符合下列要求：

① 填筑前，应排除地表水，清除腐殖土、淤泥。

② 填料宜采用透水性土。处于常水位以下部分的填土，不得使用非透水性土壤。

③ 填土应由路中心向两侧按要求分层填筑并压实，层厚宜为15cm。

④ 分段填筑时，接槎应按分层作成台阶形状，台阶宽不宜小于2m。

4）当软土层厚度小于3.0m，且位于水下或为含水量极高的淤泥时，可使用抛石挤淤，并应符合下列要求：

① 应使用不易风化石料，石料中尺寸小于30cm粒径含量不得超过20％。

② 抛填方向应根据道路横断面下卧软土地层坡度而定。坡度平坦时自地基中部渐次向两侧扩展；坡度陡于1：10时，自高侧向低侧抛填，并在低侧边部多抛投，使低侧边部约有2m宽的平台顶面。

③ 抛石露出水面或软土面后，应用较小石块填平、碾压密实，再铺设反滤层填土压实。

5）采用砂垫层置换时，砂垫层应宽出路基边脚0.5～1.0m，两侧以片石护砌。

6）采用反压护道时，护道宜与路基同时填筑。当分别填筑时，必须在路基达到临界高度前将反压护道筑完。压实度应符合设计规定，且不应低于最大干密度的90％。

7）采用土工材料处理软土路基应符合下列要求：

① 土工材料应由耐高温、耐腐蚀、抗老化、不易断裂的聚合物材料制成。其抗拉强度、顶破强度、负荷延伸率等均应符合设计及有关产品质量标准的要求。

② 土工材料铺设前，应对基面压实整平。宜在原地基上铺设一层30～50cm厚的砂垫层。铺设土工材料后，运、铺料等施工机具不得在其上直接行走。

③ 每压实层的压实度、平整度经检验合格后，方可于其上铺设土工材料。土工材料应完好，发生破损应及时修补或更换。

④ 铺设土工材料时，应将其沿垂直于路轴线展开，并视填土层厚度选用符合要求的锚固钉固定、拉直，不得出现扭曲、折皱等现象。土工材料纵向搭接宽度不得小于30cm，采用锚接其搭接宽度不得小于15cm，采用胶结其胶接宽度不得小于5cm，胶结强度不得低于土工材料的抗拉强度。相邻土工材料横向搭接宽度不得小于30cm。

⑤ 路基边坡留置的回卷土工材料，其长度不得小于2m。

⑥ 土工材料铺设完后，应立即铺筑上层填料，其间隔时间不得超过48h。

⑦ 双层土工材料上、下层接缝应错开，错缝距离不得小于50cm。

8）采用袋装砂井排水应符合下列要求：

① 宜采用含泥量小于3％的粗砂或中砂做填料。砂袋的渗透系数应大于所用砂的渗透系数。

② 砂袋存放使用中不得长期曝晒。

③ 砂袋安装应垂直入井，不得扭曲、缩颈、断割或磨损，砂袋在孔口外的长度应能顺直伸入砂垫层不小于30cm。

④ 袋装砂井的井距、井深、井径等应符合设计要求。

9）采用塑料排水板应符合下列要求：

① 塑料排水板应具有耐腐性、柔韧性，强度与排水性能应符合设计要求。

② 塑料排水板贮存与使用中不得长期曝晒，并应采取保护滤膜措施。

③ 塑料排水板敷设应直顺，深度符合设计规定，超过孔口长度应伸入砂垫层不小于50cm。

10）采用砂桩处理软土地基应符合下列要求：

① 砂宜采用含泥量小于 3％的粗砂或中砂。

② 应根据成桩方法选定填砂的含水量。

③ 砂桩应砂体连续、密实。

④ 桩长、桩距、桩径、填砂量应符合设计规定。

11）采用碎石桩处理软土地基应符合下列要求：

① 宜选用含泥砂量小于 10％、粒径 19～63mm 的碎石或砾石作桩料。

② 应进行成桩试验，确定控制水压、电流和振冲器的振留时间等参数。

③ 应分层加入碎石（砾石）料，观察振实挤密效果，防止断桩、缩颈。

④ 桩距、桩长、灌石量等应符合设计规定。

12）采用粉喷桩加固土桩处理软土地基应符合下列要求：

① 石灰应采用磨细Ⅰ级钙质石灰（最大粒径小于 2.36mm、氧化钙含量大于 80％），宜选用 SiO_2 和 Al_2O_3 含量大于 70％，烧失量小于 10％的粉煤灰、普通或矿渣硅酸盐水泥。

② 工艺性成桩试验桩数不宜少于 5 根，获取钻进、拉斗、搅拌、喷气压力与单位时间喷入量等参数。

③ 柱距、桩长、桩径、承载力等应符合设计规定。

13）施工中，施工单位应按设计与施工设计要求记录各项控制观测数值，并与设计单位、监理单位及时沟通反馈有关工程信息指导施工。路堤完工后，应观测沉降值与位移至符合设计规定并稳定后，方可进行后续施工。

本条是对软土地基施工的基本要求。

第 1 款，软土地基路堤施工实行动态观测，常用的观测仪器有沉降板、边桩和测斜管。在施工期间位移观测应按设计要求跟踪观测，观测频率应与沉降、稳定的变形速率相适应。每填筑一层土至少观测一次；如果两次填筑时间间隔较长，间隔期间每 3d 至少观测一次。路堤填筑完成后，堆载预压期间观测应视地基稳定情况而定，一般半月或每月观测一次。直至沉降、位移稳定，符合设计要求。

施工填筑速率常采用控制边桩位移速率和控制地面沉降速率的方法，其控制标准为：路堤中心线地面沉降速率每昼夜大于 10mm，坡脚水平位移速率每昼夜不大于 5mm，并结合沉降和位移发展趋势进行综合分析。填筑速率控制应以水平控制为主，如超过此限应立即停止填筑。

第 3 款适用于软土厚度小于 2.0m 的换填施工。采用外运土换填时，应采用透水性好的土，也可采用在土中掺加适量石灰，对土进行处理。石灰用量应经试验确定。

第 13 款系指设计中，虽然一般规定施工沉降预压期，但由于土的不均匀性、试验数据的误差、计算理论的不完善及设计中人为因素的干扰，预压期只是一个粗略的概念，这个概念只能作为一个控制指标，它与实际施工尚有一定差别。实际施工中不能用预压期规定作为预压结束的天数。而要通过沉降观测来确定路堤沉降是否已达到标准。

1.4 基　层

1.4.1　一般规定

(1) 石灰稳定土类材料宜在冬期开始前 30～45d 完成施工，水泥稳定土类材料宜在冬期开始前 15～30d 完成施工。

本条指出采用稳定土类做道路基层的适宜温度时期，宜在冬期到来前 30～40d 完成施工，对于不同的稳定土冬期到来前的停施时间要求不同，石灰稳定与石灰粉煤灰稳定土类宜为 30～45d，水泥稳定土类为 15～30d。

因为养护温度对石灰土的抗压强度有明显影响，养护温度高，其抗压强度增长快；当温度低于 5℃时，石灰土的强度几乎没有增长。当石灰土经常处于过分潮湿状态，也不易形成较高强度的板体，在冰冻地区，当石灰土用于潮湿路段时，冬季石灰土层中可能产生聚冰现象，从而使石灰土的结构遭受破坏，导致路面产生过早破坏。

(2) 基层材料的摊铺宽度应为设计宽度两侧加施工必要附加宽度。

(3) 基层施工中严禁用贴薄层方法整平修补表面。

1.4.2　石灰稳定土类基层

(1) 原材料应符合下列规定：

1) 土应符合下列要求：

① 宜采用塑性指数 10～15 的亚黏土、黏土。塑性指数大于 4 的砂性土亦可使用。

② 土中的有机物含量宜小于 10%。

③ 使用旧路的级配砾石、砂石或杂填土等应先进行试验。级配砾石、砂石等材料的最大粒径不宜超过 0.6 倍分层厚度，且不得大于 10cm。土中欲掺入碎砖等粒料时，粒料掺入含量应经试验确定。

2) 石灰应符合下列要求：

① 宜用 1～3 级的新灰，石灰的技术指标应符合相关规定。

② 磨细生石灰，可不经消解直接使用；块灰应在使用前 2～3d 完成消解，未能消解的生石灰块应筛除，消解石灰的粒径不得大于 10mm。

③ 对储存较久或经过雨期的消解石灰应先经过试验，根据活性氧化物的含量决定能否使用和使用办法。

3) 水应符合国家现行标准《混凝土用水标准》JGJ 63 的规定。宜使用饮用水及不含油类等杂质的清洁中性水，pH 值宜为 6～8。

(2) 在城镇人口密集区，应使用厂拌石灰土，不得使用路拌石灰土。

目前多数城市都在为降低空气污染而努力，为保护环境减少大气污染，城镇道路稳定土类基层施工应尽量采用厂拌法或采用专用的稳定土搅拌机拌制。不得采用路拌方式施工。对于少量需人工搅拌的灰土，应符合《城镇道路施工与质量验收规范》第 7.2.5 条规定，在实施中尚应制定详细措施。

1.4.3　石灰、粉煤灰稳定砂砾基层

原材料应符合下列规定：

1）石灰应符合《城镇道路工程施工与质量验收规范》第7.2.1条的规定。

2）粉煤灰应符合下列规定：

① 粉煤灰化学成分的 SiO_2、Al_2O_3 和 Fe_2O_3 总量宜大于70%；在温度为700℃的烧失量宜小于或等于10%。

② 当烧失量大于10%时，应经试验确认混合料强度符合要求时，方可采用。

③ 细度应满足90%通过0.3mm筛孔，70%通过0.075mm筛孔，比表面积宜大于2500cm²/g。

3）砂砾应经破碎、筛分，级配宜符合相关规定，破碎砂砾中最大粒径不得大于37.5mm。

4）水应符合《城镇道路工程施工与质量验收规范》第7.2.1条第3款的规定。

1.4.4　石灰、粉煤灰、钢渣稳定土类基层

原材料应符合下列规定：

1）石灰应符合《城镇道路工程施工与质量验收规范》第7.2.1条的有关规定。

2）粉煤灰应符合《城镇道路工程施工与质量验收规范》第7.3.1条的有关规定。

3）钢渣破碎后堆存时间不应少于半年，且达到稳定状态，游离氧化钙（f-CaO）含量应小于3%；粉化率不得超过5%。钢渣最大粒径不得大于37.5mm，压碎值不得大于30%，且应清洁，不含废镁砖及其他有害物质；钢渣质量密度应以实际测试值为准。钢渣颗粒组成应符合表1-4的规定。

钢渣混合料中钢渣颗粒组成　　　　　　　　　　　　　　　　　　表1-4

通过下列筛孔（mm，方孔）的质量（%）								
37.5	26.5	16	9.5	4.75	2.36	1.18	0.60	0.075
100	95～100	60～85	50～70	40～60	27～47	20～40	10～30	0～15

4）土应符合下列要求：

① 当采用石灰粉煤灰稳定土时，土的塑性指数宜为12～20。

② 当采用石灰与钢渣稳定土时，其土的塑性指数宜为7～17，不得小于6，且不得大于30。

5）水应符合《城镇道路工程施工与质量验收规范》第7.2.1条第3款的规定。

1.4.5　水泥稳定土类基层

（1）原材料应符合下列规定：

1）水泥应符合下列要求：

① 应选用初凝时间大于3h、终凝时间不小于6h的32.5级、42.5级普通硅酸盐水泥、矿渣硅酸盐水泥、火山灰硅酸盐水泥。水泥应有出厂合格证与生产日期，复验合格方可使用。

② 水泥贮存期超过 3 个月或受潮，应进行性能试验，合格后方可使用。

2）土应符合下列要求：

① 土的均匀系数不得小于 5，宜大于 10，塑性指数宜为 10～17；

② 土中小于 0.6mm 颗粒的含量应小于 30％；

③ 宜选用粗粒土、中粒土。

3）粒料应符合下列要求：

① 级配碎石、砂砾、未筛分碎石、碎石土、砾石和煤矸石、粒状矿渣等材料均可做粒料原材；

② 当作基层时，粒料最大粒径不宜超过 37.5mm；

③ 当作底基层时，粒料最大粒径：对城市快速路、主干路不得超过 37.5mm；对次干路及以下道路不得超过 53mm；

④ 各种粒料，应按其自然级配状况，经人工调整使其符合《城镇道路工程施工与质量验收规范》表 7.5.2 的规定；

⑤ 碎石、砾石、煤矸石等的压碎值：对城市快速路、主干路基层与底基层不得大于 30％；对其他道路基层不得大于 30％，对底基层不得大于 35％；

⑥ 集料中有机质含量不得超过 2％；

⑦ 集料中硫酸盐含量不得超过 0.25％；

⑧ 钢渣尚应符合《城镇道路工程施工与质量验收规范》第 7.4.1 条的有关规定。

4）水应符合《城镇道路工程施工与质量验收规范》第 7.2.1 条第 3 款的规定。

本条中表 7.5.2 所列用于次干路基层的粒料有两种级配。一般宜采用筛孔 37.5mm 通过量 100％，筛孔 31.5mm 通过量 90％～100％的级配范围内的土料。受土料限制时也可采用另一组级配。

水泥是水硬性材料，从加水搅拌到碾压终了的延迟时间对水泥稳定土类的强度和所能达到的干密度有明显影响。延迟时间愈长其强度和干密度的损失愈大。施工中既应采用初凝时间长，终凝时间适度的水泥，又应控制搅拌、运输、摊铺和压实施工的时间。道路硅酸盐水泥终凝时间在 10h 以上，而通用水泥终凝时间一般计算不超过 6.5h，为保证工程质量应对水泥的初凝与终凝时间进行控制。

（2）稳定土的颗粒范围和技术指标宜符合相关规定。

1.4.6 级配砂砾及级配砾石基层

级配砂砾及级配砾石应符合下列要求：

1）天然砂砾应质地坚硬，含泥量不得大于砂质量（粒径小于 5mm）的 10％，砾石颗粒中细长及扁平颗粒的含量不得超过 20％。

2）级配砾石作次干路及其以下道路底基层时，级配中最大粒径宜小于 53mm，作基层时最大粒径不得大于 37.5mm。

3）级配砂砾及级配砾石的颗粒范围和技术指标宜符合相关规定。

本条指出采用天然砾石（砂石）作为基层材料，应先检查是否符合级配的规定且质地要坚硬。级配砾石属级配型集料，是级配型集料中的一般材料。其力学性质的主要参数是弹性模量、抗剪强度、抗永久形变的能力。级配砾石的颗粒组成和塑性指数的变异性较大，其强度的变化也可能较大，因此，在确定使用前，应做承载比实验。

1.4.7 级配碎石及级配碎砾石基层

级配碎石及级配碎砾石材料应符合下列规定：

1）轧制碎石的材料可为各种类型的岩石（软质岩石除外）、砾石。轧制碎石的砾石粒径应为碎石最大粒径的 3 倍以上，碎石中不得有黏土块、植物根叶、腐殖质等有害物质。

2）碎石中针片状颗粒的总含量不得超过 20%。

3）级配碎石及级配碎砾石颗粒范围和技术指标应符合相关规定。

4）级配碎石及级配碎砾石石料的压碎值应符合表 1-5 的规定。

级配碎石及级配碎砾石压碎值 　　　　　　　　　　　表 1-5

项　目	压碎值	
	基层	底基层
城市快速路、主干路	<26%	<30%
次干路	<30%	<35%
次干路以下道路	<35%	<40%

5）碎石或碎砾石应为多棱角块体，软弱颗粒含量应小于 5%；扁平细长碎石含量应小于 20%。

级配碎石是通过人为加工，合理选择粒径组合的级配型集料，可以成为基层中的理想材料。

1.5 沥青混合料面层

1.5.1 一般规定

（1）沥青混合料面层不得在雨、雪天气及环境最高温度低于 5℃时施工。

沥青混合料施工需要保证一定的环境条件，为保证沥青混凝土料及摊铺碾压质量，将此条列为强制性条文。

（2）城镇道路不宜使用煤沥青。需使用时，应制定保护施工人员防止吸入煤沥青蒸气或皮肤直接接触煤沥青的措施。

（3）原材料应符合下列规定：

1）沥青应符合下列要求（道路石油沥青、乳化沥青、液体石油沥青、聚合物改性沥青、改性乳化沥青技术要求见 CJJ 1—2008）：

①宜优先采用 A 级沥青作为道路面层使用。B 级沥青可作为次干路及其以下道路面层使用。当缺乏所需标号的沥青时，可采用不同标号沥青掺配，掺配比应经试验确定。

②在高温条件下宜采用黏度较大的乳化沥青，寒冷条件下宜使用黏度较小的乳化沥青。

③用于透层、粘层、封层及拌制冷拌沥青混合料的液体石油沥青的技术要求应符合规范的规定。

④当使用改性沥青时，改性沥青的基质沥青应与改性剂有良好的配伍性。

⑤ 改性乳化沥青技术要求应符合规范的规定。

2) 粗集料应符合下列要求：

① 粗集料应符合工程设计规定的级配范围。

② 集料对沥青的粘附性，城市快速路、主干路应大于或等于 4 级；次干路及以下道路应大于或等于 3 级。集料具有一定的破碎面颗粒含量，具有 1 个破碎面宜大于 90％，2 个及以上的宜大于 80％。

③ 粗集料的质量技术要求应符合相关规定。

④ 粗集料的粒径规格应符合相关规定。

3) 细集料应符合下列要求：

① 含泥量，对城市快速路、主干路不得大于 3％；对次干路及以下道路不大于 5％。

② 与沥青的粘附性小于 4 级的砂，不得用于城市快速路和主干路。

③ 细集料的质量要求应符合相关规定。

④ 沥青混合料用天然砂规格应符合相关规定。

⑤ 沥青混合料用机制砂或石屑规格应符合相关规定。

4) 矿粉应用石灰岩等憎水性石料磨制。当用粉煤灰作填料时，其用量不得超过填料总量 50％。沥青混合料用矿粉质量要求应符合相关规定。

5) 纤维稳定剂应在 250℃ 条件下不变质。不宜使用石棉纤维。木质纤维素技术要求应符合相关规定。

第 1 款，沥青质量基本受制于原油品种，且与炼油工艺关系密切，为防止因沥青质量影响混合料产品质量，沥青均应附有出厂质量检验单，使用单位在购货后应进行试验确认。如有疑问或达不到出厂检验单数据，应请质检部门或质量监督部门仲裁，以明确责任，目的是获得适用于当地气候条件的沥青。

当沥青标号不符合使用要求时，可掺配使用。但掺配后的质量指标不得降低。我国道路所用的沥青基本上不分上下层均采用同一标号，考虑上层对抗车辙能力要求较高，下层对抗弯拉能力要求较高，故可采用上稠下稀的掺配方式。

(4) 不同料源、品种、规格的原材料应分别存放，不得混存。

1.5.2　热拌沥青混合料面层

(1) 热拌沥青混合料（HMA）适用于各种等级道路的面层。其种类按集料公称最大粒径、矿料级配、空隙率划分见表 1-6。应按工程要求选择适宜的混合料规格、品种。

热拌沥青混合料种类　　　　　　　表 1-6

混合料类型	密级配			开级配		半开级配	公称最大粒径（mm）	最大粒径（mm）
	连续级配		间断级配	间断级配				
	沥青混凝土	沥青稳定碎石	沥青玛琋脂碎石	排水式沥青磨耗层	排水式沥青碎石基层	沥青碎石		
特粗式	—	ATB-40	—	—	ATPB-40	—	37.5	53.0
粗粒式	—	ATB-30	—	—	ATPB-30	—	31.5	37.5
	AC-25	ATB-25	—	—	ATPB-25	—	26.5	31.5

混合料类型	密级配			开级配		半开级配	公称最大粒径 (mm)	最大粒径 (mm)
	连续级配		间断级配	间断级配		沥青碎石		
	沥青混凝土	沥青稳定碎石	沥青玛琋脂碎石	排水式沥青磨耗层	排水式沥青碎石基层			
中粒式	AC-20	—	SMA-20	—	—	AM-20	19.0	26.5
	AC-16	—	SMA-16	OGFC-16	—	AM-16	16.0	19.0
细粒式	AC-13	—	SMA-13	OGFC-13	—	AM-13	13.2	16.0
	AC-10	—	SMA-10	OGFC-10	—	AM-10	9.5	13.2
砂粒式	AC-5	—	—	—	—	—	4.75	9.5
设计空隙率（%）	3~5	3~6	3~4	>18	>18	6~12	—	—

注：设计空隙率可按配合比设计要求适当调整。

（2）沥青混合料面层集料的最大粒径应与分层压实层厚度相匹配。密级配沥青混合料，每层的压实厚度不宜小于集料公称最大粒径的 2.5～3 倍；对 SMA 和 OGFC 等嵌挤型混合料不宜小于公称最大粒径的 2～2.5 倍。

（3）各层沥青混合料应满足所在层位的功能性要求，便于施工，不得离析。各层应连续施工并连接成一体。

（4）热拌沥青混合料铺筑前，应复核基层和附属构筑物高程，确认符合要求，并对施工机具设备进行检查，确认处于良好状态。

（5）热拌沥青混合料的摊铺应符合下列规定：

1）热拌沥青混合料应采用机械摊铺。摊铺温度应符合《城镇道路工程施工与质量验收规范》CJJ 1—2008 表 8.2.5-2 的规定。城市快速路、主干路宜采用两台以上摊铺机联合摊铺。每台机器的摊铺宽度宜小于 6m。表面层宜采用多机全幅摊铺，减少施工接缝。

2）摊铺机应具有自动或半自动方式调节摊铺厚度及找平的装置、可加热的振动熨平板或初步振动压实装置、摊铺宽度可调整等功能，且受料斗斗容应能保证更换运料车时连续摊铺。

3）采用自动调平摊铺机摊铺最下层沥青混合料时，应使用钢丝或路缘石、平石控制高程与摊铺厚度，以上各层可用导梁引导高程控制，或采用声纳平衡梁控制方式。经摊铺机初步压实的摊铺层应符合平整度、横坡的要求。

4）沥青混合料的最低摊铺温度应根据气温、下卧层表面温度、摊铺层厚度与沥青混合料种类经试验确定。城市快速路、主干路不宜在气温低于 10℃ 条件下施工。

5）沥青混合料的松铺系数应根据混合料类型、施工机械和施工工艺等应通过试验段确定，试验段长不宜小于 100m。松铺系数可按照表 1-7 进行初选。

沥青混合料的松铺系数 表 1-7

种类	机械摊铺	人工摊铺
沥青混凝土混合料	1.15～1.35	1.25～1.50
沥青碎石混合料	1.15～1.30	1.20～1.45

6）摊铺沥青混合料应均匀、连续不间断，不得随意变换摊铺速度或中途停顿。摊铺

速度宜为 2~6m/min。摊铺时螺旋送料器应不停顿地转动，两侧应保持有不少于送料器高度 2/3 的混合料，并保证在摊铺机全宽度断面上不发生离析。熨平板按所需厚度固定后不得随意调整。

7）摊铺层发生缺陷应找补，并停机检查，排除故障。

8）路面狭窄部分、平曲线半径过小的匝道小规模工程可采用人工摊铺。

热拌沥青混合料的摊铺沥青路面的平整度是施工队伍人员素质、操作水平、组织管理水平的综合反映，它不仅取决于面层本身，还应从基层甚至路槽开始加强平整度控制，才能保证路面平整度。即使是面层，除了摊铺工序外，压实的影响也很大。据调查，影响平整度最主要的原因是基层平整及施工机械不配套，突出表现在摊铺机不能缓慢、均匀、连续不断地摊铺，由于搅拌机能力小，沥青混合料运输跟不上，或摊铺机速度过快，致使时停时铺，压路机也跟着时停时压，严重影响路面铺筑质量，因此施工机械的配套极为重要。

当摊铺机性能正常时，在摊铺机摊铺后进行辅助修整的操作工人不宜进行过多修整。人工修整不易正确判断摊铺高程，且易出现集料离析的情况。因此本规定除 7、8 款情况外一般不应用人工修整与摊铺。

（6）热拌沥青混合料的压实应符合下列规定：

1）应选择合理的压路机组合方式及碾压步骤，以达到最佳碾压结果。沥青混合料压实宜采用钢筒式静态压路机与轮胎压路机或振动压路机组合的方式压实。

2）压实应按初压、复压、终压（包括成形）三个阶段进行。压路机应以慢而均匀的速度碾压，压路机的碾压速度宜符合表 1-8 的规定。

压路机碾压速度（km/h）　　　　　　　　　　　　表 1-8

压路机类型	初压		复压		终压	
	适宜	最大	适宜	最大	适宜	最大
钢筒式压路机	1.5~2	3	2.5~3.5	5	2.5~3.5	5
轮胎压路机	—	—	3.5~4.5	6	4~6	8
振动压路机	1.5~2（静压）	5（静压）	1.5~2（振动）	1.5~2（振动）	2~3（静压）	5（静压）

3）初压应符合下列要求：

① 初压温度应符合《城镇道路工程施工与质量验收规范》表 8.2.5-2 的有关规定，以能稳定混合料，且不产生推移、发裂为度。

② 碾压应从外侧向中心碾压，碾速稳定均匀。

③ 初压应采用轻型钢筒式压路机碾压 1~2 遍。初压后应检查平整度、路拱，必要时应修整。

4）复压应紧跟初压连续进行，并应符合下列要求：

① 复压应连续进行。碾压段长度宜为 60~80m。当采用不同型号的压路机组合碾压时，每一台压路机均应做全幅碾压。

② 密级配沥青混凝土宜优先采用重型的轮胎压路机进行碾压，碾压到要求的压实度为止。

③ 对大粒径沥青稳定碎石类的基层，宜优先采用振动压路机复压。厚度小于 30mm

的沥青碎石基层不宜采用振动压路机碾压。相邻碾压带重叠宽度宜为10~20cm。振动压路机折返时应先停止振动。

④ 采用三轮钢筒式压路机时，总质量不宜小于12t。

⑤ 大型压路机难于碾压的部位，宜采用小型压实工具进行压实。

5）终压温度应符合《城镇道路工程施工与质量验收规范》表8.2.5-2的有关规定。终压宜选用双轮钢筒式压路机，碾压至无明显轮迹为止。

热拌沥青混合料的初压、复压、终压三个阶段中，复压最为重要。目前用于复压的压路机有轮胎压路机、振动压路机、钢筒式压路机，一般都能达到要求，但从实际效果看，用轮胎压路机更容易掌握，效果更好，为此宜优先采用轮胎压路机。

（7）SMA混合料的压实应符合下列规定：

1）SMA混合料宜采用振动压路机或钢筒式压路机碾压。

2）SMA混合料不宜采用轮胎压路机碾压。

3）OGFC混合料宜用12t以上的钢筒式压路机碾压。

对于沥青玛琋脂碎石混合料（SMA）及开级配沥青面层（OGFC）不得采用轮胎压路机。采用振动压路机时，其振动频率和振幅应该随压实进行调整，不能保持一成不变。振动压路机应遵循"紧跟、慢压、高频、低幅"的原则。

（8）碾压过程中碾压轮应保持清洁，可对钢轮涂刷隔离剂或防粘剂，严禁刷柴油。当采用向碾压轮喷水（可添加少量表面活性剂）的方式时，必须严格控制喷水量应成雾状，不得漫流。

（9）压路机不得在未碾压成形路段上转向、调头、加水或停留。在当天成形的路面上，不得停放各种机械设备或车辆，不得散落矿料、油料等杂物。

（10）接缝应符合下列规定：

1）沥青混合料面层的施工接缝应紧密、平顺。

2）上、下层的纵向热接缝应错开15cm；冷接缝应错开30~40cm。相邻两幅及上、下层的横向接缝均应错开1m以上。

3）表面层接缝应采用直槎，以下各层可采用斜接槎，层较厚时也可做阶梯形接槎。

4）对冷接槎施作前，应对槎面涂少量沥青并预热。

（11）热拌沥青混合料路面应待摊铺层自然降温至表面温度低于50℃后，方可开放交通。

本条与《公路沥青路面施工技术规范》JTG F 40关于热拌沥青混合料路面的"施工温度"与"开放交通"规定是相一致的，目的是应当等待热拌沥青混合料路面摊铺层成活后完全自然冷却成形。如需要提早开放交通时，可洒水冷却降低沥青混合料温度。故将此条列为强制性条文。

（12）沥青混合料面层完成后应加强保护，控制交通，不得在面层上堆土或拌制砂浆。

1.5.3 冷拌沥青混合料面层

（1）冷拌沥青混合料适用于支路及其以下道路的面层、支路的表面层，以及各级道路沥青路面的基层、连接层或整平层。冷拌改性沥青混合料可用于沥青路面的坑槽冷补。

（2）已拌好的混合料应立即运至现场摊铺，并在乳液破乳前结束。在搅拌与摊铺过程中已破乳的混合料，应予废弃。

（3）冷拌沥青混合料摊铺后宜采用 6t 压路机初压初步稳定，再用中型压路机碾压。当乳化沥青开始破乳，混合料由褐色转变成黑色时，改用 12～15t 轮胎压路机复压，将水分挤出后暂停碾压，待水分基本蒸发后继续碾压至轮迹小于 5mm，表面平整，压实度符合要求为止。

（4）冷拌沥青混合料路面的上封层应在混合料压实成形，且水分完全蒸发后施工。

（5）冷沥青混合料路面施工结束后宜封闭交通 2～6h，并应做好早期养护。开放交通初期车速不得超过 20km/h，不得在其上刹车或掉头。

乳化沥青碎石混合料面层施工在常温条件下除搅拌与热拌沥青混合料不同外，其他与热拌沥青混合料无太大差别，主要是乳化沥青混合料有一个乳液破乳，水分蒸发的过程，摊铺必须在破乳前完成。而压实又不可能在水分蒸发前完成。故规定该混合料摊铺后必须用轻碾碾压，使其初步压实，待水分蒸发后再作补充碾压。在完全压实前不能开放交通，且应做上封层。

1.5.4 透层、粘层、封层

（1）透层施工应符合下列规定：

1）沥青混合料面层的基层表面应喷洒透层油，在透层油完全渗透入基层后方可铺筑面层。

2）施工中应根据基层类型选择渗透性好的液体沥青、乳化沥青做透层油。透层油的规格应符合表 1-9 的规定。

沥青路面透层材料的规格和用量　　　　　　　　　　　　　　**表 1-9**

用途	液体沥青		乳化沥青	
	规格	用量（L/m²）	规格	用量（L/m²）
无机结合料粒料基层	AL（M）-1、2 或 3 AL（S）-1、2 或 3	1.0～2.3	PC-2 PA-2	1.0～2.0
半刚性基层	AL（M）-1 或 2 AL（S）-1 或 2	0.6～1.5	PC-2 PA-2	0.7～1.5

注：表中用量是指包括稀释剂和水分等在内的液体沥青、乳化沥青的总量，乳化沥青中的残留物含量是以 50% 为基准。

3）用作透层油的基质沥青的针入度不宜小于 100。液体沥青的黏度应通过调节稀释剂的品种和掺量经试验确定。

4）透层油的用量与渗透深度宜通过试洒确定，不宜超出表 1-9 的规定。

5）用于石灰稳定土类或水泥稳定土类基层的透层油宜紧接在基层碾压成形后表面稍变干燥，但尚未硬化的情况下喷洒，且宜在透层油撒布后 1～2d 铺筑沥青混合料。洒布透层油后，应封闭各种交通。

6）透层油宜采用沥青洒布车或手动沥青洒布机喷洒。洒布设备喷嘴应与透层沥青匹配，喷洒应呈雾状，洒布管高度应使同一地点接受 2～3 个喷油嘴喷洒的沥青。

7）透层油应洒布均匀，有花白遗漏应人工补洒，喷洒过量的应立即撒布石屑或砂吸油，必要时作适当碾压。

8）透层油洒布后的养护时间应根据透层油的品种和气候条件由试验确定。液体沥青中的稀释剂全部挥发或乳化沥青水分蒸发后，应及时铺筑沥青混合料面层。

（2）粘层施工应符合下列规定：

1）双层式或多层式热拌热铺沥青混合料面层之间应喷洒粘层油，或在水泥混凝土路面、沥青稳定碎石基层、旧沥青路面层上加铺沥青混合料层时，应在既有结构和路缘石、检查井等构筑物与沥青混合料层连接面喷洒粘层油。

2）粘层油宜采用快裂或中裂乳化沥青、改性乳化沥青，也可采用快、中凝液体石油沥青，其规格和用量应符合表 1-10 的规定。所使用的基质沥青标号宜与主层沥青混合料相同。

沥青路面粘层材料的规格和用量　　　　　　　　表 1-10

下卧层类型	液体沥青		乳化沥青	
	规格	用量（L/m²）	规格	用量（L/m²）
新建沥青层或旧沥青路面	AL（R）-3～AL（R）-6 AL（M）-3～AL（M）-6	0.3～0.5	PC-3 PA-3	0.3～0.6
水泥混凝土	AL（M）-3～AL（M）-6 AL（S）-3～AL（S）-6	0.2～0.4	PC-3 PA-3	0.3～0.5

注：表中用量是指包括稀释剂和水分等在内的液体沥青、乳化沥青的总量，乳化沥青中的残留物含量是以 50% 为基准。

3）粘层油品种和用量应根据下卧层的类型通过试洒确定，并应符合《城镇道路工程施工与质量验收规范》表 8.4.2 的规定。当粘层油上铺筑薄层大孔隙排水路面时，粘层油的用量宜增加到 0.6～1.0L/m²。沥青层间兼做封层的粘层油宜采用改性沥青或改性乳化沥青，其用量不宜少于 1.0L/m²。

4）粘层油宜在摊铺面层当天洒布。

5）粘层油喷洒应符合透层施工的有关规定。

（3）封层施工应符合下列规定：

1）封层油宜采用改性沥青或改性乳化沥青。集料应质地坚硬、耐磨、洁净，粒径级配应符合要求。

2）用于稀浆封层的混合料其配比应经设计、试验，符合要求后方可使用。

3）下封层宜采用层铺法表面处治或稀浆封层法施工。沥青（乳化沥青）和集料用量应根据配合比设计确定。

4）沥青应撒布均匀、不露白，封层应不透水。

（4）当气温在 10℃ 及以下，风力大于 5 级及以上时，不得喷洒透层、粘层、封层油。

1.6　水泥混凝土面层

1.6.1　原材料

（1）水泥应符合下列规定：

1）重交通以上等级道路、城市快速路、主干路应采用 42.5 级以上的道路硅酸盐水泥或硅酸盐水泥、普通硅酸盐水泥；中轻交通等级的道路可采用矿渣水泥，其强度等级宜不低于32.5级。水泥应有出厂合格证（含化学成分、物理指标），并经复验合格，方可使用。

2）不同等级、厂牌、品种、出厂日期的水泥不得混存、混用。出厂期超过三个月或受潮的水泥，必须经过试验，合格后方可使用。

3）用于不同交通等级道路面层水泥的弯拉强度、抗压强度最小值应符合表1-11的规定。

道路面层水泥的弯拉强度、抗压强度最小值 表1-11

道路等级	特重交通		重交通		中、轻交通	
龄期（d）	3	28	3	28	3	28
抗压强度（MPa）	25.5	57.5	22.0	52.5	16.0	42.5
弯拉强度（MPa）	4.5	7.5	4.0	7.0	3.5	6.5

4）水泥的化学成分、物理指标应符合相关规定。

本条第一款是关于路用水泥的基本要求。从水泥的稳定性品质出发宜优先选用旋转窑生产的安定性好的水泥。为了施工需要，表1-11给出了不同交通等级下水泥R3、R28的弯拉（抗折）强度。现行有关水泥标准中，水泥强度是由抗压强度决定的，并不完全代表水泥的弯拉强度。而水泥混凝土道路面层的第一力学指标是弯拉强度，故路面层混凝土用水泥均应以实测水泥弯拉强度为准来选择使用。为了满足路面混凝土变形、抗裂、耐久、抗磨等性能要求，对水泥中掺入非活性混合料（黏土、煤矸石、火山灰等）应严格限制，对掺入粉煤灰等活性材料有最大限量30%，而且使用量应在配合比设计中经试验确定。

（2）粗集料应符合下列规定：

1）粗集料应采用质地坚硬、耐久、洁净的碎石、砾石、破碎砾石，其技术指标应符合相关规定。城市快速路、主干路、次干路及有抗（盐）冻要求的次干路、支路混凝土路面使用的粗集料级别应不低于Ⅰ级。Ⅰ级集料吸水率不应大于1.0%，Ⅱ级集料吸水率不应大于2.0%。

2）粗集料宜采用人工级配。其级配范围应符合相关规定。

3）粗集料的最大公称粒径，碎砾石不得大于26.5mm，碎石不得大于31.5mm，砾石不宜大于19.0mm；钢纤维混凝土粗集料最大粒径不宜大于19.0mm。

本条明确了对路面层混凝土用粗集料的技术指标，路面层混凝土强度一般在C35～C50级，因此应用Ⅱ级以上集料；粗集料最大公称粒径的规定有利于得到较高的混凝土弯拉强度，有利于防止混凝土离析和塌边。粗集料的等级规定有利于混凝土路面的使用寿命和提高混凝土的抗冻性、耐磨性和耐疲劳性。

（3）细集料应符合下列规定：

1）宜采用质地坚硬、细度模数在2.5以上、符合级配规定的洁净粗砂、中砂。

2）砂的技术要求应符合相关规定。

3）使用机制砂时，除应满足《城镇道路工程施工与质量验收规范》表10.1.3的规定外，还应检验砂磨光值，其值宜大于35，不宜使用抗磨性较差的水成岩类机制砂。

4）城市快速路、主干路宜采用一级砂和二级砂。

5）海砂不得直接用于混凝土面层。淡化海砂不得用于城市快速路、主干路、次干路，可用于支路。

本条文提倡使用细度模数大于 2.5 的中、粗砂，同时考虑到目前的技术条件下，通过使用引气高效减水剂减少用水量，降低水灰比，可以做到使用细砂的混凝土能够满足弯拉强度和低水灰比。规定了机制砂的砂浆磨光值大于 35，是从行车安全角度出发提出的。

（4）水应符合国家现行标准《混凝土用水标准》JGJ 63 的规定。宜使用饮用水及不含油类等杂质的清洁中性水，pH 值为 6~8。

（5）外加剂应符合下列规定：

1）外加剂宜使用无氯盐类的防冻剂、引气剂、减水剂等。

2）外加剂应符合现行国家标准《混凝土外加剂》GB 8076 的有关规定，并应有合格证。

3）使用外加剂应经掺配试验，并应符合现行国家标准《混凝土外加剂应用技术规范》GB 50119 的有关规定。

目前国内外加剂生产种类繁多，本条文对使用外加剂作了原则要求，根据这些要求经过掺配试验，取得可靠结果，用于工程，使水泥混凝土面层质量得到保证。

（6）钢筋应符合下列规定：

1）钢筋的品种、规格、成分，应符合设计和国家现行标准规定，应具有生产厂的牌号、炉号，检验报告和合格证，并经复试（含见证取样）合格。

2）钢筋不得有锈蚀、裂纹、断伤和刻痕等缺陷。

3）钢筋应按类型、直径、钢号、批号等分别堆放，并应避免油污、锈蚀。

（7）用于混凝土路面的钢纤维应符合下列规定：

1）单丝钢纤维抗拉强度不宜小于 600MPa。

2）钢纤维长度应与混凝土粗集料最大公称粒径相匹配，最短长度宜大于粗集料最大公称粒径的 1/3；最大长度不宜大于粗集料最大公称粒径的 2 倍，钢纤维长度与标称值的偏差不得超过±10%。

3）宜使用经防腐蚀处理的钢纤维，严禁使用带尖刺的钢纤维。

4）应符合国家现行标准《混凝土用钢纤维》YB/T 151 的有关要求。

本条规定钢纤维抗拉强度不宜小于 600MPa 是同时考虑了钢纤维的拔出应力、设计应力、施工便利和疲劳寿命的综合效果。钢纤维长度的规定是考虑到提高混凝土的弯拉强度、抗拉强度、抗裂和增加韧性等作用，同时规定钢纤维长度不宜大于粗集料最大公称粒径的 2 倍是为减少搅拌不均匀或搅拌困难。

（8）传力杆（拉杆）、滑动套材质、规格应符合规定。可用镀锌铁皮管、硬塑料管等制作滑动套。

胀缝传力杆套帽加工及安装对传力杆使用效果影响较大。安装传力杆易发生的问题是传力杆套帽就位不规范、与端部未封口影响质量。拉力杆，主要用于混凝土面层纵缝，采用切假缝作缝时，宜在混凝土铺筑过程中置入，位置应准确。当面层为钢筋混凝土时，可用横向钢筋代替拉力杆。

（9）胀缝板宜采用厚 20mm、水稳定性好、具有一定柔性的板材制作，且经防腐处理。

胀缝板的材料规定是经大量实际应用后总结出使用效果较理想的种类。正确使用背衬垫条能控制均匀的填缝深度及填缝料形状系数，有效地提高接缝的灌缝质量。

（10）填缝材料宜用树脂类、橡胶类、聚氯乙烯胶泥类、改性沥青类等填缝材料，并宜加入耐老化剂。

1.6.2 模板与钢筋

（1）模板应符合下列规定：

1）模板应与混凝土的摊铺机械相匹配。模板高度应为混凝土板设计厚度。

2）钢模板应直顺、平整，每 1m 设置 1 处支撑装置。

3）木模板直线部分板厚不宜小于 5cm，每 0.8～1m 设 1 处支撑装置；弯道部分板厚宜为 1.5～3cm，每 0.5～0.8m 设 1 处支撑装置，模板与混凝土接触面及模板顶面应刨光。

4）模板制作允许偏差应符合表 1-12 的规定。

模板制作允许偏差 表 1-12

施工方式 检测项目	三辊轴机组	轨道摊铺机	小型机具
高度（mm）	±1	±1	±2
局部变形（mm）	±2	±2	±3
两垂直边夹角（°）	90±2	90±1	90±3
顶面平整度（mm）	±1	±1	±2
侧面平整度（mm）	±2	±2	±3
纵向直顺度（mm）	±2	±1	±3

（2）模板安装应符合下列规定：

1）支模前应核对路面标高、面板分块、胀缝和构造物位置。

2）模板应安装稳固、顺直、平整，无扭曲，相邻模板连接应紧密平顺，不得错位。

3）严禁在基层上挖槽嵌入模板。

4）使用轨道摊铺机应采用专用钢制轨模。

5）模板安装完毕，应进行检验，合格后方可使用。安装质量应符合表 1-13 的规定。

模板安装允许偏差 表 1-13

施工方式 检测项目	允许偏差			检验频率		检验方法
	三辊轴机组	轨道摊铺机	小型机具	范围	点数	
中线偏位（mm）	≤10	≤5	≤15	100m	2	用经纬仪、钢尺量
宽度（mm）	≤10	≤5	≤15	20m	1	用钢尺量
顶面高程（mm）	±5	±5	±10	20m	1	用水准仪量测
横坡（%）	±0.10	±0.10	±0.20	20m	1	用钢尺量
相邻板高差（mm）	≤1	≤1	≤2	每缝	1	用水平尺、塞尺量
模板接缝宽度（mm）	≤3	≤2	≤3	每缝	1	用钢尺量
侧面垂直度（mm）	≤3	≤2	≤4	20m	1	用水平尺、卡尺量
纵向顺直度（mm）	≤3	≤2	≤4	40m	1	用20m线和钢尺量
顶面平整度（mm）	≤1.5	≤1	≤2	每两缝间	1	用3m直尺、塞尺量

模板安装最主要是稳固，模板（含轨道）安装的精确度影响浇筑后的混凝土的精确度，模板防粘措施应满足拆模需要。

（3）钢筋安装应符合下列规定：

1）钢筋安装前应检查其原材料品种、规格与加工质量，确认符合设计规定。

2）钢筋网、角隅钢筋等安装应牢固、位置准确。钢筋安装后应进行检查，合格后方可使用。

3）传力杆安装应牢固、位置准确。胀缝传力杆应与胀缝板、提缝板一起安装。

4）钢筋加工允许偏差应符合表 1-14 的规定。

钢筋加工允许偏差 表 1-14

项　目	焊接钢筋网及骨架允许偏差（mm）	绑扎钢筋网及骨架允许偏差（mm）	检验频率		检验方法
			范围	点数	
钢筋网的长度与宽度	±10	±10	每检验批	抽查10%	用钢尺量
钢筋网眼尺寸	±10	±20			用钢尺量
钢筋骨架宽度及高度	±5	±5			用钢尺量
钢筋骨架的长度	±10	±10			用钢尺量

5）钢筋安装允许偏差应符合表 1-15 的规定。

钢筋安装允许偏差 表 1-15

项　目		允许偏差（mm）	检验频率		检验方法
			范围	点数	
受力钢筋	排距	±5	每检验批	抽查10%	用钢尺量
	间距	±10			
钢筋弯起点位置		20			用钢尺量
箍筋、横向钢筋间距	绑扎钢筋网及钢筋骨架	±20			用钢尺量
	焊接钢筋网及钢筋骨架	±10			
钢筋预埋位置	中心线位置	±5			用钢尺量
	水平高差	±3			
钢筋保护层	距表面	±3			用钢尺量
	距底面	±5			

（4）混凝土抗压强度达 8.0MPa 及以上方可拆模。当缺乏强度实测数据时，侧模允许最早拆模时间宜符合表 1-16 的规定。

混凝土面板的允许最早拆模时间（h） 表 1-16

昼夜平均气温	−5℃	0℃	5℃	10℃	15℃	20℃	25℃	≥30℃
硅酸盐水泥、R 型水泥	240	120	60	36	34	28	24	18
道路、普通硅酸盐水泥	360	168	72	48	36	30	24	18
矿渣硅酸盐水泥	—	—	120	60	50	45	36	24

注：允许最早拆侧模时间从混凝土面板精整成形后开始计算。

表 1-16 规定最早拆模时间的主要目的，是在拆模时不得损伤或撬坏路面，同时避免模板的损坏。

1.6.3 混凝土铺筑

（1）混凝土铺筑前应检查下列项目：

1）基层或砂垫层表面、模板位置、高程等符合设计要求。模板支撑接缝严密、模内洁净、隔离剂涂刷均匀。

2）钢筋、预埋胀缝板的位置正确，传力杆等安装符合要求。

3）混凝土搅拌、运输与摊铺设备，状况良好。

（2）三辊轴机组铺筑应符合下列规定：

1）三辊轴机组铺筑混凝土面层时，辊轴直径应与摊铺层厚度匹配，且必须同时配备一台安装插入式振捣器组的排式振捣机，振捣器的直径宜为 50～100mm，间距不得大于其有效作用半径的 1.5 倍，且不得大于 50cm。

2）当面层铺装厚度小于 15cm 时，可采用振捣梁。其振捣频率宜为 50～100Hz，振捣加速度宜为 4～5g（g 为重力加速度）。

3）当一次摊铺双车道面层时，应配备纵缝拉杆插入机，并配有插入深度控制和拉杆间距调整装置。

4）铺筑作业应符合下列要求：

① 卸料应均匀，布料应与摊铺速度相适应。

② 设有纵缝、缩缝拉杆的混凝土面层，应在面层施工中及时安设拉杆。

③ 三辊轴整平机分段整平的作业单元长度宜为 20～30m，振捣机振实与三辊轴整平工序之间的时间间隔不宜超过 15min。

④ 在一个作业单元长度内，应采用前进振动、后退静滚方式作业，最佳滚压遍数应经过试铺确定。

松铺系数、松铺厚度与横坡应满足要求，振捣速度应缓慢而均匀，连续不间断进行，三辊轴机组摊铺时，混凝土表面层拉毛、刻痕成活相当重要，因此必须配备专用工具，并认真操作。

（3）混凝土面层应拉毛、压痕或刻痕，其平均纹理深度应为 1～2mm。

高温条件下对混凝土路面施工的生产工艺和管理要求较高，且容易导致混凝土面板出现质量问题造成损失，因此建议混凝土路面施工应避开高温时段，选择在早晨、傍晚或夜间施工，并制定好施工方案。

（4）横缝施工应符合下列规定：

1）胀缝间距应符合设计规定，缝宽宜为 20mm。在与结构物衔接处、道路交叉和填挖土方变化处，应设胀缝。

2）胀缝上部的预留填缝空隙，宜用提缝板留置。提缝板应直顺，与胀缝板密合、垂直于面层。

3）缩缝应垂直板面，宽度宜为 4～6mm。切缝深度：设传力杆时，不得小于面层厚三分之一，且不得小于 70mm；不设传力杆时不得小于面层厚四分之一，且不得小于60mm。

4）机切缝时，宜在水泥混凝土强度达到设计强度 25％～30％时进行。

（5）施工现场的气温高于 30℃、搅拌物温度在 30～35℃、空气相对湿度小于 80％时，搅拌物中宜掺缓凝剂、保塑剂或缓凝减水剂等。切缝应视混凝土强度的增长情况，比常温施工适度提前。铺筑现场宜设遮阳棚。

（6）当混凝土面层施工采取人工抹面时，遇有 5 级及以上风应停止施工。

1.6.4　面层养护与填缝

（1）水泥混凝土面层成活后，应及时养护。可选用保湿法和塑料薄膜覆盖等方法养护。气温较高时，养护不宜少于 14d；低温时，养护期不宜少于 21d。

（2）填缝应符合下列规定：

1）混凝土板养护期满后应及时填缝，缝内遗留的砂石、灰浆等杂物，应剔除干净。

2）应按设计要求选择填缝料，并根据填料品种制定工艺技术措施。

3）浇注填缝料必须在缝槽干燥状态下进行，填缝料应与混凝土缝壁粘附紧密，不渗水。

4）填缝料的充满度应根据施工季节而定，常温施工应与路面平，冬期施工，宜略低于板面。

（3）面层混凝土弯拉强度达到设计强度，且填缝完成后，方可开放交通。

在水泥混凝土面层铺筑成品质量中，通过养护，保证混凝土弯拉强度达到质量要求是关键。列为强制性条文。

1.7　广场与停车场面层

（1）施工中应合理划分施工单元，安排施工道路与社会交通疏导。

（2）施工中宜以广场与停车场中的雨水口及排水坡度分界线的高程控制面层铺装坡度。面层与周围建（构）筑物、路口应接顺，不得积水。

1.8　人行道铺筑

1.8.1　一般规定

（1）人行道应与相邻建（构）筑物接顺，不得反坡。

（2）有特殊要求的人行道，应按设计要求及现场条件制定铺装方案及验收标准。

1.8.2　料石与预制砌块铺砌人行道面层

（1）料石应表面平整、粗糙，色泽、规格、尺寸应符合设计要求，其抗压强度不宜小于 80MPa，且应符合表 1-17 的要求。

（2）料石加工尺寸允许偏差应符合表 1-18 的规定。

石材物理性能和外观质量　　表 1-17

项　目		单　位	允许值	注
物理性能	饱和抗压强度	MPa	≥80	
	饱和抗折强度	MPa	≥9	
	体积密度	g/cm³	≥2.5	
	磨耗率（狄法尔法）	%	<4	
	吸水率	%	<1	
	孔隙率	%	<3	
外观质量	缺棱	个		面积不超过 5mm×10mm，每块板材
	缺角	个	1	面积不超过 2mm×2mm，每块板材
	色斑	个		面积不超过 15mm×15mm，每块板材
	裂纹	条	1	长度不超过两端顺延至板边总长度的 1/10（长度小于 20mm 不计）每块板
	坑窝	—	不明显	粗面板材的正面出现坑窝

注：表面纹理垂直于板边沿，不得有斜纹、乱纹现象，边沿直顺、四角整齐，不得有凹、凸不平现象。

料石加工尺寸允许偏差　　表 1-18

项　目	允许偏差	
	粗面材	细面材
长、宽（mm）	0 −2	0 −1.5
厚（高）（mm）	+1 −3	±1
对角线（mm）	±2	±2
平面度（mm）	±1	±0.7

（3）水泥混凝土预制人行道砌块的抗压强度应符合设计规定，设计未规定时，不宜低于 30MPa。砌块应表面平整、粗糙、纹路清晰、棱角整齐，不得有蜂窝、露石、脱皮等现象；彩色道砖应色彩均匀。预制人行道砌块加工尺寸与外观质量允许偏差应符合表 1-19 的规定。

预制人行道砌块加工尺寸与外观质量允许偏差　　表 1-19

项　目	允许偏差（mm）
长度、宽度（mm）	±2.0
厚度（mm）	±3.0
厚度差① （mm）	≤3.0
平面度（mm）	≤2.0
正面粘皮及缺损的最大投影尺寸（mm）	≤5
缺棱掉角的最大投影尺寸（mm）	≤10
非贯穿裂纹长度最大投影尺寸（mm）	≤10
贯穿裂纹（mm）	不允许
分层	不允许
色差、杂色	不明显

① 表示同一砌块厚度差。

26

（4）料石、预制砌块宜由预制厂生产，并应提供强度、耐磨性能试验报告及产品合格证。

（5）预制人行道料石、砌块进场后，应经检验合格后方可使用。

（6）预制人行道料石、砌块铺装应符合《城镇道路工程施工与质量验收规范》CJJ 1—2008 第 11 章的有关规定。

（7）盲道铺砌除应符合《城镇道路工程施工与质量验收规范》第 11 章的有关规定外，尚应遵守下列规定：

1）行进盲道砌块与提示盲道砌块不得混用。

2）盲道必须避开树池、检查井、杆线等障碍物。

（8）路口处盲道应铺设为无障碍形式。

1.8.3　沥青混合料铺筑人行道面层

（1）施工中应根据场地环境条件选择适宜的沥青混合料摊铺方式与压实机具。

（2）沥青混凝土铺装层厚不得小于 3cm，沥青石屑、沥青砂铺装层厚不得小于 2cm。

（3）压实度不得小于 95％。表面应平整，无明显轮迹。

（4）施工中尚应符合《城镇道路工程施工与质量验收规范》第 8 章的有关规定。

1.9　人行地道结构

人行地道是城市道路交通中重要的人行过街设施，对解决人与车的交通干扰有重要作用。人行地道的形式与设施的水平多种多样。CJJ 1—2008 只规定了几种最基本的典型的主体结构相应的施工技术、质量要求。

1.9.1　一般规定

（1）新建城镇道路范围内的地下人行地道，宜与道路同步配合施工。

（2）人行地道地基承载力必须符合设计要求。地基承载力应经检验确认合格。

（3）人行地道两侧的回填土，应在主体结构防水层的保护层完成，且保护层砌筑砂浆强度达到 3MPa 后方可进行。地道两侧填土应对称进行，高差不宜超过 30cm。

（4）变形缝（伸缩缝、沉降缝）止水带安装应位置准确、牢固，缝宽及填缝材料应符合要求。

（5）采用暗挖法施工时，应符合国家现行有关标准的规定。

（6）有装饰的人行地道，装饰施工应符合国家现行有关标准的规定。

1.9.2　现浇钢筋混凝土人行地道

（1）基础结构下应设混凝土垫层。垫层混凝土宜为 C15 级，厚度宜为 10～15cm。

（2）人行地道外防水层作业应符合下列规定：

1）材料品质、规格、性能应符合设计要求。

2）结构底部防水层应在垫层混凝土强度达到 5MPa 后铺设，且与地道结构粘贴牢固。

3）防水材料纵横向搭接长度不得小于 10cm，应粘接密实、牢固。

4）人行地道基础施工不得破坏防水层。地道侧墙与顶板防水层铺设完成后，应在其外侧作保护层。

（3）模板的制作、安装与拆除应符合现行行业标准《城市桥梁工程施工及验收规范》CJJ 2 的有关规定外，尚应符合下列规定：

1）基础模板安装允许偏差应符合表 1-20 的规定。

基础模板安装允许偏差 表 1-20

项 目		允许偏差（mm）	检验频率		检验方法
			范围	点数	
相邻两板表面高差	刨光模板	≤2	20m	2	用塞尺量
	钢模板				
	不刨光模板	≤4			
表面平整度	刨光模板	≤3	20m	4	用 2m 直尺、塞尺量
	钢模板				
	不刨光模板	≤5			
断面尺寸	宽度	±10	20m	2	用钢尺量
	高度	±10			
	杯槽宽度①	+20 0			
轴线偏位	杯槽中心线①	≤10	20m	1	用经纬仪测量
杯槽底面高程（支撑面）①		+5 −10	20m	1	用水准仪测量
预埋件①	高程	±5	每个	1	用水准仪测量，用钢尺量
	偏位	≤15			

① 发生此项时使用。

2）侧墙与顶板模板安装允许偏差应符合表 1-21 的规定。

侧墙与顶板模板安装允许偏差 表 1-21

项 目		允许偏差	检验频率		检验方法
			范围（m）	点数	
相邻两板表面高差（mm）	刨光模板	2		4	用钢尺、塞尺量
	钢模板				
	不刨光模板	4			
表面平整度（mm）	刨光模板	3		4	用 2m 直尺和塞尺量
	钢模板		20		
	不刨光模板	5			
垂直度		≤0.1%H 且≤6mm		2	用垂线或经纬仪测量
杯槽内尺寸①（mm）		+3，−5		3	用钢尺量，长、宽、高各 1 点
轴线偏位（mm）		10		2	用经纬仪测量，纵、横各 1 点
顶面高程（mm）		+2，−5		1	用水准仪测量

① 发生此项时使用。

（4）钢筋加工、成型与安装除应符合现行行业标准《城市桥梁工程施工及验收规范》

CJJ 2 的有关规定外，尚应符合下列规定：

1）钢筋加工允许偏差应符合表 1-22 的规定。

钢筋加工允许偏差 表 1-22

项目	允许偏差（mm）	检验频率		检验方法
		范围	点数	
受力钢筋成型长度	+5 −10	每根（每一类型抽查 10% 且不少于 5 根）	1	用钢尺量
箍筋尺寸	0 −3		2	用钢尺量，高、宽各 1 点

2）钢筋成型与安装允许偏差应符合表 1-23 的规定。

钢筋成型与安装允许偏差 表 1-23

项　目	允许偏差（mm）	检验频率		检验方法
		范围（m）	点数	
配置两排以上受力筋时钢筋的排距	±5		2	用钢尺量
受力筋间距	±10		2	用钢尺量
箍筋间距	±20	10	2	5 个箍筋间距量 1 尺
保护层厚度	±5		2	用尺量

（5）混凝土浇筑前，钢筋、模板应经验收合格。模板内污物、杂物应清理干净，积水排干，缝隙堵严。

（6）人行地道的变形缝安装应垂直，变形缝埋件（止水带）应处于所在结构的中心部位。严禁用圆钉、钢丝等穿透变形带材料，固定止水带。

（7）结构混凝土达到设计规定强度，且保护防水层的砌体砂浆强度达到 3MPa 后，方可回填土。

1.9.3 预制安装钢筋混凝土结构人行地道

（1）预制钢筋混凝土墙板、顶板、梁、柱等构件应有生产日期、出厂检验合格标识与产品合格证及相应的钢筋、混凝土原材料检测、试验资料。安装前应进行检验，确认合格。

预制钢筋混凝土墙板等构件安装前应进行质量复验，除检验出厂合格标识及出厂合格证，必须同时检查预制件实体。预埋件位置、外观与外形尺寸，抽样作非破损强度检查，合格后方可使用。

（2）预制构件运输应支撑稳定，不得损伤构件。构件混凝土强度不得低于设计强度的 70%。

（3）预制构件的存放场地，应平整坚实，排水顺畅。构件应分类存放，支垫正确、稳固，方便吊运。

（4）构件安装应符合下列规定：

1）基础杯口混凝土达到设计强度的 75% 以后，方可进行安装。

2）安装前应将构件与连接部位凿毛清扫干净。杯槽应按高程要求铺设水泥砂浆。

3）构件安装时，混凝土的强度不得低于设计强度的 75%；预应力混凝土构件和孔道灌浆的强度应符合设计规定，设计未规定时，不得低于砂浆设计强度 75%。

4）在有杯槽基础上安装墙板就位后，应使用楔块固定。无杯槽基础上安装墙板，墙板就位后，应采用临时支撑固定牢固。

5）墙板安装应位置准确、直顺与相邻板板面平齐，板缝与变形缝一致。

6）板缝及杯口混凝土达到规定强度或墙板与基础焊接牢固，验收合格，且盖板安装完毕后，方可拆除支撑。

7）顶板安装应使顶板板缝与墙板缝错开。

（5）杯口浇筑宜在墙体接缝填筑完毕后进行。杯口混凝土达到设计强度的 75% 以上，且保护防水层砌体的砂浆强度达到 3MPa 后，方可回填土。

1.10 挡 土 墙

1.10.1 一般规定

（1）挡土墙基础地基承载力必须符合设计要求，且经检测验收合格后方可进行后续工序施工。

基槽开挖后应由勘察、设计人员进行验槽，以保证地基承载力，此过程不得忽略。需进行处理的槽基应由勘察、设计人员提出处理方案，待处理完毕后经勘察、设计人员验收合格后方可进行下道工序施工。

（2）施工中应按设计规定施作挡土墙的排水系统、泄水孔、反滤层和结构变形缝。

（3）挡土墙顶设帽石时，帽石安装应平顺、坐浆饱满、缝隙均匀。

1.10.2 现浇钢筋混凝土挡土墙

模板、钢筋、混凝土施工应符合《城镇道路工程施工与质量验收规范》第 14.2 节的有关规定。

现浇重力式钢筋混凝土挡土墙应进行模板设计。保证模板具有足够的强度、刚度和稳定性，能承受浇筑混凝土的冲击力、混凝土的侧压力及施工中产生的各项荷载。

1.10.3 装配式钢筋混凝土挡土墙

（1）挡土墙板安装除应符合《城镇道路工程施工与质量验收规范》第 14.3 节的有关规定外，尚应符合下列规定：

1）预制墙板的拼缝应与基础变形缝吻合。

2）墙板与基础采用焊接连接时，安装前应检查预埋件位置；墙板安装定位后，应及时焊接牢固，并对焊缝进行防腐处理。

3）墙板与基础采用混凝土湿接头连接时，应符合《城镇道路工程施工与质量验收规范》第 14.3 节的有关规定。

（2）墙板灌缝应插捣密实，板缝外露面宜用相同强度的水泥砂浆勾缝，勾缝应密实、平顺。

1.10.4　加筋土挡土墙

（1）加筋土应按设计规定选土，施工前应对所用土料进行物理、力学试验，不得用白垩土、硅藻土及腐殖土等。

加筋土挡土墙对填土土质有一定要求。本条明确了禁止使用的土类。砂类土、砾类土力学性能稳定，受含水量影响较小，因此加筋土土料选择时宜优先选用。

（2）施工前应对筋带材料进行拉拔、剪切、延伸性能复试，其指标符合设计规定方可使用。采用钢质拉筋时，应按设计规定作防腐处理。

（3）安装挡墙板，应向路堤内倾斜，其斜度应符合设计要求。

（4）施工中应控制加筋土的填土层厚及压实度。每层虚铺厚度不宜大于25cm，压实度应符合设计规定，且不得小于95%。

加筋土挡土墙，填土的种类、每层填土厚度、压实度，对工程质量十分重要，故对每层虚铺厚及压实度提出要求。

（5）筋带位置、数量必须符合设计规定。填土中设有土工布时，土工布搭接宽度宜为30～40cm，并应按设计要求留出折回长度。

（6）施工中应对每层填土检测压实度，并按施工方案要求观测挡墙板位移。

（7）挡土墙投入使用后，应对墙体变形进行观测，确认符合要求。

本条是重要的技术管理与技术保障措施，必须执行。

1.11　附属构筑物

1.11.1　路缘石

（1）路缘石宜由加工厂生产，并应提供产品强度、规格尺寸等技术资料及产品合格证。

（2）路缘石宜采用石材或预制混凝土标准块。路口、隔离带端部等曲线段路缘石，宜按设计弧形加工预制，也可采用小标准块。

（3）石质路缘石应采用质地坚硬的石料加工，强度应符合设计要求，宜选用花岗石。

1）剁斧加工石质路缘石允许偏差应符合表1-24的规定。

剁斧加工石质路缘石允许偏差　　　　　　　　　表1-24

项　目		允许偏差
外形尺寸（mm）	长	±5
	宽	±2
	厚（高）	±2
外露面细石面平整度（mm）		3
对角线长度差（mm）		±5
剁斧纹路		应直顺、无死坑

2) 机具加工石质路缘石允许偏差应符合表 1-25 的规定。

机具加工石质路缘石允许偏差　　　　　　　表 1-25

项　目		允许偏差（mm）
外形尺寸	长	±4
	宽	±1
	厚（高）	±2
对角线长度差		±4
外露面平整度		2

（4）预制混凝土路缘石应符合下列规定：

1）混凝土强度等级应符合设计要求。设计未规定时，不得小于 C30。路缘石弯拉与抗压强度应符合表 1-26 的规定。

路缘石弯拉与抗压强度　　　　　　　　　　表 1-26

直线路缘石			直线路缘石（含圆形、L 形）		
弯拉强度（MPa）			抗压强度（MPa）		
强度等级 C_f	平均值	单块最小值	强度等级 C_c	平均值	单块最小值
$C_f3.0$	≥3.00	≥2.40	C_c30	≥30.0	24.0
$C_f4.0$	≥4.00	≥3.20	C_c35	≥35.0	28.0
$C_f5.0$	≥5.00	≥4.00	C_c40	≥40.0	32.0

注：直线路缘石用弯拉强度控制，L 形或弧形路缘石用抗压强度控制。

2）路缘石吸水率不得大于 8%。有抗冻要求的路缘石经 50 次冻融试验（D50）后，质量损失率应小于 3%，抗盐冻性路缘石经 ND25 次试验后，质量损失应小于 $0.5 kg/m^2$。

3）预制混凝土路缘石加工尺寸允许偏差应符合表 1-27 的规定。

预制混凝土路缘石加工尺寸允许偏差　　　　表 1-27

项　目	允许偏差（mm）
长度、宽度、高度	+5 −3
平整度	3
垂直度	≤3

4）预制混凝土路缘石外观质量允许偏差应符合表 1-28 的规定。

预制混凝土路缘石外观质量允许偏差　　　　表 1-28

项　目	允许偏差
缺棱掉角影响顶面或正侧面的破坏最大投影尺寸（mm）	≤15
面层非贯穿裂纹最大投影尺寸（mm）	≤10
可视面粘皮（脱皮）及表面缺损最大面积（mm²）	≤30
贯穿裂纹	不允许
分层	不允许
色差、杂色	不明显

（5）路缘石基础宜与相应的基层同步施工。

（6）安装路缘石的控制桩，直线段桩距宜为 10～15m；曲线段桩距宜为 5～10m；路口处桩距宜为 1～5m。

（7）路缘石应以干硬性砂浆铺砌，砂浆应饱满、厚度均匀。路缘石砌筑应稳固、直线段顺直、曲线段圆顺、缝隙均匀；路缘石灌缝应密实，平缘石表面应平顺不阻水。

（8）路缘石背后宜浇筑水泥混凝土支撑，并还土夯实。还土夯实宽度不宜小于 50cm，高度不宜小于 15cm，压实度不得小于 90%。

（9）路缘石宜采用 M10 水泥砂浆灌缝。灌缝后，常温期养护不得少于 3d。

1.11.2　雨水支管与雨水口

（1）雨水支管应与雨水口配合施工。

（2）雨水支管、雨水口位置应符合设计规定，且满足路面排水要求。当设计规定位置不能满足路面排水要求时，应在施工前办理变更设计。

（3）雨水支管、雨水口基底应坚实，现浇混凝土基础应振捣密实，强度符合设计要求。

（4）砌筑雨水口应符合下列规定：

1）雨水管端面应露出井内壁，其露出长度不得大于 2cm。

2）雨水口井壁，应表面平整，砌筑砂浆应饱满，勾缝应平顺。

3）雨水管穿井墙处，管顶应砌砖。

4）井底应采用水泥砂浆抹出雨水口泛水坡。

（5）雨水支管敷设应直顺，不得错口、反坡、凹兜。检查井、雨水口内的外露管端面应完好，不得将断管端置入雨水口。

（6）雨水支管与雨水口四周回填应密实。处于道路基层内的雨水支管应做 360° 混凝土包封，且在包封混凝土达至设计强度 75% 前不得放行交通。

（7）雨水支管与既有雨水干线连接时，宜避开雨期。施工中，需进入检查井时，必须采取防缺氧、防有毒和有害气体的安全措施。

（8）支管与雨水干管连接，需新建检查井，其砌筑施工中应符合现行国家标准《给水排水管道工程施工及验收规范》GB 50268 的有关规定。

1.11.3　排水沟或截水沟

（1）排水沟或截水沟应与道路配合施工。位置、高程应符合设计要求。

（2）土沟不得超挖，沟底、边坡应夯实，严禁用虚土贴底、贴坡。

（3）砌体和混凝土水沟的土基应夯实。

（4）砌体沟应坐浆饱满、勾缝密实，不得有通缝。沟底应平整，无反坡、凹兜现象；边坡应表面平整，与其他排水设施的衔接应平顺。

（5）混凝土水沟的混凝土应振捣密实，强度应符合设计要求，外露面应平整。

（6）盖板沟的预制盖板，混凝土振捣应密实，混凝土强度应符合设计要求，配筋位置应准确，表面无蜂窝、无缺损。

1.11.4　倒虹管及涵洞

倒虹管与涵洞、过街管涵均系穿越道路的构筑物。可依断面形状、所用材料种类、结构形式。使用功能等分成很多种。作为道路工程中的一种结构物，其施工方法与人行地道相同。本节列举了承受内压力的倒虹管施工与质量要求和矩形涵洞施工应符合的有关规定。在工程实践中应依据具体情况综合利用有关规定，可以解决多种涵洞施工的技术问题。

（1）遇地下水时，应将地下水降至槽底以下 50cm，直到倒虹管与涵洞具备抗浮能力，且满足施工要求后，方可停止降水。

（2）倒虹管施工应符合下列规定：

1）管道水平与斜坡段交接处，应采用弯头连接。

2）主体结构建成后，闭水试验应在倒虹管充水 24h 后进行，测定 30min 渗水量。渗水量不得大于计算值。

渗水量应按下式计算：

$$Q = \frac{W}{T \cdot L} \times 1440$$

式中　Q——实测渗水量 $[m^3/(24h \cdot km)]$；

　　　W——补水量（L）；

　　　T——实测渗水量观测时间（min）；

　　　L——倒虹管长度（m）。

（3）矩形涵洞施工应符合《城镇道路工程施工与质量验收规范》第 14 章的有关规定。

（4）采用埋设预制管做涵洞（管涵）施工，应符合现行国家标准《给水排水管道施工及验收规范》GB 50268 的有关规定。

1.11.5　护坡

（1）护坡宜安排在枯水或少雨季节施工。

（2）施工护坡所用砌块、石料、砂浆、混凝土等均应符合设计要求。

（3）护坡砌筑应按设计坡度挂线，并应按《城镇道路工程施工与质量验收规范》第14.4 节的有关规定施工。

1.11.6　隔离墩

（1）隔离墩宜由有资质的生产厂供货。现场预制时宜采用钢模板，拼装严密、牢固，混凝土拆模时的强度不得低于设计强度的 75％。

（2）隔离墩吊装时，其强度应符合设计规定，设计无规定时不得低于设计强度的 75％。

（3）安装必须稳固，坐浆饱满；当采用焊接连接时，焊缝应符合设计要求。

1.11.7　隔离栅

（1）隔离网、隔离栅板应由有资质的工厂加工，其材质、规格型式及防腐处理均应符合设计要求。

（2）固定隔离栅的混凝土柱宜采用预制件。金属柱和连接件规格、尺寸、材质应符合设计规定，并应做防腐处理。

（3）隔离栅立柱应与基础连接牢固，位置应准确。

（4）立柱基础混凝土达到设计强度75%后，方可安装隔离栅板（网）片。隔离网、隔离栅板应与立柱连接牢固，框架、网面平整，无明显凹凸现象。

1.11.8 护栏

（1）护栏应由有资质的工厂加工。护栏的材质、规格型式及防腐处理应符合设计要求。加工件表面不得有剥落、气泡、裂纹、疤痕、擦伤等缺陷。

（2）护栏立柱应埋置于坚实的土基内，埋设位置应准确，深度应符合设计规定。

（3）护栏的栏板、波形梁应与道路竖曲线相协调。

（4）护栏的波形梁的起、讫点和道口处应按设计要求进行端头处理。

1.11.9 声屏障

（1）声屏障所用材质与单体构件的结构形式、外形尺寸、隔声性能应符合设计要求。

（2）砌体声屏障施工应符合下列规定：

1）混凝土基础及砌筑施工应符合《城镇道路工程施工与质量验收规范》第14.2节和第14.4节的有关规定。

2）施工中的临时预留洞净宽度不得大于1m。

3）当砌体声屏障处于潮湿或有化学侵蚀介质环境中时，砌体中的钢筋应采取防腐措施。

（3）金属声屏障施工应符合下列规定：

1）焊接必须符合设计要求和国家现行有关标准的规定。焊接不得有裂缝、夹渣、未熔合和未填满弧坑等缺陷。

2）基础为砌体或水泥混凝土时，其施工应符合《城镇道路工程施工与质量验收规范》第16.9.2条的有关规定。

3）屏体与基础的连接应牢固。

4）采用钢化玻璃屏障时，其力学性能指标应符合设计要求。屏障与金属框架应镶嵌牢固、严密。

1.11.10 防眩板

（1）防眩板的材质、规格、防腐处理、几何尺寸及遮光角应符合设计要求。

（2）防眩板应由有资质的工厂加工，镀锌量应符合设计要求。防眩板表面应色泽均匀，不得有气泡、裂纹、疤痕、端面分层等缺陷。

（3）防眩板安装应位置准确，焊接或栓接应牢固。

（4）防眩板与护栏配合设置时，混凝土护栏上预埋连接件的间距宜为50cm。

（5）路段与桥梁上防眩设施衔接应直顺。

（6）施工中不得损伤防眩板的金属镀层，出现损伤应在24h之内进行修补。

1.12 城镇道路工程质量通病防治

1.12.1 路基质量缺陷及预防措施

1. 路基出现纵向开裂

（1）现象

路基交工后出现纵向裂缝，甚至形成错台。

（2）原因分析

1）清表不彻底，路基基底存在软弱层；

2）沟、塘清淤不彻底、回填不均匀或压实度不足；

3）路基压实不匀；

4）旧路利用路段，新旧路基结合部未挖台阶或台阶宽度不足；

5）半填半挖路段未按规范要求设置台阶并压实；

6）使用渗水性、水稳性差异较大的土石混合料时，错误地采用纵向分幅填筑；

7）因边坡过陡、行车渠化、交通频繁振动而产生滑坡，导致纵向开裂。

（3）预防措施

1）调查现场并彻底清表，及时发现路基基底暗沟、暗塘，对软弱层进行处理；

2）彻底清除沟、塘淤泥，并选用水稳性好的材料严格分层回填，严格控制压实度满足设计要求；

3）提高填筑层压实均匀度；

4）半填半挖路段，地面横坡大于 1∶5 及旧路利用路段，应严格按规范要求将原地面挖成宽度不小于 1.0m 的台阶并压实；

5）渗水性、水稳性差异较大的土石混合料应分层或分段填筑，不宜纵向分幅填筑；

6）若遇有软弱层或古河道，填土路基完工后应进行超载预压，减少后期不均匀沉降。

2. 填挖交界处产生差异沉降

（1）现象

在新修建的道路上，出现发现填方地段与挖方地段发生错台，整个路段产生不均匀沉降，致使路面也随之发生破坏。

（2）原因分析

1）高填方地段的工后沉降量大于挖方地段；

2）填方时，填挖衔接处没有按要求挖台阶处理或者处理的宽度及高度不满足质量要求。

（3）预防措施

1）填方前对基底处理，清除淤泥、腐殖土、杂草树根；

2）做好临时排水设施；

3）高填方路基倾填前边坡应用较大石块码砌高度不少于 2m，厚度不少于 1m；控制倾填料粒径，避免大石料过于集中；采用大吨位机械振动压实，避免出现过大的工后沉降；

4）填方前，按规范要求挖好横向连接台阶，分层压实；

5）做好挖方段的地表及地下排水工作，避免水对新填路基的危害。

3. 填石路堤超限沉降

（1）现象

填石路堤交工验收后出现明显沉降，与正常路段或桥涵构造物相接处形成沉降错台。

（2）原因分析

路基沉降分为土的固结沉降、填石自重沉降、排水压缩沉降。沉降是路基的历史过程，超标沉降是施工工序和工艺不严格的结果。填石路堤多为人工操作，铺料顺序混乱，不能按照层厚与最大粒径关系选料，同一铺筑层石料尺寸、厚度不一，分层松铺厚度超厚；上下层石料码砌通缝，未能按照大面朝下，小料填充间隙原则施工。边坡石料风化，边坡过陡以及基底松软等都可能使填石路堤产生超过 10mm/d 的沉降。

（3）预防措施

1）填石路堤应控制分层松铺厚度；

2）填石路堤人工铺填粒径 25cm 以上的石料时，应先铺填大块石料，大面向下，小面向上，摆平放稳，再用小石块找平，石屑塞缝，最后压实；

3）填石路堤填料最大粒径不宜超过层厚的 2/3；填石路堤路床顶面以下 50cm 范围内应填筑符合路床要求的土并分层压实，填料最大粒径不宜大于 10cm。

1.12.2 道路基层质量缺陷及预防措施

1. 石灰土稳定土底基层和基层

（1）压实度不符合要求

1）现象

石灰稳定土压实后，表面轮迹明显，经检测，压实度未达到要求。

2）原因分析

① 压实机具选用不当或碾压层太厚。

② 碾压遍数不够。

③ 含水量过多或过少。

④ 下卧层软弱。

3）防治措施

① 石灰稳定土基层应选用 12t 以上的压路机或振动压路机碾压。压实厚度在 15cm 以下时，可选用 12~15t 的压路机碾压；压实厚度在 15~20cm 时，应采用 18~30t 的三轮压路机碾压；回填厚度超过上述时，应分层碾压；压实机具应轻、重配备，碾压时先轻后重。

② 混合料摊铺后应在 1~2d 内充分碾压完毕，并保证一定的碾压次数，直至碾压到要求的密实度为止，同时表面无明显轮迹。一般需碾压 6~7 遍；路面的两侧应多压 2~3 遍。

③ 当含水量过高或过低时，应采取措施，宜在达到最佳含水量（或略高，但不超过 2%）时碾压。

④ 石灰稳定土施工前，应对其下卧层进行严格检查，确保质量达到规范要求。

（2）碾压时弹簧

1）现象

在碾压过程中，混合料出现弹簧现象。

2）原因分析

① 碾压时，混合料含水量过高。

② 下卧层软弱，压实度不足或弹簧。

3）防治措施

① 混合料拌合时应控制原材料的含水量，如土壤过湿应先行翻晒，并宜采用生石灰粉，以缩短晾晒时间，降低混合料的含水量；如粉煤灰过湿，应先堆高沥干，常规沥干两三天即可。

② 施工时应注意气象情况，摊铺后应及时碾压，避免摊铺后碾压前的间断期间遭雨，造成含水量过高以致无法碾压或勉强碾压引起弹簧。

③ 当混合料过干时，可洒水闷料后再进行碾压，水量应予控制并力求均匀，避免局部地方水量过多造成弹簧。

④ 碾压时应遵循先轻后重的原则。

⑤ 混合料摊铺前，应对下卧层的质量进行检查，保证下卧层的压实度；若有"弹簧"现象应先处理后再施工上层。

（3）碾压时发生龟裂

1）现象

石灰稳定土在碾压或养护过程中出现局部或大面积龟裂。

2）原因分析

① 混合料含水量严重不足。

② 土块未充分粉碎或拌合不匀。

③ 下卧层软弱，在压实机械碾压下出现弹簧。

④ 养护期间，有重车通过，引起结构层破坏。

3）防治措施

① 混合料在拌合碾压过程中，应经常检查含水量。含水量不足时，应及时洒水。应使混合料的含水量等于或略大于最佳值时进行碾压。

② 加强混合料粉碎和拌合，对不易粉碎的黏土宜采用专用机械，并可采用二次拌合法。对超尺寸土块予以剔除。

③ 应保证下卧层的充分压实，对土基不论路堤或路堑，必须用10~15t三轮压路机或等效的碾压机械进行碾压检验（压3~4遍），在碾压过程中，如发现土过干或表层松散，应适当加水；如土过湿，发生"弹簧"现象，应采用挖开晾晒、换土、掺石灰或粒料等措施进行处理。

④ 养护期间，禁止重型车辆通行。

（4）未结成整体

1）现象

混合料经碾压养护一定时间后，仍较松散，未结成板体。

2）原因分析

① 石灰质量差或掺加量不足。

② 压实度不足。

③ 冬期（气温低于5℃）施工，气温偏低，强度增长缓慢。

3）防治措施

① 施工前，应对石灰质量进行检验，避免使用存放时间过长的石灰或劣质石灰，消解石灰应在两周内用完。

② 进行充分的压实，达到规定的压实度。

③ 冬期施工应尽量避免；必须施工时应注意养护，防止冰冻，并封闭交通。一般在气候转暖后，强度会继续增长；必要时可选用外掺剂，以提高早期强度；或采用塑料薄膜或沥青膜等覆盖措施养护，保持一定湿度，加速强度增长。

（5）横向裂缝

1）现象

石灰稳定土结构层在上层铺筑前后出现横向裂缝。

2）原因分析

① 结构层由于干缩和温缩而产生横向裂缝；混合料碾压含水量越大，越易开裂。

② 有重车通行。未筑上层的石灰稳定土基层，不能承担重车荷载的作用，当重车通过时，易造成损坏，产生裂缝，尤其当下卧层的强度不足和在养护期间更易产生强度性裂缝。

③ 横向施工接缝，包括结构层成型后再开挖横沟所发生的接缝，是最易产生横向裂缝的薄弱面。

④ 结构层横穿河沟处由于沉陷或重车作用所引起的裂缝。

3）防治措施

① 施工过程中应严格控制混合料的碾压含水量，使其接近于最佳含水量，以减少结构层干缩。

② 混合料碾压完毕后，应及时养护，并保持一定的湿度。不应过干、过湿或忽干忽湿。养护期一般不少于7d，有条件时可采用塑料膜覆盖。

③ 混合料施工完毕后，应尽早铺筑上层。在铺筑上层之前，应封闭交通，严禁重车通行。

④ 延长施工段落，减少接缝数量。做好接缝处理，使新旧混合料相互密贴；缩短接缝两侧新旧混合料铺筑的时间间隔。

⑤产生横向裂缝时，通常不做处理；缝宽时可用沥青封缝，以防渗水和恶化。

（6）表面起皮松散

1）现象

石灰稳定土结构层施工完毕后，表面起皮，呈松散状。

2）原因分析

① 碾压时含水量不足。

② 碾压时为弥补厚度或标高不足，采用薄层贴补。

③ 碾压完毕，未及时养护即遇雨雪天气，表面受冰冻。

3）防治措施

① 施工时应在最佳含水量左右碾压，表面干燥时，应适量洒水。

② 禁止薄层贴补，局部低洼之处，应留待修筑上层结构时解决；如在初始碾压后发现高低不平，可将高处铲去，低处翻松（应10cm以上）、补料摊平、再压实。碾压过程中有起皮现象，应及时翻开重新拌合碾压。

③ 灰土施工时应密切注意天气情况，避免在雨雪、霜冻较严重的气候条件下施工。

④ 灰土表面发生起皮现象后，应予铲除，其厚度或标高不足部分，可留待修筑上层结构时解决。

（7）弯沉达不到设计要求

1）现象

石灰稳定土结构层施工完毕经过一定龄期后，进行弯沉检验，达不到规范或设计要求。

2）原因分析

① 下卧层强度差。

② 未充分碾压密实，强度、厚度不足。

③ 低温或雨期，强度增长缓慢。

3）防治措施

① 施工前，一定要对下卧层的施工质量进行检查，确保下卧层的施工质量。

② 混合料配合比和压实度要严格掌握，确保质量。

③ 低温和雨期，灰土结构层强度增长缓慢，一旦温度回暖或雨期过后，强度会恢复增长，但需要一定的养护。

2. 石灰粉煤灰稳定粒料底基层和基层

（1）混合料配合比不稳定

1）现象

厂拌混合料的"骨灰比"，二灰比及含水量变化大，其偏差常超出允许范围。混合料的色泽不一，含水量多变。在现场碾压2~3遍后，出现表面粗糙，石料露骨或过分光滑。现场取样的试件强度离散大。

2）原因分析

① 采石厂供应的碎石级配不准确，料源不稳定；料堆不同部位的碎石由于离析而粗细分布不均、影响了配比、外观及强度。

② 消解石灰含水量过大，粉煤灰含水量受料源（池灰）及气候影响，灰堆与灰顶含水量不一，都影响了混合料含水量和拌合的均匀性。

③ 拌合场混合料配合比控制不准，含水量变化对重量影响未正确估算；计量系统不准确或仅凭经验按体积比放料，甚至连续进料和出料，使混合料配合比波动。

④ 混合料放到堆场时，由于落差太高造成离析；出厂又未翻拌，加剧了配合比变化。现场摊铺时，由于人工或机械原因造成粗细分离。

3）防治措施

① 集料级配必须满足设计要求，采购时应按规定采购，进料时进行抽检，符合要求后使用。

② 拌合场应设堆料棚，棚四周要有排水设施，使粉煤灰内水分充分排走。消解石灰的含水量应控制在 30％左右，呈粉状使用。

③ 混合料拌合场，必须配备计量斗，对各种原材料按规定的重量比计量；要求不高时也可按材料堆集密度折算成体积比，进行计量控制。每种原材料的数量应控制在其使用量的±5％误差范围内。当含水量变化时，要随时调整计量，或调整体积比保证进料比准确。

④ 混合料拌制时，拌合机应具备连锁装置，即进料门和出料门不能同时开启，以防连续出料，造成配合比失控。

⑤ 堆场混合料有离析时，在出厂前必须用装载机（铲车）进行翻堆，使堆料上下翻拌均匀。装车时铲斗不要过高，以免混合料离析。

⑥ 加强混合料配比抽检，凡超出质量标准范围，达到质量要求后才能出场。

（2）基层表面灰浆过厚

1）现象

基层表面灰浆过多，雨天泥泞，晴天尘土飞扬。

2）原因分析

① 混合料中二灰用量过多。

② 混合料含水量偏大，碾压时二灰浆翻至表面。

③ 碾压时，人为的浇水、提浆，造成表面二灰过多。

3）防治措施

① 在拌制混合料时，应严格按照规定的配合比进行拌制，尤其是应控制二灰的用量。

② 严格控制混合料的出厂含水量，送至工地混合料的含水量应控制在较最佳含水量大 2％～5％范围内，具体应根据天气情况确定。以摊铺完毕后混合料能接近最佳含水量为宜。

③ 在接近最佳含水量（－1％～＋2％）时进行碾压。碾压时先轻后重，先静后振，尤其在进行振动碾压时，应注意混合料有否冒浆，若有，应采用静压，以防止过多的二灰冒至表面。

④ 严禁采用浇水提浆碾压。当摊铺好的混合料过干时，可适当洒水，但不允许浇水，并用轻压路机普压一遍，然后用振动压路机先静后振，直至压实。不能边浇水边振压，使二灰浆水大量冒出。

（3）基层压实度不足

1）现象

压实度不合格或合格率低，开挖样洞可看到集料松散、不密实。

2）原因分析

① 碾压时，压路机吨位与碾压遍数不够。

② 碾压厚度过厚，超过施工规范规定的碾压厚度。

③ 下卧层软弱，或混合料含水量过高或过低无法充分压实。

④ 混合料配合比不准，石料偏少、偏细，二灰偏多。

⑤ 混合料的实际配合比及使用的原材料同确定最大干密度时的配比及材料有较大差异。

3）防治措施

① 碾压时，压路机应按规定的碾压工艺要求进行，一般先用轻型压路机（8～12t）稳压三遍，再用重型压路机（12～16t）复压 6～8 遍，最后用轻型压路机打光，至少两遍。

② 严格控制压实厚度，一般不大于 20cm，最大不超过 25cm。

③ 严格控制好混合料的配比和混合料的均匀性，以及混合料的碾压含水量。

④ 对送至工地的混合料，应抽样进行标准密度的试验，通过试验来确定或修正混合料标准密度。

⑤ 下卧层软弱或发生"弹簧"时，必须进行处理或加固。

⑥ 加强现场检验，发现压实度不足，应及时分析原因，采取对策。

（4）表面起尘松散

1）现象

基层表面局部有松散石子或灰料，干燥时尘土飞扬，雨天时泥浆四溅。

2）原因分析

① 混合料级配灰量多，特别是在高温季节表面干燥快，养护不及时使表面二灰松散。

② 碾压时洒水多，表面冒浆干燥后导致起壳松散。

③ 混合料养护期不足、强度未充分形成就通车，将表面压坏使二灰和石料松散。

④ 施工中为了表面平整，有意在表面撒一层灰，此层灰无法形成整体而松散。

⑤ 摊铺不均匀，集料集中处有松散现象。

3）防治措施

① 混合料摊铺要均匀，不得有粗细料集中现象。

② 混合料在最佳含水量时碾压，碾压时不得有意提浆和表面洒灰。

③ 碾压成型的混合料必须及时洒水养护或洒透层沥青或作沥青封层，保持混合料表面处于湿润状态。养护期不得少于两周。

④ 混合料在养护期要封锁交通。强度形成后应严格控制重车通过。若要少量通车，应作沥青封层或表面处治。

（5）混合料不结硬和弯沉值达不到要求

1）现象

养护期满后，混合料不结成板体，有松软现象，基层弯沉值超过设计规定。

2）原因分析

① 采用了劣质石灰或石灰堆放时间较长，游离氧化钙含量少，或石灰未充分消解、遇水后膨胀，造成局部松散。

② 冬期施工，气温低或经受冰冻，影响了强度的发展。

③ 混合料碾压时，含水量过小，碾压时不成型，影响强度增长。

④ 混合料碾压时，发生"弹簧"，甚至产生龟裂，压实度不足使混合料不结硬或强度低下。

3）防治措施

① 在拌合混合料之前，应检查所用消解石灰的质量，高等级道路及需提前开放交通的道路，应采用三级以上的块灰，充分消解，石灰的质量标准见附录。

② 石灰应先消解先用，后消解后用，以防止石灰堆放时间过长而失效。一般不宜超

过半个月。

③ 混合料施工气温应在 5℃ 以上；若冬期施工时，宜掺加早强剂，以提高其早期强度。

④ 混合料碾压时含水量应严格控制在允许范围内，避免过干或过湿，并确保达到应有的压实度。

⑤ 弯沉值达不到设计值时：

a. 若弯沉虽未达设计要求，但有一定的强度，则可延长养护时间，进一步观测。一般来说，冬季混合料强度增长比较缓慢，但天气转暖后强度会迅速增长。

b. 现场挖取样品，做室内标准状态下无侧限饱水抗压强度试验，若抗压强度明显低于规范要求，应进行具体分析，如无特殊施工原因，则应翻挖重做。

（6）横向裂缝

1）现象

碾压成型的混合料经过几个月或一两年后在基层表面或沥青面层上出现横向裂缝，缝宽可达几毫米甚至更宽，深度不一，缝距一般 10～30m，缝长可为部分路幅或全路幅。裂缝数量和宽度随路龄而增长。

2）原因分析

① 施工接缝衔接不好产生的收缩缝。接缝前后二段混合料摊铺间隔时间越长越易裂；基层结硬后再开挖沟槽修复，两侧亦易拉裂。

② 干缩裂缝。由于混合料中水分蒸发后，干燥收缩、产生裂缝。含水量越大收缩越严重。

③ 温缩裂缝。碾压后的混合料，在低温季节由于冷缩而产生温缩裂缝。

④ 混合料未充分压实，强度不足或厚度不够在外荷载下产生强度裂缝。

⑤ 管道施工时沟槽填土处理不好，当混合料成型后，下层发生沉降使基层产生裂缝。

⑥ 软基沉降不均匀有时会使基层产生裂缝；如桥头搭板端部处。

3）防治措施

① 混合料应在接近最佳含水量的状态下碾压，严禁随意浇水、提浆，以减少干缩；应防止辗压含水量过小，压实度和强度不足，造成强度裂缝。

② 对分段施工的基层，在碾压时，应预留 3～5m 混合料暂缓碾压，待下段混合料摊铺后再碾压，以利衔接。前后段施工时间不宜间隔太长。对于分层碾压的基层，上下层的接头应错开 3～5m，以减少出现裂缝的机会。

③ 合理选择混合料的配比，控制细料数量；重视结构层的养护，经常晒水，防止水分过快损失，及早铺筑上层或进行封层，以利减少干缩。

④ 对于基层下的横向沟槽，必须采取措施填实，防止下沉，如采用灰土、砂砾或其他水稳性好的不易收缩的材料。30cm 一层土 15cm 一层碎石间隔回填土，对减少沉陷也有效果。采用加厚石灰、粉煤灰碎石基层厚度对防止沉陷性裂缝也有一定的效果。

1.12.3　道路面层质量缺陷及预防措施

1. 沥青路面早期出现裂缝、松散掉渣，路面不平，行车有振动感

原因分析：石灰类基层中含有未消解的生石灰块，摊铺压实后消除膨胀，基层、路床处理不当，平整度差，承载力不足，材料配合比不当，基层沥青质量未达标，沥青混合料低温碾压，碾压不规范，摊铺机及压路机的操作人员水平较低。

危害：雨雪水沿着道路裂缝渗入路面基层和土基，降低路基路面的稳定性和强度，缩短使用寿命，行车颠簸，降低车速，减少舒适性和安全性。

预防措施：

（1）确保石灰充分消除，混合料级配均匀，压实度不得小于97%。

（2）控制沥青混合料的原材料质量，尤其是沥青的质量，严格按施工规范摊铺、碾压。

（3）严格控制基层的施工质量，在保证压实度的基础上合理控制路面面层微观构造和外观构造平整度。

（4）摊铺沥青混合料应缓慢、均匀、连续不间断，摊铺速度应根据拌合机产量、施工机械配套情况及摊铺层厚度来确定。

2. 水泥混凝土路面出现裂缝、断裂、拱胀、唧泥等现象

原因分析：混凝土配合比不合理，养护及切缝不及时，切缝浅；混凝土板厚度与基础强度不足；基层发生不均匀沉陷；传力杆设置未达到设计要求。

危害：裂缝破坏了路面的整体性和抗冲击振动的能力，随着裂缝处的渗水影响，导致路面基层结构的提早破坏，并反过来使用面层产生更大的断裂，由局部破坏缓慢形成大面积损毁，使道路结构层破坏路面的使用功能逐步丧失，对行车安全造成危害。

预防措施：

1）控制混凝土所用原材料特别是水泥的品种和强度，应采用42.5级以上硅酸盐水泥或普通硅酸盐水泥。

2）混凝土配合比应根据水灰比与强度关系曲线进行计算和试配确定，宜高于设计强度的10%～15%。

3）加强施工过程中混凝土板厚的控制，模板的高度应与混凝土板厚一致，施工振捣时如有下沉、变形或松动，应及时纠正。

4）混凝土施工中振捣要均匀，既要防止漏振或振捣不足，也要防止振捣过度；重视养护是保证混凝土质量的一道重要工序，及时进行养护，促进混凝土强度增长。

5）施工中注意保证传力杆的位置不应有较大偏差，及时灌缝，不使路面水渗入基层。

6）应根据混凝土的养护温度，掌握好切缝时机，锯缝应达到板厚的1/3～1/2，并切通板缝全宽。

1.12.4 人行道板沉陷开裂、松动冒浆

现象：预制人行道板铺面，经过一段时间的使用，有时会产生不同程度的沉陷、开裂；行人行走时出现板块翘动、不稳，雨后冒浆溅水。

原因分析：

1）人行道路床基层碾压不实，或未按要求碾压。

2）基层施工时粗制滥造，搅拌未拌匀，造成基层强度不够。

3）人行道上综合管线回填土质量不符合要求。

4）铺设人行道板时，水泥砂浆过干、过湿或已初凝，影响上下层粘结，使道板松动。

5）人行道上违章停车，是造成人行道损坏的重要外因。

预防措施：

1）人行道路床、基层按标准要求碾压，确保达到规定的压实度。

2）基层施工要精心，保证基层的强度和刚度。

3）加强管线回填土的施工质量，保证回填密实。

4）粘结层砂浆应随拌随用，不能间隔时间太长。

第2章 城市桥梁工程施工

《城市桥梁工程施工与质量验收规范》CJJ 2—2008（以下简称 CJJ 2—2008）于 2009 年 7 月 1 日实施，为行业标准，原行业标准《市政桥梁质量检验评定标准》CJJ 2—90 同时废止。本章主要围绕行业标准 CJJ 2—2008 中新增加的施工部分，尤其是新增 13 条强制性条文（黑体字）进行阐述。

2.1 总 则

《城市桥梁工程施工与质量验收规范》CJJ 2—2008 适用于一般地质条件下城市桥梁的新建、改建、扩建工程和大、中修维护工程的施工与质量验收。

界定《城市桥梁工程施工与质量验收规范》CJJ 2—2008 的适用地域和工程性质、规模。城市桥梁工程包括高架桥、立交桥、人行天桥等工程。桥梁小修工程，可依据合同规定参照使用《城市桥梁工程施工与质量验收规范》CJJ 2—2008。

2.2 基本规定

（1）施工单位应具备相应的桥梁工程施工资质。总承包施工单位，必须选择合格的分包单位。分包单位应接受总承包单位的管理。

对从事桥梁工程施工的施工企业进行资质管理的规定，强调市场准入制度，是新增加的管理方面的要求。

（2）**施工单位应按照合同规定的或经过审批的设计文件进行施工。发生设计变更及工程洽商应按国家规定程序办理设计变更和工程洽商手续，并形成文件。严禁按未经批准的设计变更进行施工。**

该条为强制性条文，规定了施工程序要求，必须按照规定执行；违反强制性条文，以及《建设工程质量管理条例》和《中华人民共和国工程建设标准强制性条文》（城市建设部分），将受到相应的行政处罚。

（3）**施工中必须建立技术与安全交底制度。作业前主管施工技术人员必须向作业人员进行安全与技术交底，并形成文件。**

该条为强制性条文，在市政工程中首次强制性要求建立与执行技术、安全交底制度，对确保工程质量，施工安全，至关重要。

2.3 测 量

此节为 CJJ 2—2008 新增加质量与施工部分内容。

（1）应建立测量复核制度。从事工程测量的作业人员，应经专业培训、考试合格，持证上岗。

规定了测量复核校验制度，测量人员资格要求。

（2）测量记录应按规定填写并按编号顺序保存。测量记录应字迹清楚、规整、严禁擦改，并不得转抄。

测量记录填写要求，不得擦改，修改。

（3）测量作业必须由两人以上进行，且应进行相互检查校对并作出测量和检查核对记录。经复核、确认无误后方可生效。

（4）桥梁施工过程中的测量应符合下列规定：

1）桥梁控制网应根据需要及时复测。

2）施工过程中，应测定并经常检查桥梁结构浇砌和安装部分的位置和标高，并作出测量记录和结论，如超过允许偏差时，应分析原因，并予以补救和改正。

3）桥轴线长度超过1000m的特大桥梁和结构复杂的桥梁施工过程应进行主桥墩、台的沉降变形监测。

2.4 模板、支架和拱架

此节为 CJJ 2—2008 新增加施工部分内容。为预防建设工程高大模板支撑系统（以下简称高大模板支撑系统）坍塌事故，住房和城乡建设部又出台了《建设工程高大模板支撑系统施工安全监督管理导则》（建质〔2009〕254 号），对建设工程高大模板支撑系统施工安全的监督管理予以规范和加强，应一并进行学习与贯彻。本节从模板、支架和拱架的设计、制作安装、拆除提出具体检验标准，应严格执行。

（1）钢、木模板、拱架和支架的设计应符合国家现行标准《钢结构设计规范》GB 50017、《木结构设计规范》GB 50005、《组合钢模板技术规范》GB 50214 和《公路桥涵钢结构及木结构设计规范》JTJ 025 的有关规定。

（2）验算模板、支架和拱架的抗倾覆稳定时，各施工阶段的稳定系数均不得小于1.3。

（3）验算模板支架和拱架的刚度时其变形不得超过下列规定数值：

1）结构表面外露的模板挠度为模板构件跨度的 1/400；

2）结构表面隐蔽的模板挠度为模板构件跨度的 1/250；

3）拱架和支架受载后挠曲的杆件，其弹性挠度为相应结构跨度的 1/400；

4）钢模板的面板变形值为 1.5mm；

5）钢模板的钢棱、柱箍变形值为 $L/500$ 及 $B/500$（L 为计算跨度，B 为柱宽度）。

（4）模板、支架和拱架的设计中应设施工预拱度。施工预拱度应考虑下列因素：

1）设计文件规定的结构预拱度；

2）支架和拱架承受全部施工荷载引起的弹性变形；

3）受载后由于杆件接头处的挤压和卸落设备压缩而产生的非弹性变形；

4）支架、拱架基础受载后的沉降。

对跨度较大的现浇钢筋混凝土梁、板和拱，为消除其自重和桥台位移产生的挠度，往往施工图中设预拱度。

（5）浇筑混凝土和砌筑前，应对模板、支架和拱架进行检查和验收。合格后方可施工。

本条是对混凝土和砌体工程施工过程使用的模板、支架和拱架提出的基本要求，是确保工程质量和安全的强制性条文，必须严格执行。

（6）模板、支架和拱架拆除应符合下列规定：

1）非承重侧模应在混凝土温度能保证结构棱角不损坏时方可拆除，混凝土强度宜为2.5MPa 及以上。

2）芯模和预留孔道内模应在混凝土抗压强度能保证结构表面不发生塌陷和裂缝时，方可拔出。

3）钢筋混凝土结构的承重模板、支架和拱架的拆除，应符合设计要求。当设计无规定时，应符合表 2-1 规定。

现浇结构拆除底模时的混凝土强度   表 2-1

结构类型	结构跨度（m）	按设计混凝土强度标准值的百分比（%）
板	≤2	50
	2～8	75
	>8	100
梁、拱	≤6	75
	>8	100
悬臂结构	≤2	75
	>2	100

注：构件混凝土强度必须通过同条件养护的试件强度确定。

（7）模板、支架和拱架拆除应按设计要求的程序和措施进行，遵循"先支后拆、后支先拆"的原则。支架和拱架，应按几个循环卸落，卸落量宜由小渐大，每一循环中，在横向应同时卸落，在纵向应对称均衡卸落。

（8）顶应力混凝土结构的侧模应在预应力张拉前拆除；底模应在结构建立预应力后拆除。

2.5 钢 筋

原 CJJ 2—90 第七章对钢筋加工、焊接和成型安装共提出 15 条要求。CJJ 2—2008 在钢筋章节中增加了对原材料的一般要求，加工拉伸的限制要求和明确的各项检验标准，共49 条，对控制桥梁主体结构质量安全将起到较好作用。

（1）混凝土结构所用钢筋的品种、规格、性能等均应符合设计要求和国家现行标准《钢筋混凝土用钢第 1 部分：热轧光圆钢筋》GB 1499.1、《钢筋混凝土用钢第 2 部分：热轧带肋钢筋》GB 1499.2、《冷轧带肋钢筋》GB 13788 和《环氧树脂涂层钢筋》JG 3042 等的规定。

钢筋混凝土用钢标准已经更新，原 GB/T 701—1997 和 GB 13013—1991 作废。钢筋牌号也已作相应调整，相关规范、知识应及时认真学习掌握。

（2）钢筋的级别、种类和直径应按设计要求采用，当需要代换时，应由原设计单位作变更设计。

钢筋包括光圆钢筋、带肋钢筋、扭转钢筋。钢筋混凝土用钢筋是指钢筋混凝土配筋用的直条或盘条状钢材，其外形分为光圆钢筋和变形钢筋两种。钢筋的公称直径为 8～50mm，推荐采用的直径为 8mm、12mm、16mm、20mm、25mm、32mm、40mm。钢种：20MnSi、20MnV、25MnSi、BS20MnSi。钢筋在混凝土中主要承受拉应力。变形钢筋由于肋的作用，和混凝土有较大的粘结能力，因而能更好地承受外力的作用。

（3）在浇筑混凝土之前应对钢筋进行隐蔽工程验收，确认符合设计要求。

钢筋加工制作时，要将钢筋加工表与设计图复核，检查下料表是否有错误和遗漏，对每种钢筋要按下料表检查是否达到要求，经过这两道检查后，再按下料表放出实样，试制合格后方可成批制作，加工好的钢筋要挂牌堆放整齐有序。

（4）钢筋弯制前应先调直。钢筋宜优先选用机械方法调直。当采用冷拉法进行调直时，HPB235 钢筋冷拉率不得大于 2％；HRB335、HRB400 钢筋冷拉率不得大于 1％。

经调直后的钢筋不得有局部弯曲、死弯、小波浪形，其表面伤痕不应使钢筋截面减小 5％。

（5）热轧钢筋接头应符合设计要求。当设计无规定时应符合下列规定：

1）钢筋接头宜采用焊接接头或机械连接接头。

2）焊接接头应优先选择闪光对焊。焊接接头应符合现行行业标准《钢筋焊接及验收规程》JGJ 18—2012 的有关规定。

3）机械连接接头适用于 HRB335 和 HRB400 带肋钢筋的连接。机械连接接头应符合《钢筋机械连接技术规程》JGJ 107—2010 的有关规定。

4）当普通混凝土中钢筋直径等于或小于 22mm 时，在无焊接条件时，可采用绑扎连接，但受拉构件中的主钢筋不得采用绑扎连接。

5）钢筋骨架和钢筋网片的交叉点焊接宜采用电阻点焊。

6）钢筋与钢板的 T 形连接，宜采用埋弧压力焊或电弧焊。

钢筋焊接分为压焊和熔焊两种形式。压焊包括闪光对焊、电阻点焊和气压焊；熔焊包括电弧焊和电渣压力焊。此外，钢筋与预埋件 T 形接头的焊接应采用埋弧压力焊，也可用电弧焊或穿孔塞焊，但焊接电流不宜大，以防烧伤钢筋。

（6）从事钢筋焊接的焊工必须经考试合格后持证上岗。钢筋焊接前，必须根据施工条件进行试焊。

（7）钢筋采用绑扎接头时，应符合下列规定：

1）受拉区域内，HPB235 钢筋绑扎接头的末端应做成弯钩，HRB335、HRB400 钢筋可不做弯钩。

2）直径不大于 12mm 的受压 HPB235 钢筋的末端以及轴心受压构件中任意直径的受力钢筋的末端，可不做弯钩，但搭接长度不得小于钢筋直径的 35 倍。

3）钢筋搭接处，应在中心和两端至少 3 处用绑丝绑牢，钢筋不得滑移。

4）受拉钢筋绑扎接头的搭接长度，应符合表 2-2 的规定；受压钢筋绑扎接头的搭接长度，应取受拉钢筋绑扎接头长度的 0.7 倍。

5）施工中钢筋受力分不清受拉或受压时，应符合受拉钢筋的规定。

钢筋牌号	混凝土强度等级		
	C20	C25	>C25
HPB235	35d	30d	25d
HRB335	45d	40d	35d
HRB400	—	50d	45d

2.6 混 凝 土

（1）混凝土强度应按现行国家标准《混凝土强度检验评定标准》GB/T 50107—2010 的规定检验评定。

混凝土强度应分批进行检验评定．一个验收批的混凝土应由强度等级相同、龄期相同以及生产工艺条件和配合比基本相同的混凝土组成。对施工现场的现浇混凝土，应按单位工程的验收项目划分验收批。

混凝土强度评定分为统计方法和非统计方法，根据现场实际情况确定。

取样与试件留置应符合下列规定：

1）每拌制 100 盘且不超过 100m³ 的同配合比的混凝土，取样不得少于一次；

2）每工作班拌制的同一配合比的混凝土不足 100 盘时，取样不得少于一次；

3）当一次连续浇筑超过 100m³ 时，同一配合比的混凝土每 200m³ 取样不得少于一次；

4）每一楼层、同一配合比的混凝土，取样不得少于一次；

5）每次取样应至少留置一组标准养护试件，同条件养护试件的留置组数应根据实际需要确定。

江苏省建设工程质量监督总站《关于明确远程监控有关问题的通知》（苏建质监〔2009〕6 号）文件规定：混凝土试块抗压强度检测结果小于 85％标准强度，将判定为不合格；检测结果为 85％～95％标准强度或大于 4 个等级，将判定为异常。

（2）混凝土配合比设计应符合现行行业标准《普通混凝土配合比设计规程》JGJ/T 55 的规定。

混凝土应根据实际采用的原材料进行配合比设计并按普通混凝土拌合物性能试验方法等标准进行试验、试配，以满足混凝土强度、耐久性和工作性（坍落度等）的要求，不得采用经验配合比。同时，应符合经济、合理的原则。

（3）配置混凝土时，应根据结构情况和施工条件确定混凝土拌合物的坍落度，可按表 2-3 使用。

混凝土浇筑时的坍落度　表 2-3

结构类型	坍落度（mm）（振动器振捣）
小型预制块和便于浇筑振捣的结构	0～20
桥梁基础、墩台等无筋或少筋的结构	10～30
普通配筋的混凝土结构	30～50
配筋较密、断面较小的钢筋混凝土结构	50～70
配筋较密、端面高面窄的钢筋混凝土结构	70～90

（4）混凝土拌合物的坍落度应在搅拌地点和浇筑地点分别随机取样检测，每一工作班或每一单元结构物不应少于两次。评定时应以浇筑地点的测值为准。如混凝土拌合物从搅拌机出料起至浇筑入模的时间不超过 15min 时，其坍落度可仅在搅拌地点取样检测。

混凝土进场后，应在监理见证下，现场抽样检测混凝土坍落度，坍落度不符合规定的应作退场处理。同时按照现行国家标准《混凝土结构工程施工质量验收规范》GB 50204 规定的频率进行取样制作试块。

（5）浇筑混凝土前，应对支架，横板、钢筋和预埋件进行检查，确认符合设计和施工要求。模板内的杂物、积水、钢筋上的污染应清理干净。模板内面应涂刷隔离剂，并不得污染钢筋等。

（6）自高处向模板内倾卸混凝土时，其自由倾落高度得超过 2m；当倾落高度超过 2m 时，应通过串筒、溜槽或振动溜管等设施下落，倾落高度超过 10m 时应设置减速装置。

（7）混凝土应按一定厚度、顺序和方向水平分层浇筑，上层混凝土应在下层混凝土初凝前浇筑、捣实，上下层同时浇筑时，上层与下层前后浇筑距离应保持 1.5m 以上，混凝土分层浇筑厚度不宜超过表 2-4 的规定。

混凝土分层浇筑厚度 表 2-4

振实方法	配筋情况	浇筑层厚度（mm）
用插入式振动器	—	300
用附着式振动器	—	300
用表面振动器	无筋或配筋稀疏时	250
	配筋较密时	150

注：表列规定可根据结构和振动器型号等情况适当调整。

（8）浇筑混凝土时，应采用振动器振捣。振捣时不得碰撞模板、钢筋和预埋部件。振捣持续时间宜为 20～30s，以混凝土不再沉落，不出现气泡、表面呈现浮浆为度。

（9）混凝土的浇筑应连续进行，如因故间断时，其间断时间应小于前层混凝土的初凝时间。混凝土运输、浇筑及间歇的全部时间不得超过表 2-5 的规定。

混凝土运输、浇筑及间歇的全部允许时间（min） 表 2-5

混凝土强度等级	气温不高于 25℃	气温高于 25℃
≤C30	210	180
>C30	180	150

注：C50 以上混凝土和混凝土中掺有促凝剂或缓凝剂时，其允许间歇时间应根据试验结果确定。

凝土运输、浇筑及间歇的全部时间不应超过混凝土的初凝时间。同一施工段的混凝土应连续浇筑，并应在底层混凝土初凝之前将上一层混凝土浇筑完毕。

当底层混凝土初凝后浇筑上一层混凝土时，应按施工技术方案中对施工缝的要求进行处理。

（10）施工现场应根据施工对象、环境、水泥品种、外加剂以及对混凝土性能的要求，制定具体的养护方案，并应严格执行方案规定的养护制度。

（11）常温下混凝土浇筑完成后，应及时覆盖并洒水养护。

（12）当气温低于 5℃时，应采取保温措施，并不得对混凝土洒水养护。

（13）混凝土洒水养护的时间，采用硅酸盐水泥，普通硅酸盐水泥或矿渣硅酸盐水泥的混凝土，不得少于 7d；掺用缓凝剂或有抗渗等要求以及高强度混凝土，不得少于 14d。使用真空吸水的混凝土，可在保证强度条件下适当缩短养护时间。

（14）抗渗混凝土应按设计要求分别采用普通抗渗混凝土、外加剂抗渗混凝土和膨胀水泥抗渗混凝土。

（15）抗渗混凝土应选用泌水性、水化热低的水泥。采用矿渣硅酸盐加入减小泌水性的外加剂。

（16）抗渗混凝土拆模时，结构表面温度与环境气温之差不得大于 15℃。地下结构部分的抗渗混凝土，拆模后应及时回填。

抗渗混凝土产生干缩裂缝将大大降低其抗渗功能。控制温差、地下结构及时回填都是为了预防混凝土开裂，降低结构抗渗功能。

（17）抗渗混凝土除应检验强度外，尚应检验其抗渗性能。

对有抗渗要求的混凝土结构，其混凝土试件应在浇筑地点随机取样。同一工程、同一配合比的混凝土，取样不应少于一次，留置组数可根据实际需要确定。

（18）大体积混凝土施工时，应根据结构、环境状况采取减少水化热的措施。

（19）大体积混凝土应均匀分层、分段浇筑，并应符合下列规定：

1）分层混凝土厚度宜为 1.5～2.0m。

2）分段数目不宜过多。当横截面面积在 200m² 以内时不宜大于 2 段，在 300m² 以内时不宜大于 3 段。每段面积不得小于 50m²。

3）上、下层的竖缝应错开。

（20）大体积混凝土应在环境温度较低时浇筑，浇筑温度（振捣后 50～100mm 深处的温度）不宜高于 28℃。

（21）大体积混凝土应采取循环水冷却，蓄热保温等控制体内外温差的措施，并及时测定浇筑后混凝土表面和内部的温度，其温差应符合设计要求，当设计无规定时不宜大于 25℃。

1）测温点的布置——必须具有代表性和可比性。沿浇筑的高度，应布置在底部、中部和表面，垂直测点间距一般为 500～800mm；平面则应布置在边缘与中间，平面测点间距一般为 2.5～5m。

2）测温制度——在混凝土温度上升阶段每 2～4h 测一次，温度下降阶段每 8h 测一次，同时应测大气温度。

所有测温孔均应编号，进行混凝土内部不同深度和表面温度的测量。

测温工作应由经过培训、责任心强的专人进行。测温记录，应交技术负责人阅签，并作为对混凝土施工和质量的控制依据。

3）测温工具的选用——为了及时控制混凝土内外两个温差，以及校验计算值与实测值的差别，随时掌握混凝土温度动态，宜采用热电偶或半导体液晶显示温度计。采用热电偶测温时，还应配合普通温度计，以便进行校验。

在测温过程中，当发现温度差超过 25℃时，应及时加强保温或延缓拆除保温材料，以防止混凝土产生温差应力和裂缝。

（22）大体积混凝土湿润养护时间应符合表 2-6 规定。

大体积混凝土湿润养护时间

表 2-6

水泥品种	养护时间（d）
硅酸盐水泥、普通硅酸盐水泥	14
火山灰质硅酸盐水泥、矿渣硅酸盐水泥、低热微膨胀水泥、矿渣硅酸盐大坝水泥	21
在现场掺粉煤的水泥	

注：高温施工养护时间均不得少于 28d。

（23）当工地昼夜平均气温连续 5d 低于 5℃或最低气温低于-3℃时，应确定混凝土进入冬期施工。

（24）冬期混凝土的浇筑应符合下列规定：

1）混凝土浇筑前，应清除模板及钢筋上的冰雪，当环境气温低于-10℃时，应将直径大于或等于 25mm 的钢筋和金属预埋件加热至 0℃以上。

2）当混凝土面和外露钢筋暴露在冷空气中时，应对距离新旧混凝土施工缝 1.5m 范围内的旧混凝土和长度在 1m 范围内的外露钢筋，进行防寒保温。

3）在非冻胀性地基或旧混凝土面上浇筑混凝土，加热养护时，地基或旧混凝土面的温度不得低于 2℃。

4）当浇筑负温早强混凝土时，对于用冻结法开挖的地基，或在冻结线以上且气温低于-5℃的地基应做隔热层。

5）混凝土拌合物入模温度不宜低于 10℃。

6）混凝土分层浇筑的厚度不得小于 20cm。

（25）冬期混凝土拆模应符合下列规定：

1）当混凝土达到《城市桥梁工程施工与质量验收规范》CJJ 2—2008 第 5.3.1 条规定的拆模强度，同时符合《混凝土强度检验评定标准》GB/T 50107—2010 规定的抗冻强度后，方可拆除模板。

2）拆模时混凝土与环境的温差不得大于 15℃。当温差在 10～15℃时，拆除模板后的混凝土表面应采取临时覆盖措施。

3）采用外部热源加热养护的混凝土，当环境气温在 0℃以下时，应待混凝土冷却至 5℃以下后，方可拆除模板。

（26）当昼夜平均气温高于 30℃时，应确定混凝土进入高温期施工。高温期混凝土施工除应符合《城镇道路工程施工与质量验收规范》第 7.4～7.6 节有关规定外，尚应符合本节规定。

（27）高温期混凝土拌合时，应掺加减水剂或磨细粉煤灰，施工期间应对原材料和拌合设备采取防晒措施，并根据检测混凝土坍落度的情况，在保证配合比不变的情况下，调整水的掺量。

（28）高温期混凝土的运输与浇筑应符合下列规定。

1）尽量缩短运输时间，宜采用混凝土搅拌运输车。

2）混凝土的浇筑温度应控制在 32℃以下，宜选在一天温度较低的时间进行。

3）浇筑场地宜采取遮阳、降温措施。

（29）混凝土浇筑完成后，表面宜立即覆盖塑料膜，终凝后覆盖土工布等材料，并应洒水保持湿润。

（30）高温期施工混凝土，除应按《城镇道路工程施工与质量验收规范》第7.13节规定制作标准试件外，尚应增加与结构同条件养护的试件1组，检测其28d的强度。

2.7　预应力混凝土

（1）预应力混凝土结构中采用的钢丝、钢绞线、无粘结预应力筋等，应符合国家现行标准《预应力混凝土用钢丝》GB/T 5223、《预应力混凝土用钢绞线》GB/T 5224、《无粘结预应力钢绞线》JG 161等的规定。每批钢丝、钢绞线、钢筋应由同一牌号、同一规格、同一生产工艺的产品组成。

（2）预应力筋锚具，夹具和连接器应符合国家现行标准《预应力筋锚具、夹具和连接器》GB/T 14370和《预应力锚具、夹具和连接器应用技术规程》JGJ 85的规定。进场时，应对其质量证明文件、型号，规格等进行检验，并应符合下列规定：

1）锚具、夹片和连接器验收批的划分：在同种材料和同一生产工艺条件下，锚具和夹片应以不超过1000套为一个验收批；连接器应以不超过500套为一个验收批。

2）外观检查：应从每批中抽取10％的锚具（夹片或连接器）且不少于10套，检查其外观和尺寸，如有一套表面有裂纹或超过产品标准及设计要求规定的允许偏差，则应另取双倍数量的锚具重做检查，如仍有一套不符合要求，则应全数检查，合格者方可投入使用。

3）硬度检查：应从每批中抽取5％的锚具（夹片或连接器）且不少于5套，对其中有硬度要求的零件做硬度试验，对多孔夹片式锚具的夹片，每套至少抽查5片。每个零件测试3点，其硬度应在设计要求范围内，如有一个零件不合格，则应另取双倍数量的零件重新试验，如仍有一个零件不合格，则应逐个检查，合格后方可使用。

4）静载锚固性试验：大桥、特大桥等重要工程、质量证明文件不齐全、不正确或质量有疑点的锚具，经上述检验合格后，应从同批锚具中抽取6套锚具（夹片或连接器）组成3个预应力锚具组装件，进行静载锚固性能试验，如有一个试件不符合要求，则应另取双倍数量的锚具（夹片或连接器）重做试验，如仍有一个试件不符合要求，则该批锚具（夹片或连接器）为不合格品。一般中、小桥使用的锚具（夹片或连接器），其静载锚固性能可由锚具生产厂提供试验报告。

（3）浇筑混凝土时，对预应力筋锚固区及钢筋密集部位，应加强振捣，后张构件应避免振动器碰撞预应力筋的管道。

（4）预应力钢筋张拉应由工程技术负责人主持，张拉作业人员应经培训考核合格后方可上岗。

预应力工程作为危险性较大工程，除应编制专项质量方案外，还应按照《危险性较大的分部分项工程安全管理办法》（建质〔2009〕87号）编制专项安全方案，并按规定进行审批。

（5）张拉设备的校准期限不得超过半年，且不得超过200次张拉作业。张拉设备应配套校准，配套使用。

（6）预应力筋的张拉拉制应力必须符合设计规定。

该条为强制性条文，预应力筋的张拉控制应力对于保证预应力结构物的抗裂性能及承载力至关重要，故必须符合设计要求，并严格执行。

（7）预应力筋采用应力控制方法张拉时，应以伸长值进行校核。实际伸长值与理论伸长值的差值应符合设计要求；设计无规定时，实际伸长值与理论伸长值之差应控制在6%以内。

（8）先张法预应力施工应符合下列规定：

1）张拉台座应具有足够的强度和刚度，其抗倾覆安全系数不得小于1.5，抗滑移安全系数不得小于1.3。张拉横梁应有足够的刚度，受力后的最大挠度不得大于2mm。锚板受力中心应与预应力筋合力中心一致。

2）预应力筋连同隔离套管应在钢筋骨架完成后一并穿入就位。就位后，严禁使用电弧焊对梁体钢筋及模板进行切割或焊接。隔离套管内端应堵严。

先张法即先张拉钢筋后浇注混凝土。其主要张拉程序为：在台座上按设计要求将钢筋张拉到控制应力→用锚具临时固定→浇注混凝土→待混凝土达到设计强度75%以上切断放松钢筋。其传力途径是依靠钢筋与混凝土的粘结力阻止钢筋的弹性回弹，使截面混凝土获得预压应力。

（9）后张法预应力施工应符合下列规定：

1）预应力管道安装应符合下列要求：

① 管道应采用定位钢筋牢固地固定于设计位置。

② 金属管道接头应采用套管连接，连接套管应采用大一个直径型号的同类管道，且应与金属管道封裹严密。

③ 管道应留压浆孔和溢浆孔；曲线孔道的波峰部位应留排气孔；在最低部位宜留排水孔。

④ 管道安装就位后应立即通孔检查，发现堵塞应及时疏通。管道经检查合格后应立即将其端面封堵。

⑤ 管道安装后，需在其附近进行焊接作业时，必须对管道采取保护措施。

2）预应力筋安装应符合下列要求：

① 先穿束后浇混凝土时，浇筑之前必须检查管道，并确认完好；浇筑混凝土时应定时抽动、转动预应力筋。

② 先浇混凝土后穿束时，浇筑后应立即疏通管道，确保其畅通。

③ 混凝土采用蒸汽养护时，养护期内不得装入预应力筋。

④ 穿束后至孔道灌浆完成应控制在下列时间以内，否则应对预应力筋采取防锈措施：

——空气湿度大于70%或盐分过大时　　7d；

——空气湿度40%～70%时　　　　　　15d；

——空气湿度小于40%时　　　　　　　20d。

⑤ 在预应力附近进行电焊时，应对预应力钢筋采取保护措施。

3）预应力筋张拉应符合下列要求：

① 混凝土强度应符合设计要求；设计未规定时，不得低于设计强度的75%。且应将限制位移的模板拆除后，方可进行张拉。

② 预应力筋张拉端的设置，应符合设计要求；当设计未规定时，应符合下列规定：

——曲线预应力筋或长度大于或等于 25m 的直线预应力筋，宜在两端张拉；长度小于 5m 的直线预应力筋，可在一端张拉。

——当同一截面中有多束一端张拉的预应力筋时，张拉端宜均匀交错的设置在结构的两端。

③ 张拉前应根据设计要求对孔道的摩阻损失进行实测，以便确定张拉控制应力，并确定预应力筋的理论伸长值。

④ 预应力筋的张拉顺序应符合设计要求；当设计无规定时，可采取分批、分阶段对称张拉，宜先中间，后上、下或两侧。

⑤ 预应力筋张拉程序应符合表 2-7 的规定。

后张法预应力筋张拉程序 表 2-7

预应力筋种类		张拉程序
钢绞线束	对夹片式等有自锚性能的锚具	普通松弛力筋 0→初应力→1.03σ_{con}（锚固） 低松弛力筋 0→初应力→σ_{con}（持荷 2min 锚固）
	其他锚具	0→初应力→1.05σ_{con}（持荷 2min）→σ_{con}（锚固）
钢丝束	对夹片式等有自锚性能的锚具	普通松弛力筋 0→初应力→1.03σ_{con}（锚固） 低松弛力筋 0→初应力→σ_{con}（持荷 2min 锚固）
	其他锚具	0→初应力→1.05σ_{con}（持荷 2min）→0→σ_{con}（锚固）
精轧螺纹钢筋	直线配筋时	0→初应力→σ_{con}（持荷 2min 锚固）
	曲线配筋时	0→σ_{con}（持荷 2min）→0（上述程序可反复几次）→ 初应力→σ_{con}（持荷 2min 锚固）

注：1. σ_{con} 为张拉时的控制应力值，包括预应力损失值；
　　2. 梁的竖向预应力筋可一次张拉到控制应力，持荷 5min 锚固。

4）张拉控制应力达到稳定后方可锚固，预应力筋锚固后的外露长度不宜小于 30mm，锚具应采用封端混凝土保护，当需较长时间外露时，应采取防锈蚀措施。锚固完毕经检验合格后，方可切割端头多余的预应力筋，严禁使用电弧焊切割。

5）预应力筋张拉后，应及时进行孔道压浆时多跨连续有连接器的预应力筋孔道，应张拉完一段灌注一段。孔道压浆宜采用水泥浆，水泥浆的强度应符合设计要求；设计无规定时不得低于 30MPa。

6）压浆后应从检查孔抽查压浆的密实情况，如有不实，应及时处理。压浆作业，每一工作班应留取不少于 3 组砂浆试块，标准养护 28d，以其抗压强度作为水泥浆质量的评定依据。

7）压浆过程中及压浆后 48h 内，结构混凝土的温度不得低于 5℃，否则应采取保温措施。当白天气温高于 35℃时，压浆宜在夜间进行。

8）埋设在结构内的锚具，压浆后应及时浇筑封锚混凝土，封锚混凝土的强度等级应符合设计要求，不宜低于结构混凝土强度等级的 80%，且不得低于 30MPa。

9）孔道内的水泥浆强度达到设计规定后方可吊移预制构件；设计未规定时，不应低于砂浆设计强度的 75%。

后张法预应力混凝土分为有粘结预应力混凝土、无粘结预应力混凝土两种。

① 有粘结预应力混凝土：先浇混凝土，待混凝土达到设计强度 75％以上，再张拉钢筋（钢筋束）。其主要张拉程序为：埋管制孔→浇混凝土→抽管→养护穿筋张拉→锚固→灌浆（防止钢筋生锈）。其传力途径是依靠锚具阻止钢筋的弹性回弹，使截面混凝土获得预压应力，钢筋与混凝土结为整体，称为有粘结预应力混凝土。

有粘结预应力混凝土由于粘结力（阻力）的作用使得预应力钢筋拉应力降低，导致混凝土压应力降低，所以应设法减少这种粘结。

② 无粘结预应力混凝土

其主要张拉程序为预应力钢筋沿全长外表涂刷沥青等润滑防腐材料→包上塑料纸或套管（预应力钢筋与混凝土不建立粘结力）→浇混凝土养护→张拉钢筋→锚固。

施工跟普通混凝土一样，将钢筋放入设计位置可以直接浇混凝土，不必预留孔洞，穿筋，灌浆，简化施工程序，由于无粘结预应力混凝土有效预压应力增大，降低造价，适用于跨度大的曲线配筋的梁体。

先张法和后张法的主要特点和适用范围：

先张法：

特点：先张法是在浇筑混凝土前张拉预应力钢筋，并用夹具将张拉完毕的预应力钢筋临时固定在台座的横梁上或钢模上，然后浇筑混凝土。待混凝土达到规定强度，保证预应力筋与混凝土有足够的粘结力时，放张或切断预应力筋，借助与混凝土与预应力筋间的粘结，对混凝土产生预压应力。

适用范围：适用于生产中小型预应力混凝土构件，如空心板、屋面板、吊车梁、檩条等。

后张法：

特点：后张法是先制作构件，在构件中按预应力筋的位置，预先留出相应的孔道，待构件混凝土强度达到设计规定的数值后，在孔道内穿入预应力筋，用张拉机具进行张拉，并用锚具把张拉后的预应力筋锚固在构件的端部，最后进行孔道灌浆。

适用范围：适用于在现场施工大型预应力混凝土构件。

2.8 基　础

2.8.1 扩大基础

（1）开挖基坑应符合下列规定：

1）基坑宜安排在枯水或少雨季节开挖。

2）坑壁必须稳定。

3）基坑应避免超挖，严禁受水浸泡或受冻。

4）当基坑及其周围有地下管线时，必须在开挖前探明情况。对施工损坏的管线，必须及时处理。

5）槽边堆土时，堆土坡脚距基坑顶边线的距离不得小于 1m，堆土高度不得大于 1.5m。

6）基坑挖至标高后应及时进行基础施工，不得长期暴露。

（2）**基坑内地基承载力必须满足设计要求。基坑开挖完成后，应会同设计、勘察单位实地验槽，确认地基承载力满足设计要求。**

该条为强制性条文，必须严格执行。地基承载力对结构的安全和使用寿命至关重要。基坑挖至基底设计高程或已按设计要求加固、处理完毕后，基底检验应及时并形成验收记录。

（3）地基承载力不满足设计要求或出现超挖、被水浸泡现象时，应按设计要求处理，并在施工前结合现场情况，编制专项地基处理方案。

2.8.2 灌注桩

（1）钻孔施工应符合下列规定：

1）钻孔时，孔内水位宜高出护筒底脚 0.5m 以上或地下水位以上 1.5~2m。

2）钻孔时，起落钻头速度应均匀，不得过猛或骤然变速。孔内出土，不得堆积在钻孔周围。

3）钻孔应一次成孔，不得中途停顿。钻孔达到设计深度后，应对孔位、孔径、孔深和孔形等进行检查。

4）钻孔中出现异常情况，应进行处理。

（2）清孔应符合下列规定：

1）钻孔至设计标高后，应对孔径、孔深进行检查，确认合格后即进行清孔。

2）清孔时，必须保持孔内水头，防止坍孔。

3）清孔后应对泥浆试样进行性能指标试验。

4）清孔后的沉渣厚度应符合设计要求。设计未规定时，摩擦桩的沉渣厚度不应大于 300mm；端承桩的沉渣厚度不应大于 100mm。

（3）吊装钢筋笼应符合下列规定：

1）钢筋笼宜整体吊装入孔。需分段入孔时，上下两段应保持顺直。接头应符合《城市桥梁工程施工与质量验收规范》CJJ 2—2008 第 6 章的有关规定。

2）应在骨架外侧设置控制保护层厚度的垫块，其间距竖向宜为 2m，径向圆周不得少于 4 处，钢筋笼入孔后，应牢固定位。

3）在骨架上应设置吊环。为防止骨架起吊变形，可采取临时加固措施，入孔时拆除。

4）钢筋笼吊放入孔应对中、慢放，防止碰撞孔壁。下放时应随时观察孔内水位变化，发现异常应立即停放，检查原因。

（4）灌注水下混凝土应符合下列规定：

1）灌注水下混凝土之前，应再次检查孔内泥浆性能指标和孔底沉渣厚度。如超过规定，应进行第二次清孔，符合要求后方可灌注水下混凝土。

2）水下混凝土的原材料及配合比除应满足《城市桥梁工程施工与质量验收规范》CJJ 2-2008 第 7.2 节、第 7.3 节的要求以外，尚应符合下列规定：

① 水泥的初凝时间不宜小于 2.5h。

② 粗集料优先选用卵石，如采用碎石宜增加混凝土配合比的含砂率。粗集料的最大粒径不得大于导管内径的 1/6~1/8 和钢筋最小净距的 1/4，同时不得大于 40mm。

③ 细集料宜采用中砂。

④ 混凝土配合比的含砂率宜采用 0.4～0.5，水胶比宜采用 0.5～0.6。经试验，可掺入部分粉煤灰（水泥与掺合料总量不宜小于 350kg/m³，水泥用量不得小于 300kg/m³）。

⑤ 水下混凝土拌合物应具有足够的流动性和良好的和易性。

⑥ 灌注时坍落度宜为 180～220mm。

⑦ 混凝土的配置强度应比设计强度提高 10%～20%。

3）浇筑水下混凝土的导管应符合下列规定：

① 导管内壁应光滑圆顺，直径宜为 20～30cm，节长宜为 2m。

② 导管不得漏水，使用前应试拼、试压，试压的压力宜为孔底静水压力的 1.5 倍。

③ 导管轴线偏差不宜超过孔深的 0.5%，且不宜大于 10cm。

④ 导管采用法兰盘接头宜加锥形活套；采用螺旋丝扣型接头时必须有防止松脱装置。

4）水下混凝土施工应符合下列要求：

① 在灌注水下混凝土前，宜向孔底射水（或射风）翻动沉淀物 3～5min。

② 混凝土应连续灌注，中途停顿时间不应大于 30min。

③ 在灌注过程中，导管的埋置深度宜控制在 2～6m。

④ 灌注混凝土应采取防止钢筋骨架上浮的措施。

⑤ 灌注的桩顶标高应比设计高出 0.5～1m。

⑥ 使用全护筒灌注水下混凝土时，护筒底端应埋入混凝土内不小于 1.5m，随导管提升逐步上拔护筒。

施工中应对成孔、清查、放置钢筋笼、灌注混凝土等进行全过程检查，人工挖孔桩尚应复验孔底持力层土（岩）性。嵌岩桩必须有桩端持力层的岩性报告。施工结束后，应检查混凝土强度，并应做桩体质量及承载力的检验。

按照《建筑桩基检测技术规范》JGJ 106 的有关规定，桩体质量及承载力的检验主要包括：单桩竖向抗压静载试验、单桩水平静载试验、钻芯法、低应变法、高应变法、声波透射法等，施工过程中应根据设计要求委托具备资质的桩基检测单位进行桩身完整性及桩基承载力检测。

2.8.3　沉井

（1）沉井下沉前，应对其附近的堤防、建（构）筑物采取有效的防护措施，并应在下沉过程中加强观测。

（2）就地制作沉井应符合下列规定：

1）制作沉井处的地面承载力应符合设计要求。当不能满足承载力要求时，应采取加固措施。

2）沉井分节制作的高度，应根据下沉系数、下沉稳定性，经验算确定。底节沉井的最小高度，应能满足拆除支垫或挖除土体时的竖向挠曲强度要求。

3）混凝土强度达到 25% 时可拆除侧模，混凝土强度达 75% 时方可拆除刃脚模板。

沉井主要构造包括：刃角、井壁、内隔墙、取土井、凹槽、封底、顶板等。沉井平面尺寸及其形状与高度，应根据墩台的地面尺寸、地基承载力及施工要求。力求结构简单对称、受力合理、施工方便。沉井制作过程中应注意以下几点：沉井棱角处宜做成圆角或钝角；沉井的长短边之比越小越好；沉井分节制作。

（3）沉井下沉应符合下列规定：

1）在渗水量小，土质稳定的地层中宜采用排水下沉。有涌水翻砂的地层，不宜采用排水下沉。

2）下沉困难时，可采用高压射水、降低井内水位、压重等措施下沉。

3）沉井应连续下沉，尽量减少中途停顿时间。

4）下沉时，应自中间向刃脚处均匀对称除土。支承位置处的土，应在最后同时挖除，应控制各井室间的土面，并防止内隔墙底部受到土层的顶托。

5）沉井下沉中，应随时调整倾斜和位移。

6）弃土不得靠近沉井，避免对沉井引起偏压。在水中下沉时，应检查河床因冲、淤引起的土面高差，必要时可采用外弃土调整。

7）在不稳定的土层或砂土中下沉时，应保持井内外水位一定的高差，防止翻砂。

8）纠正沉井倾斜和位移应先摸清情况、分析原因，然后采取相应措施，如有障碍物应先排除再纠偏。

沉井下沉时，位于邻近的土体可能随之下沉，土体范围内的堤防、建筑物和施工设施将受到危害，必须采取有效的防护和下沉方案。一般不采取抽水除土下沉方案，采取不排水取土下沉方案时，应维持沉井内水位不低于沉井外水位，防止井外土、砂涌进井内而使地面下沉。

沉井倾斜和位移的原因一般有：取土不均、刃脚下土层软硬不均、一侧刃脚被障碍物搁住、井内大量翻砂、外侧土压力不平衡等。纠偏一般以在井顶高的刃脚下偏除土为主，也可采用外侧射水（或外侧偏除土）等措施。偏压重和顶部施加水平力的方法只在沉井下沉初期才有效。也有在刃脚下设垫块，迫使该刃脚停止下沉以纠偏。

2.8.4 地下连续墙

（1）用泥浆护壁挖槽的地下连续墙应先构筑导墙。

（2）导墙的材料、平面位置、形式、埋置深度、墙体厚度、顶面高程应符合设计要求。当设计无要求时，应符合下列规定：

1）导墙宜采用钢筋混凝土构筑，混凝土等级不宜低于 C20。

2）导墙的平面轴线应与地下连续墙平行，两导墙的内侧间距应比地下连续墙体厚度大 40～60mm。

3）导墙断面形式应根据土质情况确定，可采用板形、匚形或倒 L 形。

4）导墙底端埋入土体内深度宜大于 1m，基底土层应夯实。导墙顶端应高出地下水位，墙后填土应与墙顶齐平，导墙顶面应水平，内墙面应竖直。

5）导墙支撑间距宜为 1～1.5m。

导墙不仅对地下连续墙挖槽起导向作用，而且承受土压、施工荷载，同时是钢筋笼、导管、锁口管顶拔时的临时支承体。因此要求其具有一定的强度和刚度，并连接成整体。

（3）混凝土导墙施工应符合下列规定：

1）导墙分段现浇时，段落划分应与地下连续墙划分的节段错开。

2）安装预制导墙段时，必须保证连接处质量，防止渗漏。

3）混凝土墙在浇筑及养护期间，重型机械、车辆不得在附近作业、行驶。

（4）接头施工应符合设计要求，并应符合下列规定：

1）锁口管应能承受灌注混凝土时的侧压力，且不得产生位移。

2）安放锁口管时应紧贴槽端，垂直，缓慢下放，不得碰撞槽壁和强行入槽。锁口管应沉入槽底 300～500mm。

3）锁口管灌注混凝土 2～3h 后进行第一次起拔，以后应每 30min 提升一次。每次提升 50～100mm，直至终凝后全部拔出。

4）后继段开挖后，应对前槽段竖向接头进行清刷，清除附着土渣、泥浆等物。

地下连续墙的接头分施工街头和钢接头两大类，后者是地下连续墙与承台、墩柱连接时的构造性接头，连接处的钢筋、预埋件等构造和施工要求，应按设计要求办理。施工接头是地下连续墙划分若干单元节段，分段挖槽、分段灌注水下混凝土。施工接头部位是薄弱环节，施工时应严格质量控制，保证其连续性和防渗性能。

2.8.5　承台

（1）在基坑有渗水情况下浇筑钢筋混凝土承台，应有排水措施，基坑不得积水。如设计无要求，基底可铺 10cm 厚碎石，并浇筑 5～10cm 厚混凝土垫层。

（2）承台混凝土宜连续浇筑成型。分层浇筑时，接缝应按施工缝处理。

（3）水中高桩承台采用套箱法施工时，套箱应架设在可靠的支承上，并具有足够的强度、刚度和稳定性。套箱顶面高程应高于施工期间的最高水位。套箱应拼装严密，不漏水。套箱底板与基桩之间缝隙应堵严。套箱下沉就位后，应及时浇筑水下混凝土封底。

水中承台常用的有土围堰、钢围堰、钢套箱等施工工艺。钢套箱法是一种悬吊式钢围堰，它以钢模板拼装成套箱，在充分利用水中桩基础施工时遗留下来的钢管桩及钢护筒形成悬吊体系的同时借助水的浮力，承受承台自重，既形成水中作业平台，又担当承台模板。

2.9　墩　　台

（1）重力式混凝土墩台施工应符合下列规定：

1）墩台混凝土浇筑前应对基础混凝土顶面做凿毛处理，清除钢筋污锈。

2）墩台混凝土宜水平分层浇筑，每次浇筑高度宜为 1.5～2m。

3）墩台混凝土分块浇筑时，接缝应与墩台截面尺寸较小的一边平行，邻层分块接缝应错开，接缝宜做成企口形。分块数量，墩台水平截面积在 200m² 内不得超过 2 块；在 300m² 以内不得超过 3 块。每块面积不得小于 50m²。

重力式混凝土墩台是依靠自重来保持稳定的刚性实体，整体性和耐久性好，但对地基土质要求较高。

（2）柱式墩台施工应符合下列规定：

1）模板、支架除应满足强度、刚度外，稳定计算中应考虑风力影响。

2）墩台柱与承台基础接触而应凿毛处理，清除钢筋污锈。浇筑墩台柱混凝土时，应铺同配合比的水泥砂浆一层。墩台柱的混凝土宜一次连续浇筑完成。

3）柱高度内有系紧连接时，系梁应与柱同步浇筑。Ｖ形墩柱混凝土应对称浇筑。

（3）台背填土不得使用含杂质、腐殖物或冻土块的土类。宜采用透水性土。

（4）台背、锥坡应同时回填，并应按设计宽度一次填齐。

（5）台背填土宜与路基填土同时进行，宜采用机械碾压，台背 0.8～1m 范围内宜同填砂石、半刚性材料，并采用小型压实设备或人工夯实。

（6）轻型桥台台背填土应待盖板和支撑梁安装完成后，两台对称均匀进行。

2.10 支　座

（1）制作安装平面位置和顶面高程必须正确，不得偏斜、脱空、不均匀受力。

（2）支座滑动面上的聚四氟乙烯滑板和不锈钢板位置应正确，不得有划痕、碰伤。

（3）墩台帽、盖梁上的支座垫石和挡块宜二次浇筑，确保其高程和位置的准确。垫石混凝土的强度必须符合设计要求。

（4）板式橡胶支座

1）支座安装前应将垫石顶面清理干净，采用干硬性水泥砂浆抹平，顶面标高应符合设计要求。

2）梁板安放时应位置准确，且与支座密贴。如就位不准或与支座不密贴时，必须重新起吊，采取垫钢板等措施，并应使支座位置控制在允许偏差内。不得用撬棍移动架、板。

（5）盆式橡胶支座

1）当支座上、下座板与架底和墩台顶采用螺栓连接时，螺栓预留孔尺寸应符合设计要求，安装前应清理干净，采用环氧砂浆灌注；当采用电焊连接时，预埋钢垫板应锚固可靠、位置准确。墩顶预埋钢板下的混凝土宜分 2 次浇筑，且一端灌入，另端排气，预埋钢板不得出现空鼓。焊接时应采取防止烧坏混凝土的措施。

2）现浇梁底部预埋钢板或滑板应根据浇筑时气温，预应力筋张拉、混凝土收缩和徐变对梁长的影响设置相对于设计支承中心的预偏值。

3）制作安装后，支座与墩台顶钢垫板间应密贴。

（6）球形支座

1）支座安装前应开箱检查配件清单、检验报告，支座产品合格证及支座安装养护细则。施工单位开箱后不得拆卸、转动连接螺栓。

2）当下支座板与墩台采用螺栓连接时，应先用钢楔块将下支座板四角调平，高程、位置应符合设计要求，用环氧砂浆灌注地脚螺栓孔及支座底面垫层。环氧砂浆硬化后，方可拆除四角钢楔，并用环氧砂浆填满楔块位置。

当前支座的种类和规格较多，支座使用必须符合设计要求。支座安装前必须进行全面检查，不合格者，不得使用。

支座顶面、地面应与梁底或墩台顶面密贴，使支座全面积承受上部构造传递的竖直荷载，以保证支座的承载能力。

2.11 混凝土梁（板）

2.11.1 支架上浇筑

在固定支架上浇筑施工应符合下列规定：

（1）支架的地基承载力应符合要求，必要时，应采取加强处理或其他措施。

（2）应有简便可行的落架拆模措施。

（3）各种支架和模板安装后，宜采取预压方法消除拼装间隙和地基沉降等非弹性变形。

（4）安装支架时，应根据梁体和支架的弹性、非弹性变形，设置预拱度。

（5）支架底部应有良好的排水措施，不得被水浸泡。

（6）浇筑混凝土时应采取防止支架不均匀下沉的措施。

支架上浇筑混凝土可采取支架预压、设置预拱度、合理的浇筑顺序和分段浇筑、使用缓凝剂等措施，防止因支架变形引起混凝土开裂和梁体线形不顺适。

2.11.2 悬臂浇筑

（1）挂篮组装后，应全面检查安装质量，并应按设计荷载作载重试验，以消除非弹性变形。

施工挂篮是预应力混凝土连续梁、T形钢构和悬臂梁分段施工的一项主要设备。它能沿轨道整体向前。施工挂篮可用桁架式挂篮、三角式挂篮、菱形挂篮和斜拉式挂篮。

（2）当梁段与桥墩设计为非刚性连接时，浇筑悬臂段混凝土前，应先将墩顶梁段与桥墩临时固结。

悬臂浇筑可用于T形钢构和预应力混凝土连续梁，后者梁与桥墩不是刚性连接。为了使桥墩能承受在悬臂浇筑梁时产生的不平衡弯矩，应将梁与墩临时固结或在墩旁设置支承托架。

（3）**桥墩两侧梁段悬臂施工应对称、平衡。平衡偏差不得大于设计要求。**

该条为强制性条文，必须严格执行。悬臂浇筑对称、平衡是保证施工安全、结构安全及工程质量的前提条件。

（4）悬臂浇筑混凝土时，宜从悬臂前端开始，最后与前段混凝土连接。

悬臂浇筑连续梁合龙前，合龙段两端结构受温度的影响产生纵向伸缩，使合龙间距产生变化，从而导致合龙段混凝土产生裂缝。因此，合龙段的临时锁定应到合龙段混凝土养护到一定强度，并施加预应力后，才能拆除。

（5）连续梁（T构）的合龙、体系转换和支座反力调整应符合下列规定：

1）合龙段的长度宜为2m。

2）合龙前应观测气温变化与梁端高程及悬臂端间距的关系。

3）合龙前应按设计规定，将两悬臂端合龙口予以临时连接，并将合龙跨一侧墩的临时锚固放松或改成活动支座。

4）合龙前，在两端悬臂预加压重，并于浇筑混凝土过程中逐步撤除，以使悬臂端挠度保持稳定。

5）合龙宜在一天中气温最低时进行。

6）合龙段的混凝土强度宜提高一级，以尽早施加预压力。

7）连续梁的梁跨体系转换，应在合龙段及全部纵向连续预应力筋张拉、压浆完成，并解除墩临时固结后进行。

（6）简支梁的架设应符合下列规定：

1) 施工现场内运输通道应畅通，吊装场地宜平整、坚实，在电力架空线路附近作业时，必须采取相应的安全技术措施。风力 6 级（含）以上时，不得进行吊装作业。

2) 起重机架梁应符合下列要求：

① 起重机工作半径和高度的范围内不得有障碍物。

② 严禁起重机斜拉斜吊，严禁轮胎起重机吊重物行驶。

③ 使用双机抬吊同一构件时，吊车臂杆应保持一定距离，必预设专人指挥，每一单机必须按降效 25% 作业。

3) 门式吊梁车架梁应符合下列要求：

① 吊梁车吊重能力应大于 1/2 梁重，轮距应为主梁间距的 2 倍。

② 导梁长度不得小于桥梁跨径的 2 倍另加 5～10m 引梁，导梁高度宜小于主梁高度。在墩顶设垫块使导梁顶面与主梁顶面保持水平。

③ 构件堆放场或预制场宜设在桥头引道上。桥头引道填筑到主梁顶高，引道与主梁或导梁接头处应砌筑坚实平整。

④ 吊梁车起吊或落梁时应保持其前后吊点升降速度一致，吊梁车负荷时应慢速行驶，保持平稳，在导梁上行驶速度不宜大于 5m/min。

起重机械设备应按照《特种设备安全监察条例》（国务院令第 373 号）、《建筑起重机械安全监督管理规定》（建设部令第 166 号）和南京市的有关规定，进行检验检测和验收，并在使用前办理登记备案手续。登记标志应当置于或者附着于设备的显著位置。

按照住房和城乡建设部《危险性较大的分部分项工程安全管理办法》（建质 [2009] 87 号）的有关规定，在危险性较大的分部分项工程范围内的起重吊装及安装拆卸工程应编制专项施工方案，超过一定规模的应组织对专项方案进行专家论证。

2.11.3　造桥机施工

（1）造桥机选定后，应由设计部门对桥梁主体结构（含墩台）的受力状态进行验算，确认满足设计要求。

（2）造桥机在使用前，应根据造桥机的使用说明书，编制施工方案。

（3）造桥机可在台后路基或桥梁边孔上安装，也可搭设临时支架。造桥机拼装完成后，应进行全面检查，按不同工况进行试运转和试吊，并进行应力测试，确认符合设计要求，形成文件后，方可投入使用。

（4）施工时应考虑造桥机的弹性变形对梁体线形的影响。

（5）当造桥机向前移动时，起重或移梁小车在造桥机上的位置应符合使用说明书要求。抗倾覆系数应大于 1.5。

2.12　桥　面　系

（1）汇水槽、泄水口顶面高程应低于桥面铺装层 10～15mm。

（2）桥面防水层应在现浇桥面结构混凝土或垫层混凝土达到设计要求强度，经验收合格后方可施工。

规定防水层在桥面板或垫层混凝土达到设计强度，并验收合格后施作，是为防止基层混凝土继续水化释水造成防水层粘结不牢；或基层混凝土继续干缩开裂导致防水层开裂。

（3）防水基层面应坚实、平整、光滑、干燥，阴、阳角处应按规定半径做成圆弧。施工防水层前应将浮尘及松散物质清除干净，并应涂刷基层处理剂。基层处理剂应使用与卷材或涂料性质配套的材料。涂层应均匀、全面覆盖，待渗入基层且表面干燥后方可施作卷材或涂膜防水层。

规定基层浮尘、松散物清理干净并涂处理剂是为了防水层与基面粘结牢固。

（4）防水层完成后应加强成品保护，防止压破、刺穿、划痕损坏防水层，并及时经验收合格后铺设桥面铺装层。

（5）防水层严禁在雨天、雪天和5级（含）以上大风天气施工。气温低于−5℃时不宜施工。

施工环境气温、雨水天对防水质量均有影响。

（6）桥面防水层经验收合格后应及时进行桥面铺装层施工。雨天和雨后桥面未干燥时，不得进行桥面铺装层施工。

（7）铺装层应在纵向100cm、横向40cm范围内，逐渐降坡，与汇水槽、泄水口平顺相接。

（8）沥青混合料桥面铺装层施工应符合下列规定：

1）在水泥混凝土桥面上铺筑沥青铺装层应符合下列要求：

① 铺筑前应在桥面防水层上撒布一层沥青石屑保护层，或在防水粘结层上撒布一层石屑保护层，并用轻碾慢压。

② 沥青铺装宜采用双层式，底层宜采用高温稳定性较好的中粒式密级配热拌沥青混合料，表层应采用防滑面层。

③ 铺装宜采用轮胎或钢筒式压路机碾压。

2）在钢桥面上铺筑沥青铺装层应符合下列要求：

① 铺装材料应防水性能良好；具有高温抗流动变形和低温抗裂性能；具有较好的抗疲劳性能和表面抗滑性能；与钢板粘结良好，具有较好的抗水平剪切、重复荷载和蠕变变形能力。

② 桥面铺装宜采用改性沥青，其压实设备和工艺应通过试验确定。

③ 桥面铺装宜在无雨、少雾季节、干燥状态下施工。施工气温不得低于15℃。

④ 桥面铺筑沥青铺装层前应涂刷防水粘结层。涂防水粘结层前应磨平焊缝、除锈、除污，涂防锈层。

⑤ 采用浇注式沥青混凝土铺筑桥面时，可不设防水粘结层。

因钢桥面在荷载和温度作用下变形较大，不适合施作卷材和涂膜防水。在钢桥面上施作沥青混合料铺装层前应先除锈、除尘、除污；再做全面防腐喷涂；最后满涂防水粘结层。该层承上启下，既具有防水作用，又将铺装层与钢桥面牢固粘结。

（9）水泥混凝土桥面铺装层施工应符合下列规定：

1）铺装层的厚度、配筋、混凝土强度等应符合设计要求。结构厚度误差不得超过−20mm。

2）铺装层的基面（裸梁或防水层保护层）应粗糙、干净，并于铺装前湿润。

3）桥面钢筋网应位置准确、连续。

4）铺装层表面应作防滑处理。

5）水泥混凝土施工工艺及钢纤维混凝土铺装的技术要求应符合现行行业标准《城镇道路工程施工与质量验收规范》CJJ 1 的有关规定。

（10）伸缩装置安装前应检查修正梁端预留缝的间隙，缝宽应符合设计要求，上下必须贯通，不得堵塞。伸缩装置应锚固可靠，浇筑锚固段（过渡段）混凝土时应采取措施防止堵塞梁端伸缩缝隙。

伸缩装置在安装时，应用 3m 直尺检查其自身平整度和与桥面衔接的平整度，确保行车舒适性。"大型伸缩装置"是指斜拉桥、悬索桥中所用的伸缩装置。

（11）伸缩装置安装前应对照设计要求、产品说明，对成品进行验收，合格后方可使用。安装伸缩装置时应按安装时气温确定安装定位值，保证设计伸缩量。

（12）伸缩装置宜采用后嵌法安装，即先铺桥面层，再切割出预留槽安装伸缩装置。

（13）填充式伸缩装置施工应符合下列规定：

1）预留槽宜为 50cm 宽、5cm 深，安装前预留槽基面和侧面应进行清洗和烘干。

2）梁端伸缩缝处应粘固止水密封条。

3）填料填充前应在预留槽基面上涂刷底胶，热拌混合料应分层摊铺在槽内并捣实。

4）填料顶面应略高于桥面，并撒布一层黑色碎石，用压路机碾压成型。

填充式伸缩装置适用于伸缩量 50mm 以下的中小跨径桥梁。

（14）橡胶伸缩装置安装应符合下列规定：

1）安装橡胶伸缩装置应尽量避免预压工艺。橡胶伸缩装置在 5℃ 以下气温不宜安装。

2）安装前应对伸缩装置预留槽进行修整，使其尺寸、高程符合设计要求。

3）锚固螺栓位置应准确，焊接必须牢固。

4）伸缩装置安装合格后应及时浇筑两侧过渡段混凝土，并与桥面铺装接顺。每侧混凝土宽度不宜小于 0.5m。

常用橡胶伸缩装置有橡胶压块伸缩装置；板式合成橡胶伸缩装置（由合成橡胶加强板经硫化合成）；组合式橡胶伸缩装置（由橡胶板与钢托板组成）三种。

（15）齿形钢板伸缩装置施工应符合下列规定：

1）底层支撑角钢应与梁端锚固筋焊接。

2）支撑角钢与底层钢板焊接时，应采取防止钢板局部变形措施。

3）齿形钢板宜采用整块钢板仿形切割成型，经加工后对号入座。

4）安装顶部齿形钢板，应按安装时气温经计算确定定位值。齿形钢板与底层钢板端部焊缝应采用间隔跳焊，中部塞孔焊应间隔分层满焊。焊接后齿形钢板与底层钢板应密贴。

5）齿形钢板伸缩装置宜在梁端伸缩缝处采用 U 形铝板或橡胶板止水带防水。

齿形钢板伸缩装置由齿形钢板、底层支承钢板、角钢和预埋锚固筋（件）焊接组成。防止焊接变形是关键，因此要求严格按焊接工艺操作，减少变形，保证按照质量。

（16）模数式伸缩装置施工应符合下列规定：

1）模数式伸缩装置在工厂组装成型后运至工地，应按现行行业标准《公路桥梁橡胶伸缩装置》JT/T 327 对成品进行验收，合格后方可安装。

2）伸缩装置安装时其间隙量定位值应由厂家根据施工时气温在工厂完成，用定位卡固定。如需在现场调整间隙量应在厂家专业人员指导下进行，调整定位并固定后应及时安装。

3）伸缩装置应使用专用车辆运输，按厂家标明的吊点进行吊装，防止变形。现场堆放场地应平整，并避免雨淋曝晒和防尘。

4）安装前应按设计和产品说明书要求检查锚固筋规格和间距、预留槽尺寸，确认符合设计要求，并清理预留槽。

5）分段安装的长伸缩装置需现场焊接时，宜由厂家专业人员施焊。

6）伸缩装置中心线与梁段间隙中心线应对正重合。伸缩装置顶面各点高程应与桥面横断面高程对应一致。

7）伸缩装置的边梁和支承箱应焊接锚固，并应在作业中采取防止变形措施。

8）过渡段混凝土与伸缩装置相接处应粘固密封条。

9）混凝土达到设计强度后，方可拆除定位卡。

模数式伸缩装置必须在工厂组装，按照施工单位提供的施工安装温度定位后出厂，若施工安装温度有变化，一定要重新调整定位方可安装就位。

（17）地袱、缘石、挂板应在桥梁上部结构混凝土浇筑支架卸落后施工，其外侧线形应平顺，伸缩缝必须全部贯通，并与主梁伸缩缝相对应。

（18）安装预制或石材地袱、缘石、挂板应与梁体连接牢固。

（19）尺寸超差和表面质量有缺陷的挂板不得使用。挂板安装时，直线段宜每20m设一个控制点，曲线段宜每3～5m设一个控制点，并应采用统一模板控制接缝宽度，确保外形流畅、美观。

地袱、缘石、挂板等不仅关系到桥梁整体线形的美观，而且城市桥梁工程的地袱、挂板施工通常为高处作业，施工安全十分重要。

（20）栏杆和防撞、隔离设施应在桥梁上部结构混凝土的浇筑支架卸落后施工，其线形应流畅、平顺，伸缩缝必须全部贯通，并与主梁伸缩缝相对应。

（21）防护设施采用混凝土预制构件安装时，砂浆强度应符合设计要求，当设计无规定时，宜采用M20水泥砂浆。

（22）预制混凝土栏杆采用榫槽连接时，安装就位后应用硬塞块固定，灌浆固结。塞块拆除时，灌浆材料强度不得低于设计强度的75％。采用金属栏杆时，焊接必须牢固，毛刺应打磨平整，并及时除锈防腐。

（23）防撞墩必须与桥面混凝土预埋件、预埋筋连接牢固，并应在施作桥面防水层前完成。

（24）护栏、防护网宜在桥面、人行道铺装完成后安装。

栏杆、防撞、隔离设施首先具有安全防护功能，按要求安装、连接牢固；同时在城市桥梁中其观感美也不容忽视，故对其外观质量要求应从严。

（25）人行道结构应在栏杆、地袱完成后施工，且在桥面铺装层施工前完成。

（26）人行道下铺设其他设施时，应在其他设施验收合格后，方可进行人行道铺装。

2.13 附属结构

（1）隔声和防眩装置应在基础混凝土达到设计强度后，方可安装。施工中应加强产品保护，不得损伤隔声和防眩板面及其防护涂层。

隔声装置是城市桥梁工程为符合国家环保法规及各城市地方环保法规所采取的防护措施，因此要求隔声装置施工符合设计要求，达到预期效果。

隔声与防眩装置在安装时应保持其连续性，当其出现断档、间隔，会减低其功效性。隔声屏、防眩板通常采用钢塑材料。隔声屏按轻质、牢固、抗风、透明的原则选用。

（2）声屏障加工与安装应符合下列规定：

1）声屏障的加工模数宜由桥梁两伸缩缝之间长度而定。

2）声屏障必须与钢筋混凝土预埋件牢固连接。

3）声屏障应连续安装，不得留有间隙，在桥梁伸缩缝部位应按设计要求处理。

4）安装时应选择桥梁伸缩缝一侧的端部为控制点，依序安装。

5）5级（含）以上大风时不得进行声屏障安装。

（3）梯道平台和阶梯顶面应平整，不得反坡造成积水。

（4）现浇和预制桥头搭板，应保证桥梁伸缩缝贯通、不堵塞，且与地梁、桥台锚固牢固。

桥头搭板是防止桥头跳车的设施，因此现浇搭板的基底压实度应符合要求，预制搭板的按照应稳固，而且搭板与路面衔接处的平整度应保证，防止桥头跳车的现象外移。

（5）干砌护坡时，护坡土基应夯实达到设计要求的压实度。砌筑时应纵横挂线，按线砌筑。需铺设砂砾垫层时，砂粒料的粒径不宜大于 5cm，含砂量不宜超过 40％。施工中应随填随砌，边口处应用较大石块，砌成整齐坚固的封边。

（6）桥上灯柱必须与桥面系混凝土预埋件连接牢固，桥外灯杆基础必须坚实，其承载力应符合设计要求。

城市桥梁工程中景观照明也日益受到重视，《城市桥梁工程施工与质量验收规范》CJJ 2—2008 中增加了照明内容。

2.14 桥梁工程质量通病防治措施

（1）钻孔灌注桩塌孔、缩孔、断桩防治的技术措施

1）钻孔灌注桩施工应采取有效的泥浆护壁措施，控制泥浆比重、黏度和进尺速度，保持孔壁稳定，确保成孔质量。

2）在施工期间护筒内的泥浆面应高出地下水位 1.0～1.5m；在受水位涨落影响时，泥浆面应高出水位 1.5～2.0m，并应采取稳定水头的措施。

3）浇筑混凝土过程中，应按规定连续作业，导管埋入混凝土顶面深度宜控制在 2-6m 范围内，严禁导管脱离混凝土顶面。

4）宜采用合理成孔施工工艺，缩短成孔时间。

（2）梁体预应力钢筋定位不准防治的技术措施

1）严格按照设计明确的预应力钢筋坐标进行定位安装。

2）预应力定位钢筋宜采用焊接固定，保证安装牢固。

3）混凝土浇筑应避免振捣器与预应力钢筋的直接接触，防止预应力钢筋（管道）损伤、移位。

（3）梁体保护层厚度偏差过大防治的技术措施

1）钢筋骨架的支撑钢筋必须保证足够强度、数量。

2）保护层垫块宜采用工厂化生产的专用垫块，应安装牢固、位置准确；平面每平方米不少于1个，曲面每2平方米不少于3个，折角处必须设置，并根据实际情况适当加密。

3）芯模法施工时，在绑扎钢筋时应根据空心孔设计位置、尺寸，预先设置抗浮钢筋，间距不大于50cm，且宜在芯模顶部设置压模材料，稳固芯模。

4）施工中严禁振捣钢筋骨架或振捣器直接接触钢筋骨架。

（4）施加预应力质量通病防治的技术措施

1）张拉前应对张拉设备进行标定。

2）预应力钢筋、锚夹具按规范要求进行检验。

3）预应力管道外观、管壁厚度、环刚度等应符合规范和设计要求。

4）波纹管的定位钢筋应与钢筋骨架可靠焊接；破损波纹管应予以修补或更换。

5）应进行试张拉，校验施工伸长值是否符合设计和规范要求。

6）预应力筋采用应力控制方法张拉时，应以伸长值进行校核，实际伸长值与理论伸长值的差值应符合设计要求并控制在6%以内，否则应暂停张拉，待查明原因并采取措施予以调整后，方可继续张拉。

7）压浆前应清理压浆孔道，保证压浆孔道通顺、洁净。浆液配合比、流动度、泌水性达到技术要求指标。压浆的压力宜为0.5～0.7MPa，当孔道较长或采用一次压浆时，最大压力宜为1.0MPa。浆液必须密实。

推荐采用真空辅助压浆工艺，压浆记录应完整。

8）封锚时，外露预应力钢筋锚头的保护层厚度处于正常环境时，不应小于20mm，处于易变腐蚀的环境时，不应小于50mm。凸出式锚固端锚具保护层厚度不小于50mm。

（5）排水设施不畅通防治的技术措施

1）排水管件应定位准确，安装牢固。

2）施工期间应采取有效措施防止杂物堵塞排水口或管道。

3）管件弯折部位宜采用可拆卸的装置，易于清疏。

4）桥面铺装施工应设样桩，保证桥面纵、横曲线符合要求。

（6）桥面伸缩缝通病防治的技术措施

1）安装伸缩装置前须清除预留缝内杂物。

2）预埋件定位准确，宜采用高强防裂水泥混凝土固定，伸缩缝安装后养护14d以上或采取相应措施后方可开放交通。

3）伸缩缝橡胶止水带应整条连续，端头向上弯折埋入混凝土中，起挡水作用。

4）伸缩缝附近桥面应平整，表面高差不超过2mm，伸缩缝安装误差不超过3mm，固定螺栓应紧固可靠，并有防振止松构造措施。

5）预留缝尺寸必须满足伸缩缝安装要求。

（7）防撞墙色差明显、平整度超标、线形不顺、裂缝等质量通病防治的技术措施

1）水泥等原材料中应采用同产地、同厂家产品；施工配合比控制准确。

2）模板宜采用定型钢模，涂刷隔离剂，分段浇筑长度不宜小于50m。

3）分段安装模板时，直线段每 10m，曲线段每 5m 以内应检验定位误差是否符合要求。

4）混凝土应分层浇筑、振捣密实，减少气泡引起的外观缺陷。

5）拆模后，及时检查外观质量；经监理批准，方可对缺陷进行相应处理。

（8）桥梁支座定位不准防治的技术措施

1）对板式橡胶支座，在平坡情况下同一片梁两端支承垫石水平面应尽量处于同一平面内，其相对误差不得超过 3mm；对盆式橡胶支座，支座支承面四角高差不得大于 2mm。

2）支座与桥梁上、下部的连接，采用焊接时，应预埋钢构件，并确保定位准确；采用地脚螺栓连接时，支座顶板与地脚螺栓应按设计要求定位后浇筑上部结构混凝土。

3）支座应进行防腐处理。

（9）桥面铺装防水粘结层失效、破损的防治技术措施

1）桥面铺装层施工前桥面应进行清洁。

2）防水粘结层施工应连续、满布，施工完成后防止车辆、行人进入，确保不受污染，后续铺装层施工应尽量衔接，避免间隔时间过长。

第3章 城市管道工程施工

《给水排水管道工程施工及验收规范》GB 50268—2008，自 2009 年 5 月 1 日起实施。其中强制性条款由于其重要性在第 1 节单独列出，原《给水排水管道工程施工及验收规范》GB 50268—97 和《市政排水管渠工程质量检验评定标准》CJJ 3—90 同时废止。本章主要围绕 GB 50268—2008 中新增加的施工及验收部分进行阐述。

3.1 总 则

（1）为加强给水、排水（以下简称给排水）管道工程施工管理，规范施工技术，统一施工质量检验、验收标准，确保工程质量，制定《给水排水管道工程施工及验收规范》GB 50268—2008。

GB 50268—97 颁布执行已有 16 年之久，对我国给水排水管道工程建设起到了积极作用。近些年来随着国民经济和城市建设的飞速发展，给水排水管道工程技术的提高，施工机械与设备的更新，管材品种及结构的发展；原 GB 50268—97 的内容已不能满足当前给水排水管道工程建设与施工的需要。为了规范施工技术，统一施工质量检验、验收标准，确保工程质量；特对 GB 50268—97 进行修订，并将 CJJ 3 内容纳入 GB 50268—2008。修订后的 GB 50268—2008 定位于指导全国各地区进行给排水管道工程施工与验收工作的通用性标准，需要明确施工（含技术、质量、安全）要求，对检验与验收的工程项目划分、检验与验收合格标准及组织程序做出具体规定。

（2）《给水排水管道工程施工及验收规范》GB 50268—2008 适用于新建、扩建和改建城镇公共设施和工业企业的室外给排水管道工程的施工及验收；不适用于工业企业中具有特殊要求的给水排水管道施工及验收。

（3）**给水排水管道工程所用的原材料、半成品、成品等产品的品种、规格、性能必须符合国家有关标准的规定和设计要求；接触饮用水的产品必须符合有关卫生要求。严禁使用国家明令淘汰、禁用的产品。**

本条为强制性条文。给水排水管道工程所使用的管材、管道附件及其他材料的品种类型较多、产品规格不统一，产品质量会直接影响工程结构安全使用功能及环境保护。为此，管材、管件及其他材料必须符合国家有关的产品标准。为保障人民身体健康，供应生活饮用水管道的卫生性能必须符合国家标准《生活饮用输配水设备及防护材料的安全性评价标准》GB/T 17219 规定。《给水排水管道工程施工及验收规范》GB 50268—2008 提倡应用新材料、新技术、新工艺，严禁使用国家明令淘汰、禁用的产品。给水排水管道工程的管材、管道附件等材料，应符合国家现行的有关产品标准的规定，并应具有出厂合格证。用于生活饮用水的管道，其材质不得污染水质。常用的管材有钢筋混凝土管、预应力混凝土管、钢管、球墨铸铁管、化学建材管（玻璃纤维管、硬聚氯乙烯管、聚乙烯管、聚丙烯管和钢塑复合管等）。设计所选用的管材，应符合国家现行有关标准。

（4）给水排水管道工程施工与验收，除应符合《给水排水管道工程施工及验收规范》GB 50268—2008 的规定外，尚应符合国家现行的有关标准的规定。

给排水管道工程建设与施工必须遵守国家的法令法规。当工程有具体要求而《给水排水管道工程施工及验收规范》GB 50268—2008 又无规定时，应执行国家相关规范、标准，或由建设、设计、施工、监理等有关方面协商解决。

3.2　基本规定

（1）施工单位应按照合同文件、设计文件和有关规范、标准要求，根据建设单位提供的施工界域内地下管线等构（建）筑物资料、工程水文地质资料，组织有关施工技术管理人员深入沿线调查，了解掌握现场实际情况，做好施工准备工作。

本条根据给排水管道工程施工的特点，强调施工准备中对现场沿线及周围环境进行调查，以便了解并掌握地下管线等建（构）筑物真实资料；是基于近年来的工程实践经验与教训而做出的规定。

（2）**施工单位在开工前应编制施工组织设计，对关键的分项、分部工程应分别编制专项施工方案。施工组织设计、专项施工方案必须按规定程序审批后执行，有变更时要办理变更审批。**

本条为强制性条文，对施工组织设计和施工方案的编制以及审批程序做出规定。施工组织设计的核心是施工方案，《给水排水管道工程施工及验收规范》GB 50268—2008 重点对施工方案做出具体规定；对于施工组织设计和施工方案审批程序，各地、各行业均有不同的规定，《给水排水管道工程施工及验收规范》GB 50268—2008 不宜对此进行统一的规定，而强调其内容要求和按"规定程序"审批后执行。

（3）施工测量应实行施工单位复核制、监理单位复测制，填写相关记录，并符合下列规定：

1）施工前，建设单位应组织有关单位进行现场交桩，施工单位对所交桩进行复核测量；原测桩有遗失或变位时，应及时补钉桩校正，并应经相应的技术质量管理部门和人员认定；

2）临时水准点和管道轴线控制桩的设置应便于观测、不易被扰动且必须牢固，并应采取保护措施；开槽铺设管道的沿线临时水准点，每 200m 不宜少于 1 个；

3）临时水准点、管道轴线控制桩、高程桩，必须经过复核方可使用，并应经常校核；

4）不开槽施工管道，沉管、桥管等工程的临时水准点、管道轴线控制桩，应根据施工方案进行设置，并及时校核；

5）对既有管道、构（建）筑物与拟建工程衔接的平面位置和高程，开工前必须校测。

（4）**工程所用的管材、管道附件、构（配）件和主要原材料等产品进入施工现场时必须进行进场验收并妥善保管。进场验收时应检查每批产品的订购合同、质量合格证书、性能检验报告、使用说明书、进口产品的商检报告及证件等，并按国家有关标准规定进行复验，验收合格后方可使用。**

本条为强制性条文，规定工程所用的管材、管件、构（配）件和主要原材料等产品应执行进场验收制和复验制，验收合格后方可使用。上述条款对于材料进场验收的内容及材料现场保管作了明确规定，特别对于化学建材管，材料的现场保管至关重要。

（5）现场配制的混凝土、砂浆、防腐与防水涂料等工程材料应经检测合格后方可使用。

（6）给排水管道工程施工质量控制中应符合下列规定：

1）各分项工程应按照施工技术标准进行质量控制，每分项工程完成后，必须进行检验；

2）相关各分项工程之间，必须进行交接检验，所有隐蔽分项工程必须进行隐蔽验收，未经检验或验收不合格不得进行下道分项工程。

本条为强制性条文，给出了给水排水管道工程施工质量控制基本规定：

第1款强调工程施工中各分项工程应按照施工技术标准进行质量控制，且在完成后进行检验（自检）；

第2款强调各分项工程之间应进行交接检验（互检），所有隐蔽分项工程应进行隐蔽验收，规定未经检验或验收不合格不得进行其后分项工程或下道工序。分项工程和工序在概念上应有所不同的，一项分项工程由一道或若干工序组成，不应视同使用。上述条款对于分项工程的检验及隐蔽验收作了明确的规定。

（7）给排水管道工程施工质量验收应在施工单位自检基础上，按验收批、分项工程、分部（子分部）工程、单位（子单位）工程的顺序进行，并应符合下列规定：

1）工程施工质量应符合《给水排水管道工程施工及验收规范》GB 50268—2008 和相关专业验收规范的规定；

2）工程施工质量应符合工程勘察、设计文件的要求；

3）参加工程施工质量验收的各方人员应具备相应的资格；

4）工程施工质量的验收应在施工单位自行检查、评定合格的基础上进行；

5）隐蔽工程在隐蔽前应由施工单位通知监理等单位进行验收，并形成验收文件；

6）涉及结构安全和使用功能的试块、试件和现场检测项目，应按规定进行平行检测或见证取样检测；

7）验收批的质量应按主控项目和一般项目进行验收；每个检查项目的检查数量，除《给水排水管道工程施工及验收规范》GB 50268—2008 有关条款有明确规定外，应全数检查；

8）对涉及结构安全和使用功能的分部工程应进行试验或检测；

9）承担检测的单位应具有相应资质；

10）外观质量应由质量验收人员通过现场检查共同确认。

本条规定给排水管道工程施工质量验收基础条件是施工单位自检合格，并应按验收批、分项工程、分部（子分部）工程、单位（子单位）工程依序进行。

本条第7款规定验收批是工程项目验收的基础，验收分为主控项目和一般项目；主控项目，即在管道工程中的对结构安全和使用功能起决定性作用的检验项目，一般项目，即除主控项目以外的检验项目，通常为现场实测实量的检验项目又称为允许偏差项目；检查方法和检查数量在相关条文中规定，检查数量未规定者，即为全数检查。

本条第10款强调工程的外观质量应由质量验收人员通过现场检查共同确认，这是考虑外观（观感）质量通常是定性的结论，需要验收人员共同确认。

（8）验收批质量验收合格应符合下列规定：

1）主控项目的质量经抽样检验合格；

2）一般项目中的实测（允许偏差）项目抽样检验的合格率应达到 80%，且超差点的最大偏差值应在允许偏差值的 1.5 倍范围内；

3）主要工程材料的进场验收和复验合格，试块、试件检验合格；

4）主要工程材料的质量保证资料以及相关试验检测资料齐全、正确；具有完整的施工操作依据和质量检查记录。

本条规定了验收批质量验收合格的 4 项条件：

第 1 款主控项目，抽样检验或全数检查 100% 合格；

第 2 款一般项目，抽样检验的合格率应达到 80%，且超差点的最大偏差值应在允许偏差值的 1.5 倍范围内；

"合格率"的计算公式为：

$$合格率 = \frac{同一实测项目中的合格点（组）数}{同一实测项目的应检点（组数）} \times 100\%$$

抽样检验必须按照规定的抽样方案（依据《给水排水管道工程施工及验收规范》GB 50268—2008 所给出的检查数量），随机地从进场材料、构配件、设备或工程检验项目中，按验收批抽取一定数量的样本所进行的检验。

第 3 款主要工程材料的进场验收和复验合格，试块、试件检验合格；

第 4 款主要工程材料的质量保证资料以及相关试验检测资料齐全、正确；具有完整的施工操作依据和质量检查记录。

（9）分项工程质量验收合格应符合下列规定：

1）分项工程所含的验收批质量验收全部合格；

2）分项工程所含的验收批的质量验收记录应完整、正确；有关质量保证资料和试验检测资料应齐全、正确。

本条规定了分项工程质量验收合格的条件是分项工程所含的验收批均验收合格。当工程不设验收批时，分项工程即为质量验收基础；其验收合格条件参照《给水排水管道工程施工及验收规范》GB 50268—2008 第 3.2.3 条规定执行。

（10）分部（子分部）工程质量验收合格应符合下列规定：

1）分部（子分部）工程所含分项工程的质量验收全部合格；

2）质量控制资料应完整；

3）分部（子分部）工程中，地基基础处理、桩基础检测、混凝土强度、混凝土抗渗、管道接口连接、管道位置及高程、金属管道防腐层、水压试验、管道设备安装调试、阴极保护安装测试、回填压实等的检验和抽样检测结果应符合《给水排水管道工程施工及验收规范》GB 50268—2008 的有关规定；

4）外观质量验收应符合要求：

当工程规模较大时，可考虑设置子分部工程，其质量验收合格条件同分部工程。

（11）单位（子单位）工程质量验收合格应符合下列规定：

1）单位（子单位）工程所含分部（子分部）工程的质量验收全部合格；

2）质量控制资料应完整；

3）单位（子单位）工程所含分部（子分部）工程有关安全及使用功能的检测资料应完整；

4）涉及金属管道的外防腐层、钢管阴极保护系统、管道设备运行、管道位置及高程等的试验检测、抽查结果以及管道使用功能试验应符合《给水排水管道工程施工及验收规范》GB 50268—2008 规定；

5）外观质量验收应符合要求。

当工程规模较大时，可考虑设置子单位工程，其质量验收合格条件同单位工程。

（12）给排水管道工程质量验收不合格时，应按下列规定处理：

1）经返工重做或更换管节、管件、管道设备等的验收批，应重新进行验收；

2）经有相应资质的检测单位检测鉴定能够达到设计要求的验收批，应予以验收；

3）经有相应资质的检测单位检测鉴定达不到设计要求，但经原设计单位验算认可能够满足结构安全和使用功能要求的验收批，可予以验收；

4）经返修或加固处理的、分项工程、分部（子分部）工程，虽然改变外形尺寸但仍能满足结构安全和使用功能要求，可按技术处理方案文件和协商文件进行验收。

本条规定了给水排水管道工程质量验收不合格品处理的具体规定：返修，系指对工程不符合标准的部位采取整修等措施；返工，系指对不符合标准的部位采取的重新制作、重新施工等措施。返工或返修的验收批或分项工程可以重新验收和评定质量合格。正常情况下，不合格品应在验收批检验或验收时发现，并应及时得到处理，否则将影响后续验收批和相关的分项、分部工程的验收。《给水排水管道工程施工及验收规范》GB 50268—2008 从"强化验收"促进"过程控制"原则出发，规定施工中所有质量隐患必须消灭在萌芽状态。

但是，由于特定原因在验收批检验或验收时未能及时发现质量不符合标准规定，且未能及时处理或为了避免经济的更大损失时，在不影响结构安全和使用功能条件下，可根据不符合标准的程度按本条规定进行处理。采用本条第 4 款时，验收结论必须说明原因和附相关单位出具的书面文件资料，并且该单位工程不应评定质量合格，只能写明"通过验收"，责任方应承担相应的经济责任。

（13）通过返修或加固处理仍不能满足结构安全或使用功能要求的分部（子分部）工程、单位（子单位）工程，严禁验收。

本条是强制性条文，强调通过返修或加固处理仍不能满足结构安全或使用要求的分部（子分部）工程、单位（子单位）工程，严禁验收。

（14）参加验收各方对工程质量验收意见不一致时，可由工程所在地建设行政主管部门或工程质量监督机构协调解决。

（15）单位工程质量验收合格后，建设单位应按规定将竣工验收报告和有关文件，报工程所在地建设行政主管部门备案。

建设单位应依据《建设工程质量管理条例》（国务院令第 279 号）及《房屋建筑工程和市政基础设施工程竣工验收备案管理暂行办法》（建设部令第 78 号）以及各地方的有关法规规章等规定，报工程所在地建设行政管理部门或其他有关部门办理竣工备案手续。

3.3 土石方与地基处理

（1）建设单位应向施工单位提供施工影响范围内地下管线（构筑物）及其他公共设施资料，施工单位应采取措施加以保护。

本条系根据《中华人民共和国建筑法》第四十条"建设单位应当向建筑施工企业提供与施工现场相关的地下管线资料，建筑施工企业应当采取措施加以保护"的规定制定的。

（2）沟槽开挖至设计高程后应由建设单位会同设计、勘察、施工、监理单位共同验槽；发现岩、土质与勘察报告不符或有其他异常情况时，由建设单位会同上述单位研究处理措施。

按照《建筑地基基础工程施工质量验收规范》GB 50202—2002 附录 A.1.1 条"所有建（构）筑物均应进行施工验槽"规定，基（槽）坑开挖中发现岩、土质与建设单位提供的设计勘测资料不符或有其他异常情况时，应由建设单位会同建设、设计、勘测、监理等有关单位共同研究处理，由设计单位提出变更设计。

（3）沟槽开挖与支护的施工方案主要内容应包括：

1）沟槽施工平面布置图及开挖断面图；

2）沟槽形式、开挖方法及堆土要求；

3）无支护沟槽的边坡要求；有支护沟槽的支撑型式、结构、支拆方法及安全措施；

4）施工设备机具的型号、数量及作业要求；

5）不良土质地段沟槽开挖时采取的护坡和防止沟槽坍塌的安全技术措施；

6）施工安全、文明施工、沿线管线及构（建）筑物保护要求等。

沟槽开挖与支护的施工，通常采用木板桩和钢板桩，沟槽回填时应按照《给水排水管道工程施工及验收规范》GB 50268—2008 规定拆除；在软土层或邻近建（构）筑物等情况下施工时，应采取喷锚支护、灌注桩等围护形式。

（4）沟槽的开挖应符合下列规定：

1）沟槽的开挖断面应符合施工组织设计（方案）的要求。槽底原状地基土不得扰动，机械开挖时槽底预留 200～300mm 土层由人工开挖至设计高程，整平；

2）槽底不得受水浸泡或受冻，槽底局部扰动或受水浸泡时，宜采用天然级配砂砾石或石灰土回填；槽底扰动土层为湿陷性黄土时，应按设计要求进行地基处理；

3）槽底土层为杂填土、腐蚀性土时，应全部挖除并按设计要求进行地基处理；

4）槽壁平顺，边坡坡度符合施工方案的规定；

5）在沟槽边坡稳固后设置供施工人员上下沟槽的安全梯。

本条对沟槽的开挖进行了具体规定，强调采开挖断面应符合施工组织设计（方案）的要求和采用天然地基时槽底原状土不得扰动；机械开挖时或不能连续施工时，沟槽底应预留 200～300mm 由人工开挖、清槽。

（5）管道地基应符合设计要求，管道天然地基的强度不能满足设计要求时应按设计要求加固。

（6）柔性管道处理宜采用砂桩、搅拌桩等复合地基。

化学建材管等柔性管道，应采用砂桩，搅拌桩等复合地基处理，不能采用预制桩基础，也不能采取浇筑混凝土刚性基础和360°满封混凝土等处理方法。

（7）管道沟槽回填应符合下列规定：

1）沟槽内砖、石、木块等杂物清除干净；

2）沟槽内不得有积水；

3）保持降排水系统正常运行，不得带水回填。

（8）除设计有要求外，回填材料应符合下列规定：

1）采用土回填时，应符合下列规定：

① 槽底至管顶以上500mm范围内，土中不得含有机物、冻土以及大于50mm的砖、石等硬块；在抹带接口处、防腐绝缘层或电缆周围，应采用细粒土回填；

② 冬期回填时管顶以上500mm范围以外可均匀掺入冻土，其数量不得超过填土总体积的15％，且冻块尺寸不得超过100mm；

③ 回填土的含水量，宜按土类和采用的压实工具控制在最佳含水率±2％范围内。

2）采用石灰土、砂、砂砾等材料回填时，其质量应符合设计要求或有关标准规定。

（9）回填作业每层土的压实遍数，按压实度要求、压实工具、虚铺厚度和含水量，应经现场试验确定。

（10）管道埋设的最小管顶覆土厚度应符合设计要求，且满足当地冻土层厚度要求；管顶覆土回填压实度达不到设计要求时应与设计协商进行处理。

本条规定给水排水管道覆土厚度符合设计要求，管顶最小覆土厚度应满足当地冰冻厚度要求；因条件限制，刚性管道的管顶覆土无法满足上述要求时，或管顶覆土压实度达不到《给水排水管道工程施工及验收规范》第4.6.3条的规定，应由设计单位提出处理方案，可采用混凝土包封或具有结构强度的其他材料回填；柔性管道的管顶覆土无法满足上述要求时，应按设计要求或有关规定进行处理，采用套管方法，不得采用包封混凝土的处理方法。

3.4　开槽施工管道主体结构

3.4.1　一般规定

（1）适用于预制成品管开槽施工的给水排水管道工程。管渠施工应按现行国家标准《给水排水构筑物工程施工及验收规范》GB 50141的相关规定执行。

（2）雨期施工应采取以下措施：

1）合理缩短开槽长度，及时砌筑检查井，暂时中断安装的管道及与河道相连通的管口应临时封堵；已安装的管道验收后应及时回填；

2）制定槽边雨水径流疏导、槽内排水及防止漂管事故的应急措施；

3）刚性接口作业宜避开雨天。

（3）污水和雨、污水合流的钢筋混凝土管道内表面，应按国家有关规范的规定和设计要求进行防腐层施工。

本条规定污水和雨、污水合流的金属管道内表面，应按国家有关规范规定和设计要求设置防腐层；防腐层可在预制时设置，也可在现场施工。国外的相关规范对钢筋混凝土管道也有设置防腐层的要求，以便提高钢筋混凝土管道的防腐性能。

（4）管道安装完成后，应按相关规定和设计要求设置管道位置标识。

根据国家有关规范规定，给水排水管道安装完成后，应按相关规定和设计要求设置管道位置标识带，以便检查与维护。

3.4.2 砌筑管渠

（1）管道基础采用原状地基时，施工应符合下列规定：

1）原状土地基局部超挖或扰动时应按《给水排水管道工程施工及验收规范》第4.4节的有关规定进行处理；岩石地基局部超挖时，应将基底碎渣全部清理，回填低强度等级混凝土或粒径10～15mm的砂石回填夯实；

2）原状地基为岩石或坚硬土层时，管道下方应铺设砂垫层，其厚度应符合表3-1的规定；

砂垫层厚度   表3-1

管材种类/管外径	垫层厚度（mm）		
	$D_0 \leqslant 500$	$500 < D_0 \leqslant 1000$	$D_0 > 1000$
柔性管道	$\geqslant 100$	$\geqslant 150$	$\geqslant 200$
柔性接口的刚性管道	$150 \sim 200$		

3）非永冻土地区，管道不得铺设在冻结的地基上；管道安装过程中，应防止地基冻胀。

（2）混凝土基础施工应符合下列规定：

1）平基与管座的模板，可一次或两次支设，每次支设高度宜略高于混凝土的浇筑高度；

2）平基、管座的混凝土设计无要求时，宜采用强度等级不低于C15的低坍落度混凝土；

3）管座与平基分层浇筑时，应先将平基凿毛冲洗干净，并将平基与管体相接触的腋角部位，用同强度等级的水泥砂浆填满、捣实后，再浇筑混凝土，使管体与管座混凝土结合严密；

4）管座与平基采用垫块法一次浇筑时，必须先从一侧灌注混凝土，对侧的混凝土高过管底与灌注侧混凝土高度相同时，两侧再同时浇筑，并保持两侧混凝土高度一致；

5）管道基础应按设计要求留变形缝，变形缝的位置应与柔性接口相一致；

6）管道平基与井室基础宜同时浇筑；跌落水井上游接近井基础的一段应砌砖加固，并将平基混凝土浇至井基础边缘；

7）混凝土浇筑中应防止离析；浇筑后应进行养护，强度低于1.2MPa时不得承受荷载。

（3）砂石基础施工应符合下列规定：

1）铺设前应先对槽底进行检查，槽底高程及槽宽须符合设计要求，且不应有积水和软泥；

2）柔性管道的基础结构设计无要求时，宜铺设厚度不小于100mm的中粗砂垫层；软土地基宜铺垫一层厚度不小于150mm的砂砾或5～40mm粒径碎石，其表面再铺厚度不小于50mm的中、粗砂垫层；

3）刚性管道的基础结构，设计无要求时一般土质地段可铺设砂垫层，亦可铺设25mm以下粒径碎石、表面再铺20mm厚的砂垫层（中、粗砂），垫层总厚度应符合表3-2的规定；

刚性管道砂石垫层总厚度 表3-2

管径（D_0）	垫层总厚度
300～800	150
900～1200	200
1350～1500	250

注：表中单位 mm。

4）管道有效支承角范围必须用中、粗砂填充插捣密实，与管底紧密接触，不得用其他材料填充。

3.4.3 钢管安装

（1）管道安装应符合现行国家标准《工业金属管道工程施工规范》GB 50235—2010、《现场设备、工业管道焊接工程施工施工规范》GB 50236—2011等规范的规定，并应符合下列规定：

1）对首次采用的钢材、焊接材料、焊接方法或焊接工艺，施工单位必须在施焊前按设计要求和有关规定进行焊接试验，并应根据试验结果编制焊接工艺指导书；

2）焊工必须按规定经相关部门考试合格后持证上岗，并应根据经过评定的焊接工艺指导书进行施焊；

3）沟槽内焊接时，应采取有效技术措施保证管道底部的焊缝质量。

（2）管节的材料、规格、压力等级等应符合设计要求，管节宜工厂预制，现场加工应符合下列规定：

1）管节表面应无斑疤、裂纹、严重锈蚀等缺陷；

2）焊缝外观质量应符合《给水排水管道工程施工及验收规范》GB 50268—2008表3-3的规定，焊缝无损检验合格；

焊缝的外观质量 表3-3

项 目	技术要求
外观	不得有熔化金属流到焊缝外未熔化的母材上，焊缝和热影响区表面不得有裂纹、气孔、弧坑和灰渣等缺陷；表面光顺、均匀、焊道与母材应平缓过渡
宽度	应焊出坡口边缘2～3mm
表面余高	应小于或等于1+0.2倍坡口边缘宽度，且不大于4mm
咬边	深度应小于或等于0.5mm，焊缝两侧咬边总长不得超过焊缝长度的10%，且连续长不应大于100mm
错边	应小于或等于0.2t，且不应大于2mm
未焊满	不允许

注：t 为壁厚（mm）。

《给水排水管道工程施工及验收规范》GB 50268—2008 中"圆度"是指同端管口相互垂直的最大直径与最小直径之差与管道内径 D_i 的比值，也称为不圆度或椭圆度。

3）直焊缝卷管管节几何尺寸允许偏差应符合表 3-4 的规定；

直焊缝卷管管节几何尺寸允许偏差　　　　　　　　　　表 3-4

项　目	允许偏差（mm）	
周长	D_i≤600	±2.0
	D_i>600	±$0.0035D_i$
圆度	管端 $0.005D_i$；其他部位 $0.01D_i$	
端面垂直度	$0.001D_i$，且不大于 1.5	
弧度	用弧长 $\pi D_i/6$ 的弧形板量测于管内壁或外壁纵缝处形成的间隙，其间隙为 $0.1t+2$，且不大于 4，距管端 200mm 纵缝处的间隙不大于 2	

注：D_i 为管内径（mm），t 为壁厚（mm）。

4）同一管节允许有两条纵缝，管径大于或等于 600mm 时，纵向焊缝的间距应大于 300mm；管径小于 600mm 时，其间距应大于 100mm。

（3）弯管起弯点至接口的距离不得小于管径，且不得小于 100mm。

（4）管节组对焊接时应先修口、清根，管端端面的坡口角度、钝边、间隙，应符合设计要求，设计无要求时应符合表 3-5 的规定；不得在对口间隙夹焊帮条或用加热法缩小间隙施焊。

电弧焊管端倒角各部尺寸　　　　　　　　　　表 3-5

倒角形式		间隙 b（mm）	钝边 p（mm）	坡口角度 α（°）
图示	壁厚 t（mm）			
	4～9	1.5～3.0	1.0～1.5	60～70
	10～26	2.0～4.0	1.0～2.0	60±5

给水排水管道钢管的对接焊口多为 V 形坡口，本条参考了《工业金属管道工程施工规范》GB 50235—2010 进行规定；清根即对坡口及其内外表面进行清理，应参照《工业金属管道工程施工规范》GB 50235—2010 中相关规定执行。

（5）对口时应使内壁齐平，错口的允许偏差应为壁厚的 20%，且不得大于 2mm。

（6）对口时纵、环向焊缝的位置应符合下列规定：

1）纵向焊缝应放在管道中心垂线上半圆的 45°左右处；

2）纵向焊缝应错开，当管径小于 600mm 时，错开的间距不得小于 100mm，当管径大于或等于 600mm 时，错开的间距不得小于 300mm；

3）有加固环的钢管，加固环的对焊焊缝应与管节纵向焊缝错开，其间距不应小于 100mm；加固环距管节的环向焊缝不应小于 50mm；

4）环向焊缝距支架净距离不应小于 100mm；

5）直管管段两相邻环向焊缝的间距不应小于 200mm，并不应小于管节的外径；

6）管道任何位置不得有十字形焊缝。

本条第 5 款"直管管段两相邻环向焊缝的间距不应小于 200mm,"来自"97 版"规范的第 4.2.9.5 条,"并不应小于管节的外径"参考了《工业金属管道工程施工规范》GB 50235—2010 的规定;以便解决实际工程应用不同规范规定的矛盾,且避免焊缝过于集中。

(7) 不同壁厚的管节对口时,管壁厚度相差不宜大于 3mm。不同管径的管节相连时,当两管径相差大于小管管径的 15% 时,可用渐缩管连接。渐缩管的长度不应小于两管径差值的 2 倍,且不应小于 200mm。

(8) 管道上开孔应符合下列规定:

1) 不得在干管的纵向、环向焊缝处开孔;

2) 管道上任何位置不得开方孔;

3) 不得在短节上或管件上开孔;

4) 开孔处的加固补强应符合设计要求。

(9) 在寒冷或恶劣环境下焊接应符合下列规定:

1) 清除管道上冰、雪、霜等;

2) 工作环境的风力大于 5 级、雪天或相对湿度大于 90% 时,应采取保护措施;

3) 焊接时,应使焊缝可自由伸缩,并应使焊口缓慢降温;

4) 冬期焊接时,应根据环境温度进行预热处理,并应符合表 3-6 的规定。

冬期焊接预热的规定　　　　　　　　　　　　　　　表 3-6

钢号	环境温度(℃)	预热宽度(mm)	预热达到温度(℃)
含碳量≤0.2%碳素钢	≤−20	焊口每侧不小于 40	100～150
0.2%<含碳量<0.3%	≤−10		100～150
16Mn	≤0		100～200

(10) 钢管对口检查合格后,方可进行接口定位焊接。定位焊接采用点焊时,应符合下列规定:

1) 点焊焊条应采用与接口焊接相同的焊条;

2) 点焊时,应对称施焊,其厚度应与第一层焊接厚度一致;

3) 钢管的纵向焊缝及螺旋焊缝处不得点焊;

4) 点焊长度与间距应符合表 3-7 的规定。

点焊长度与间距　　　　　　　　　　　　　　　　表 3-7

管径 D_0(mm)	点焊长度(mm)	环向点焊点(处)
350～500	50～60	5
600～700	60～70	6
≥800	80～100	点焊间距不宜大于 400mm

(11) 焊接方式应符合设计和焊接工艺评定的要求,管径大于 800mm 时,应采用双面焊。

(12) 管道对接时,环向焊缝的检验应符合下列规定:

1) 检查前应清除焊缝的渣皮、飞溅物;

2）应在无损检测前进行外观质量检查，并应符合《给水排水管道工程施工及验收规范》表5.3.2-1的规定；

3）无损探伤检测方法应按设计要求选用；

4）无损探伤检验取样数量与质量要求应按设计要求执行；设计无要求时，压力管道的取样数量应不小于焊缝量的10%；

5）不合格的焊缝应返修，返修次数不得超过3次。

《给水排水管道工程施工及验收规范》GB 50268—2008规定钢管管道焊缝质量检测应首先进行外观检验，外观质量应符合《给水排水管道工程施工及验收规范》表5.3.2—1规定。无损检测应符合《压力设备无损检测　第3部分　超声检测》JB/T 4730.3—2005的有关规定，检测方法主要有射线检测和超声检测。本条第5款保留了"97版"规范的规定，不合格的焊缝应返修，返修次数不得超过3次；相关规范规定返修次数不得超过2次。

（13）管钢采用螺纹连接时，管节的切口断面应平整，偏差不得超过一扣，丝扣应光洁，不得有毛刺、乱扣、断扣，缺扣总长不得超过丝扣全长的10%。接口紧固后宜露出2~3扣螺纹。

（14）管道法兰连接时，应符合下列规定：

1）法兰应与管道保持同心，两法兰间应平行；

2）螺栓应使用相同规格；且安装方向应一致，螺栓应对称紧固，紧固好的螺栓应露出螺母之外；

3）与法兰接口两侧相邻的第一至第二个刚性接口或焊接接口，待法兰螺栓紧固后方可施工；

4）法兰接口埋入土中时，应采取防腐措施。

3.4.4　钢管内外防腐

（1）管体的内外防腐层宜在工厂内完成，现成连接的补口按设计要求处理。

（2）水泥砂浆内防腐层应符合下列规定：

1）施工前应具备的条件应符合下列规定：

① 管道内壁的浮锈、氧化皮、焊渣、油污等，应彻底清除干净；焊缝突起高度不得大于防腐层设计厚度的1/3；

② 现场施做内防腐的管道，应在管道试验、土方回填验收合格，且管道变形基本稳定后进行；

③ 内防腐层的材料质量应符合设计要求。

2）内防腐层施工符合下列规定：

① 水泥砂浆内防腐层可采用机械喷涂、人工抹压、拖筒或离心预制法施工；工厂预制时，在运输、安装、回填土过程中，不得损坏水泥砂浆内防腐层；

② 管道端点或施工中断时，应预留搭槎；

③ 水泥砂浆抗压强度符合设计要求，且不低于30MPa；

④ 采用人工抹压法施工时，应分层抹压；

⑤ 水泥砂浆内防腐层成形后，应立即将管道封堵，终凝后进行潮湿养护；普通硅酸

盐水泥砂浆养护时间不应少于 7d，矿渣硅酸盐水泥砂浆不应少于 14d；通水前应继续封堵，保持湿润。

3）水泥砂浆内防腐层厚度应符合表 3-8 的规定。

钢管水泥砂浆内防腐层厚度要求   表 3-8

管径（D_i，mm）	厚度（mm）	
	机械喷涂	手工涂抹
500～700	8	—
800～1000	10	—
1100～1500	12	14
1600～1800	14	16
2000～2200	15	17
2400～2600	16	18
2600 以上	18	20

本条参考了《埋地给水钢管道水泥砂浆衬里技术标准》CECS 10：89 的规定，对机械喷涂和手工涂抹施工的钢管水泥砂浆内防腐层厚度及偏差进行规定；见表 3-8 钢管水泥砂浆内防腐层厚度要求。

（3）液体环氧涂料内防腐层应符合下列规定：

1）施工前具备的条件应符合下列规定：

① 宜采用喷（抛）射除锈，除锈等级应不低于《涂覆涂料前钢材表面处理表面清洁度的目视评定第 1 部分：未涂覆的钢材表面和全面清除原有涂层后的钢材表面的锈蚀等级和处理等级》GB/T 8923 中规定的 Sa2 级；内表面经喷（抛）射处理后，应用清洁、干燥、无油的压缩空气将管道内部的砂粒、尘埃、锈粉等微尘清除干净；

② 管道内表面处理后，应在钢管两端 60～100mm 范围内涂刷硅酸锌或其他可焊性防锈涂料，干膜厚度为 20～40μm。

2）内防腐层的材料质量应符合设计要求；

3）内防腐层施工符合下列规定：

① 应按涂料生产厂家产品说明书的规定配制涂料，不宜加稀释剂；

② 涂料使用前应搅拌均匀；

③ 宜采用高压无气喷涂工艺，在工艺条件受限时，可采用空气喷涂或挤涂工艺；

④ 应调整好工艺参数且稳定后，方可正式涂敷；防腐层应平整、光滑、无流挂、无划痕等；涂敷过程中应随时监测湿膜厚度；

⑤ 环境相对湿度大于 85％时，应对钢管除湿后方可作业；严禁在雨、雪、雾及风沙等气候条件下露天作业。

液体环氧类涂料已广泛应用于钢管管道内防腐层，本条新增关于液体环氧涂料内防腐层施工的具体规定。

（4）埋地管道外防腐层应符合设计要求，其构造应符合表 3-9～表 3-11 的规定。

石油沥青涂料外防腐层构造 表3-9

材料种类	普通级（三油二布）		加强级（四油三布）		特加强级（五油四布）	
	构造	厚度（mm）	构造	厚度（mm）	构造	厚度（mm）
石油沥青涂料	1. 底料一层 2. 沥青（厚度≥1.5mm） 3. 玻璃布一层 4. 沥青（厚度1.0～1.5mm） 5. 玻璃布一层 6. 沥青（厚度1.0～1.5mm） 7. 聚氯乙烯工业薄膜一层	≥4.0	1. 底料一层 2. 沥青（厚度≥1.5mm） 3. 玻璃布一层 4. 沥青（厚度1.0～1.5mm） 5. 玻璃布一层 6. 沥青（厚度1.0～1.5mm） 7. 玻璃布一层 8. 沥青（厚度1.0～1.5mm） 9. 聚氯乙烯工业薄膜一层	≥5.5	1. 底料一层 2. 沥青（厚度≥1.5mm） 3. 玻璃布一层 4. 沥青（厚度1.0～1.5mm） 5. 玻璃布一层 6. 沥青（厚度1.0～1.5mm） 7. 玻璃布一层 8. 沥青（厚度1.0～1.5mm） 9. 玻璃布一层 10. 沥青（厚度1.0～1.5mm） 11. 聚氯乙烯工业薄膜一层	≥7.0

环氧煤沥青涂料外防腐层构造 表3-10

材料种类	普通级（三油）		加强级（四油一布）		特加强级（六油二布）	
	构造	度（mm）	构造	度（mm）	构造	厚度（mm）
环氧煤沥青涂料	1. 底料 2. 面料 3. 面料 4. 面料	≥0.2	1. 底料 2. 面料 3. 面料 4. 玻璃布 5. 面料 6. 面料	≥0.4	1. 底料 2. 面料 3. 面料 4. 玻璃布 5. 面料 6. 面料 7. 玻璃布 8. 面料 9. 面料	≥0.6

环氧树脂玻璃钢外防腐层构造 表3-11

材料种类	加强级	
	构造	厚度（mm）
环氧树脂玻璃钢	1. 底层树脂 2. 面层树脂 3 玻璃布 4. 面层树脂 5. 玻璃布 6. 面层树脂 7. 面层树脂	≥3

防腐层构造：普通级（三油二布）、加强级（四油三布）、特加强级（五油四布）中油脂所用涂料，布指玻璃布等衬布。

（5）石油沥青涂料外防腐层施工应符合下列规定：

1）涂底料前管体表面应清除油垢、灰渣、铁锈，人工除氧化皮、铁锈时，其质量标准应达St3级；喷砂或化学除锈时，其质量标准应达Sa2.5级；

2）涂底料时基面应干燥，基面除锈后与涂底料的间隔时间不得超过8h。应涂刷均匀、饱满，不得有凝块、起泡现象，底料厚度宜为0.1～0.2mm，管两端150～250mm范围内不得涂刷；

3）沥青涂料熬制温度宜在230℃左右，最高温度不得超过250℃，熬制时间宜控制在4～5h，每锅料应抽样检查，其性能应符合表3-12的规定；

项　目	性能指标
软化点（环球法）	≥125℃
针入度（25℃，100g）	5～20（1/10mm）
延度（25℃）	≥10mm

4）沥青涂料应涂刷在洁净、干燥的底料上，常温下刷沥青涂料时，应在涂底料后24h 之内实施；沥青涂料涂刷温度以 200～230℃为宜；

5）涂沥青后应立即缠绕玻璃布，玻璃布的压边宽度应为 20～30mm；接头搭接长度应为 100～150mm，各层搭接接头应相互错开，玻璃布的油浸透率应达到 95％以上，不得出现大于 50mm×50mm 的空白；管端或施工中断处应留出长 150～250mm 的缓坡型搭槎；

6）包扎聚氯乙烯薄膜保护层作业时，不得有褶皱、脱壳现象，压边宽度应为 20～30mm，搭接长度应为 100～150mm；

7）沟槽内管道接口处施工，应在焊接、试压合格后进行，接槎处应粘结牢固、严密。

（6）环氧煤沥青外防腐层施工应符合下列规定：

1）管节表面应符合《给水排水管道工程施工及验收规范》第 5.4.5 条第 1 款的规定；焊接表面应光滑无刺、无焊瘤、棱角；

2）应按产品说明书的规定配制涂料；

3）底料应在表面除锈合格后尽快涂刷，空气湿度过大时，应立即涂刷，涂刷应均匀，不得漏涂；管两端 100～150mm 范围内不涂刷，或在涂底料之前，在该部位涂刷可焊涂料或硅酸锌涂料，干膜厚度不应大于 25μm；

4）面料涂刷和包扎玻璃布，应在底料表干后、固化前进行，底料与第一道面料涂刷的间隔时间不得超过 24h。

（7）雨期、冬期石油沥青及环氧煤沥青涂料外防腐层施工应符合下列规定：

1）环境温度低于 5℃时，不宜采用环氧煤沥青涂料，采用石油沥青涂料时，应采取冬期施工措施；环境温度低于 -15℃或相对湿度大于 85％时，未采取措施不得进行施工；

2）不得在雨、雾、雪或 5 级以上大风环境露天施工；

3）已涂刷石油沥青防腐层的管道，炎热天气下，不宜直接受阳光照射；冬期气温等于或低于沥青涂料脆化温度时，不得起吊、运输和铺设；脆化温度试验应符合现行国家标准《石油沥青脆点测定法弗拉斯法》GB/T 4510 的规定。

（8）环氧树脂玻璃钢外防腐层施工应符合下列规定：

1）管节表面应符合《给水排水管道工程施工及验收规范》第 5.4.5 条第 1 款的规定；焊接表面应光滑无刺、无焊瘤、无棱角；

2）应按产品说明书的规定配制环氧树脂；

3）现场施工可采用手糊法，具体可分为间断法或连续法；

4）间断法每次铺衬间断时应检查玻璃布衬层的质量，合格后再涂刷下一层；

5）连续法作业，连续铺衬到设计要求的层数或厚度，并应自然养护 24h，然后进行面层树脂的施工；

6）玻璃布除刷涂树脂外，可采用玻璃布的树脂浸揉法；

7）环氧树脂玻璃钢的养护期不应少于 7d。

环氧树脂玻璃布防腐层俗称为环氧树脂玻璃钢外防腐层，《给水排水管道工程施工及验收规范》采用俗称是为便于施工应用。

手糊法是涂刷环氧树脂施工常采取的简便方法，即作业人员带上防护手套蘸取环氧树脂直接涂抹管外壁施做防腐层，施工质量较易控制；手糊法又可分为间接法和连续法施工方式。

间接法施工要求：

① 在基层的表面均匀地涂刷底料，不得有漏涂、流挂等缺陷；

② 用腻子修平基层的凹陷处，自然固化不宜少于 24h，修平表面后，进行玻璃布衬层施工；

③ 施工程序：先在基层上均匀涂刷一层环氧树脂，随即衬上一层玻璃布，玻璃布必须贴实，使胶料浸入布的纤维内，且无气泡；树脂应饱满并应固化 24h；修整表面后，再按上述程序铺衬至设计要求的层数或厚度；

④ 每次铺衬间断应检查玻璃布衬层的质量，当有毛刺、脱层和气泡等缺陷时，应进行修补；同层玻璃布的搭接宽度不应小于 50mm，上下两层的接缝应错开，错开距离不得小于 50mm，阴阳角处应增加一至二层玻璃布；均匀涂刷面层树脂，待第一层硬化后，再涂刷下一层。

连续法施工作业程序与间接法相同；

玻璃布的树脂浸揉法，即将玻璃布放置在配好的树脂里浸泡揉挤，使玻璃布完全浸透，将玻璃布拉平进行贴衬的方法。

（9）外防腐层的外观、厚度、电火花试验、粘结力应符合设计要求，设计无要求时应符合表 3-13 的规定。

外防腐层外防腐层的外观、厚度、电火花试验、粘结力的技术要求　　　表 3-13

材料种类	防腐等级	构造	厚度（mm）	外观	电火花试验		粘结力
石油沥青涂料	普通级	三油二布	≥4.0	外观均匀无褶皱、空泡、凝块	16kV		以夹角为 45°～60°边长 40～50mm 的切口，从角尖端撕开防腐层；首层沥青层应 100%地站附在管道的外表面
	加强级	四油三布	≥5.5		18kV		
	特加强级	五油四布	≥7.0		20kV		
环氧煤沥青涂料	普通级	二油	≥0.3		2kV	用电火花检漏仪检查无打火花观象	以小刀割开一舌形切口，用力撕开切口处的防腐层，管道表面仍为漆皮所覆盖，不得露出金属表面
	加强级	三油一布	≥0.4		2.5kV		
	特加强级	四油二布	≥0.6		3kV		
环氧树脂玻璃钢	加强级	—	≥3	外观平整光滑、色泽均匀，无脱层、起壳和固化不完全等缺陷	3～3.5kV		以小刀割开一舌形切口，用力撕开切口处的防腐层，管道表面仍为漆皮所覆盖，不得露出金属表面

注：聚氨酯（PU）外防腐涂层可安《给水排水管道工程施工及验收规范》GB 50268—2008 附录 H 选择。

（10）防腐管在下沟槽前应进行检验，检验不合格应修补至合格。沟槽内的管道，其补口防腐层应经检验合格后方可回填。

（11）阴极保护施工应与管道施工同步进行。

（12）阴极保护系统的阳极的种类、性能、数量、分布与连接方式，测试装置和电源设备应符合国家有关标准的规定和设计要求。

（13）牺牲阳极保护法的施工应符合下列规定：

1）根据工程条件确定阳极施工方式；立式阳极宜采用钻孔法施工，卧式阳极宜采用开槽法施工；

2）牺牲阳极使用之前，应对表面进行处理，清除表面的氧化膜及油污；

3）阳极连接电缆的埋设深度不应小于 0.7m，四周应垫有 50～100mm 厚的细砂，砂的顶部应覆盖水泥护板或砖，敷设电缆要留有一定裕量；

4）阳极电缆可以直接焊接到被保护管道上，也可通过测试桩中的连接片相连。与钢质管道相连接的电缆应采用铝热焊接技术，焊点应重新进行防腐绝缘处理，防腐材料、等级应与原有覆盖层一致；

5）电缆和阳极钢芯宜采用焊接连接，双边焊缝长度不得小于 50mm。电缆与阳极钢芯焊接后，应采取防止连接部位断裂的保护措施；

6）阳极端面、电缆连接部位及钢芯均要防腐、绝缘；

7）填料包可在室内或现场包装，其厚度不应小于 50mm；并应保证阳极四周的填包料厚度一致、密实；预包装的袋子须用棉麻织品，不得使用人造纤维织品；

8）填包料应调拌均匀，不得混入石块、泥土、杂草等；阳极埋地后应充分灌水，并达到饱和；

9）阳极埋设位置一般距管道外壁 3～5m，不宜小于 0.3m，埋设深度（阳极顶部距地面）不应小于 1m。

（14）外加电流阴极保护法的施工应符合下列规定：

1）联合保护的平行管道可同沟敷设；均压线间距和规格应根据管道电压降、管道间距离及管道防腐层质量等因素综合考虑；

2）非联合保护的平行管道间距，不宜小于 10m；间距小于 10m 时，后施工的管道及其两端各延伸 10m 的管段做加强级防腐层；

3）被保护管道与其他地下管道交叉时，两者间垂直净距不应小于 0.3m；小于 0.3m 时，应设有坚固的绝缘隔离物，并应在交叉点两侧各延伸 10m 以上的管段上做加强级防腐层；

4）被保护管道与埋地通信电缆平行敷设时，两者间距离不宜小于 10m；小于 10m 时，后施工的管道或电缆按本条第 2 款的规定执行；

5）被保护管道与供电电缆交叉时，两者间垂直净距不应小于 0.5m；同时应在交叉点两侧各延伸 10m 以上的管道和电缆段上做加强级防腐层。

（15）阴极保护绝缘处理应符合下列规定：

1）绝缘垫片应在干净、干燥的条件下安装，并应配对供应或在现场扩孔；

2）法兰面应清洁、平直、无毛刺并正确定位；

3）在安装绝缘套筒时，应确保法兰准直；除一侧绝缘的法兰外，绝缘套筒长度应包括两个垫圈的厚度；

4）连接螺栓在螺母下应设有绝缘垫圈；

5）绝缘法兰组装后应对装置的绝缘性能应满足相关技术标准；

6）阴极保护系统安装后，应按相关技术标准规定进行测试，测试结果应符合规范的规定和设计要求。

此为《给水排水管道工程施工及验收规范》GB 50268—2008 新增的内容。阴极保护法又分为牺牲阳极保护法和外加电流阴极保护法；《给水排水管道工程施工及验收规范》GB 50268—2008 参照相关规范对阴极保护工程施工做出了具体规定。

3.4.5 球墨铸铁管安装

（1）管节及管件的规格、尺寸公差、性能应符合国家有关标准规定和设计要求，进入施工现场时其外观质量应符合下列规定：

1）管节及管件表面不得有裂纹，不得有妨碍使用的凹凸不平的缺陷；

2）采用橡胶圈柔性接口的球墨铸铁管，承口的内工作面和插口的外工作面应光滑、轮廓清晰，不得有影响接口密封性的缺陷。

目前由于球墨铸铁管的抗腐蚀性能、耐久性能优越，已逐渐取代大口径钢管普遍应用，接口形式为橡胶圈接口；采用刚性接口的灰口铸铁管已被淘汰，故《给水排水管道工程施工及验收规范》GB 50268—2008 删除了灰口铸铁管相关内容。

（2）管节及管件下沟槽前，应清除承口内部的油污、飞刺、铸砂及凹凸不平的铸瘤；柔性接口铸铁管及管件承口的内工作面、插口的外工作面应修整光滑，不得有沟槽、凸脊缺陷；有裂纹的管节及管件不得使用。

（3）沿直线安装管道时，宜选用管径公差组合最小的管节组对连接，接口的环向间隙应均匀。

（4）采用滑入式、机械式柔性接口时，橡胶圈的质量、性能、细部尺寸，应符合国家有关球墨铸铁管及管件标准的规定，并应符合《给水排水管道工程施工及验收规范》GB 50268—2008 第 5.6.5 条的规定。

（5）橡胶圈安装经检验合格后，方可进行管道安装。

（6）安装滑入式橡胶圈接口时，推入深度应达到标记环，并复查与其相邻已安好的第一至第二个接口推入深度。

滑入式（对单推入式）橡胶圈接口安装时，推入深度应达到标记环，应复查与其相邻已安好的第一至第二个接口推入深度，防止已安好的接口拔出或错位；或采用其他措施保证已安好的接口不发生变位。

（7）安装机械式柔性接口时，应使插口与承口法兰压盖的轴线相重合；螺栓安装方向应一致，用扭矩扳手均匀、对称地紧固。

（8）管道沿曲线安装时，接口的允许转角应符合表 3-14 的规定。

沿曲线安装接口的允许转角　　　　　　　　　　　　　　　　　表 3-14

管径（mm）	允许转角（°）
75～600	3
700～800	2
≥900	1

3.4.6 钢筋混凝土管及预（自）应力混凝土管安装

（1）管节的规格、性能、外观质量及尺寸公差应符合国家有关标准的规定。

本条强调管材应符合国家有关标准的规定。混凝土管、陶土管属于小口径管，混凝土管基本为平口管，陶土管生产精度差；这两种管材本身强度低，抗变形能力差，施工周期长，已不能满足城市排水工程建设发展的需要；上海、北京等许多城市建设主管部门已经明令用化学建材管取代混凝土管、陶土管。尽管混凝土管、陶土管在有些地区还在应用，但数量逐渐减少；属于国家限制使用和逐步淘汰产品，故《给水排水管道工程施工及验收规范》GB 50268—2008 不再列入其内容。

（2）管节安装前应进行外观检查，发现裂缝、保护层脱落、空鼓、接口掉角等缺陷，应修补并经鉴定合格后方可使用。

（3）管节安装前应将管内外清扫干净，安装时应使管道中心及内底高程符合设计要求，稳管时必须采取措施防止管道发生滚动。

（4）采用混凝土基础时，管道中心、高程复验合格后，应按《给水排水管道工程施工及验收规范》第 5.2.2 条的规定及时浇筑管座混凝土。

（5）柔性接口形式应符合设计要求，橡胶圈应符合下列规定：

1）材质应符合相关规范的规定；

2）应由管材厂配套供应；

3）外观应光滑平整，不得有裂缝、破损、气孔、重皮等缺陷；

4）每个橡胶圈的接头不得超过 2 个。

管道柔性接口的橡胶圈又称为密封胶圈、止水胶圈，其截面为圆形（通常称为"O"橡胶圈）或楔形等截面形式，《给水排水管道工程施工及验收规范》GB 50268—2008 统称为橡胶圈；本条第 1 款规定橡胶圈材质应符合相关规范的要求，其基本物理力学性能：邵氏硬度 55～62，拉伸强度大于 13MPa，拉断伸长率大于 300%，使用温度 −40～60℃，老化系数不应小于 0.8（70℃，144h）。本条第 3、4 款是对管材厂配套供应的橡胶圈外观质量检查的规定。

（6）柔性接口的钢筋混凝土管、预（自）应力混凝土管安装前，承口内工作面、插口外工作面应清洗干净；套在插口上的橡胶圈应平直、无扭曲，应正确就位；橡胶圈表面和承口工作面应涂刷无腐蚀性的润滑剂；安装后放松外力，管节回弹不得大于 10mm，且橡胶圈应在承、插口工作面上。

圆形橡胶圈应滚动就位于工作面，楔形等橡胶圈应设置在插口端，滑动就位于工作面，为方便插接应涂抹润滑剂。

（7）刚性接口的钢筋混凝土管道，钢丝网水泥砂浆抹带接口材料应符合下列规定：

1）选用粒径 0.5～1.5mm，含泥量不大于 3% 的洁净砂；

2）选用网格 10mm×10mm、丝径为 20 号的钢丝网；

3）水泥砂浆配比满足设计要求。

（8）刚性接口的钢筋混凝土管道施工应符合下列规定：

1）抹带前应将管口的外壁凿毛、洗净；

2）钢丝网端头应在浇筑混凝土管座时插入混凝土内，在混凝土初凝前，分层抹压钢丝网水泥砂浆抹带；

3）抹带完成后应立即用吸水性强的材料覆盖，3～4h后洒水养护；

4）水泥砂浆填缝及抹带接口作业时落入管道内的接口材料应清除；管径大于或等于700mm时，应采用水泥砂浆将管道内接口部位抹平、压光；管径小于700mm时，填缝后应立即拖平。

（9）钢筋混凝土管沿直线安装时，管口间的纵向间隙应符合设计及产品标准要求，无明确要求时应符合表3-15的规定；预（自）应力钢筋混凝土管沿曲线安装时，管口间的纵向间隙最小处不得小于5mm，接口转角应符合表3-16的规定。

钢筋混凝土管管口间的纵向间隙　　　　　　　　　表3-15

管材种类	接口类型	管径（D_i）（mm）	纵向间隙（mm）
钢筋混凝土管	平口、企口	500～600	1.0～5.0
		≥700	7.0～15
	承插式乙型口	600～3000	5.0～1.5

预（自）应力混凝土管沿曲线安装接口允许转角　　　　　表3-16

管材种类	管径（D_i）mm	允许转角（°）
预应力混凝土管	500～700	1.5
	800～1400	1.0
	1600～3000	0.5
自应力混凝土管	500～800	1.5

目前钢筋混凝土管、预（自）应力管已普遍采用承插乙型口，本条中表3-15取消了承插甲型口的规定。

（10）预（自）应力混凝土管不得截断使用。

（11）井室内暂时不接支线的预留管（孔）应封堵。

（12）预（自）应力混凝土管道采用金属管件连接时，管件应进行防腐处理。

3.4.7　预应力钢筒混凝土管安装（PCCP）

《给水排水管道工程施工及验收规范》GB 50268—2008 新增了预应力钢筒混凝土管（PCCP）安装施工内容，在工程实践基础上参考了《预应力钢筒混凝土管》GB/T 19685—2005 有关内容编制而成。

（1）管节及管件的规格、性能应符合国家相关标准规定和设计要求，进入施工现场时其外观质量应符合下列规定：

1）内壁混凝土表面平整光洁；承插口钢环工作面光洁干净；内衬式管（简称衬筒管）内表面不应出现浮渣、露石和严重的浮浆；埋置式管（简称埋筒管）内表面不应出现气泡、孔洞、凹坑以及蜂窝、麻面等不密实的现象；

2）管内表面出现的环向裂缝或者螺旋状裂缝宽度不应大于0.5mm（浮浆裂缝除外）；距离管的插口端300mm范围内出现的环向裂缝宽度不应大于1.5mm；管内表面不得出现长度大于150mm的纵向可见裂缝；

3）管端面混凝土不应有缺料、掉角、孔洞等缺陷。端面应齐平、光滑、并与轴线垂直。端面垂直度应符合表 3-17 的规定；

管端面垂直度 表 3-17

管径（D_i）mm	管端面垂直度允许偏差（mm）
600～1200	6
1400～3000	9
3200～4000	13

4）外保护层不得出现空鼓、裂缝及剥落；

5）橡胶圈应符合《给水排水管道工程施工及验收规范》第 5.6.5 条规定。

预应力钢筒混凝土管（PCCP）分为内衬式预应力钢筒混凝土管和埋置式预应力钢筒混凝土管，内衬式预应力钢筒混凝土管简称为内衬式管或衬筒管，通常采用离心工艺生产；埋置式预应力钢筒混凝土管简称为埋置式管或埋筒管，一般采用立式振动成型工艺生产。

第 2 款对管内表面裂缝作出规定，管内表面不允许出现影响使用寿命的有害裂缝；但实践表明内衬层超过一定厚度时，总会出现一些裂缝，应加以限制。

（2）承插式橡胶圈柔性接口施工时应符合下列规定：

1）清理管道承口内侧、插口外部凹槽等连接部位和橡胶圈；

2）将橡胶圈套入插口上的凹槽内，保证橡胶圈在凹槽内受力均匀、没有扭曲翻转现象；

3）用配套的润滑剂涂擦在承口内侧和橡胶圈上，检查涂覆是否完好；

4）在插口上按要求做好安装标记，以便检查插入是否到位；

5）接口安装时，将插口一次插入承口内，达到安装标记为止；

6）安装时接头和管端应保持清洁；

7）安装就位，放松紧管器具后进行下列检查：

① 复核管节的高程和中心线；

② 用特定钢尺插入承插口之间检查橡胶圈各部的环向位置，确认橡胶圈在同一深度；

③ 接口处承口周围不应被胀裂；

④ 橡胶圈应无脱槽、挤出等现象；

⑤ 沿直线安装时，插口端面与承口底部的轴向间隙应大于 5mm，且不大于表 3-18 规定的数值。

管口间的最大轴向间隙 表 3-18

管径（D_i）	内衬式管（衬筒管）		埋置式管（埋筒管）	
	单胶圈	双胶圈	单胶圈	双胶圈
600～1400	15	—	—	—
1200～1400	—	25	—	—
1200～4000	—	—	25	25

注：表中单位 mm。

本条第 7 款所指的特定钢尺，也称钢制测缝规，其要求：厚 0.4～0.5mm，宽 15mm，长 200mm 以上，插入承插口之间检查橡胶圈各部的环向位置，是否在插口环的凹槽内，橡胶圈是否在同一深度，间隙是否符合要求。

（3）现场合龙应符合以下规定：

1）安装过程中，应严格控制合龙处上、下游管道接装长度、中心位移偏差；

2）合龙位置宜选择在设有人孔或设备安装孔的配件附近；

3）不允许在管道转折处合龙；

4）现场合拢施工焊接不宜在高温时段进行。

分段施工必然形成现场合龙。本条对预应力钢筒混凝土管（PCCP）现场合龙做出规定，除正确选择位置外，施工应严格控制合龙处上、下游管道接装长度、中心位移偏差以便形成直管对接合龙。

（4）管道沿曲线铺设时，接口的最大允许偏转角应符合设计要求，设计无要求时应不大于表 3-19 规定的数值。

预应力钢筒混凝土管沿曲线安装接口的最大允许偏转角　　　　表 3-19

管材种类	管径（D_i）mm	允许转角（°）
预应力钢筒混凝土管	600～1000	1.5
	1200～2000	1.0
	2200～4000	0.5

3.4.8　玻璃钢管安装

玻璃钢管因其良好的抗腐蚀性能，轻质高强的物理力学性能，近些年来在给排水管道工程中得到了推广应用；其中玻璃纤维增强树脂夹砂管（RPMP）较多，玻璃纤维增强树脂管（RTRP）要少一些。玻璃钢管虽然同属于化学建材管类，但在工程施工方面与其他化学建材管区别较大，故单列一节。施工的要求和验收标准，来自北京、广州、江苏等地区的工程实践经验，并参考了有关规范、标准。

（1）管节及管件的规格、性能应符合国家相关标准的规定和设计要求，进入施工现场时其外观质量应符合下列规定：

1）内、外径偏差、承口深度（安装标记环）、有效长度、管壁厚度、管端面垂直度等应符合产品标准规定；

2）内、外表面应光滑平整、无划痕、分层、针孔、杂质破碎等现象；

3）管端面应平齐、无毛刺等缺陷；

4）橡胶圈应符合《给水排水管道工程施工及验收规范》第 5.6.5 条的规定。

（2）接口连接、管道安装除应符合《给水排水管道工程施工及验收规范》第 5.7.2 条的规定外，还应符合下列规定：

1）采用套筒式连接的，应清除套筒内侧和插口外侧的污渍和附着物；

2）管道安装就位后，套筒式或承插式接口周围不应有明显变形和胀破；

3）施工过程中应防止管节受损伤，避免内表层和外保护层剥落；

4）检查井、透气井、阀门井等附属构筑物或水平折角处的管节，应采取避免不均匀沉降造成接口转角过大的措施；

5）混凝土或砌筑结构等构筑物墙体内的管节，可采取设置橡胶圈或中介层法等措施，管外壁与构筑物墙体的交界面密实、不渗漏。

玻璃管接口连接有承插式和套筒式两种方式，承插式连接应符合《给水排水管道工程施工及验收规范》GB 50268—2008 第5.7.2条的规定，套筒式连接应符合本条第1款规定。通过混凝土或砌筑结构等构筑物墙体内的管道，可设置橡胶止水圈或采用中介层法等措施，以保证管外壁与构筑物墙体的交界面密实、不渗漏。中介层法参见《埋地硬聚氯乙烯排水管道工程技术规程》CECS 122 附录 H。

（3）管道曲线铺设时，接口的允许转角不得大于表3-20的规定。

沿曲线安装接口的允许转角 表 3-20

管内径（mm）	允许转角（°）	
	承插式接口	套筒式接口
400～500	1.5	3.0
500<D_i≤1000	1.0	2.0
1000<D_i≤1800	1.0	1.0
D_i>1800	0.5	0.5

3.4.9 硬聚氯乙烯、聚乙烯管及其复合管安装

（1）管节及管件的规格、性能应符合国家相关标准规定和设计要求，进入施工现场时其外观质量应符合下列规定：

1）不得有影响结构安全、使用功能及接口连接的质量缺陷；

2）内、外壁光滑、平整、无气泡、无裂纹、无脱皮和严重的冷斑及明显的痕纹、凹陷；

3）管节不得有异向弯曲，端口应平整；

4）橡胶圈应符合《给水排水管道工程施工及验收规范》第5.6.5条的规定。

鉴于硬聚氯乙烯（UPVC）、聚乙烯管（HDPE）及其复合管目前市场上品种繁多，规格不统一，产品质量参差不齐，有必要对进入施工现场的管节、管件的外观质量逐根进行检验。

（2）管道铺设应符合下列规定：

1）采用承插式（或套筒式）接口时，宜人工布管且在沟槽内连接；槽深大于3m或管外径大于400mm的管道，宜用非金属绳索兜住管节下管；严禁将管节翻滚抛入槽中；

2）采用电熔、热熔接口时，宜在沟槽边上将管道分段连接后以弹性铺管法移入沟槽；移入沟槽时，管道表面不得有明显的划痕。

（3）管道连接应符合下列规定：

1）承插式柔性连接、套筒（带或套）连接、法兰连接、卡箍连接等方法采用的密封

件、套筒件、法兰、紧固件等配套管件，必须由管节生产厂家配套供应；电熔连接、热熔连接应采用专用电器设备、挤出焊接设备和工具进行施工；

2）管道连接时必须对连接部位、密封件、套筒等配件清理干净，套筒（带或套）连接、法兰连接、卡箍连接用的钢制套筒、法兰、卡箍、螺栓等金属制品应根据现场土质并参照相关标准采取防腐措施；

3）承插式柔性接口连接宜在当日温度较高时进行，插口端不宜插到承口底部，应留出不小于10mm的伸缩空隙，插入前应在插口端外壁做出插入深度标记；插入完毕后，承插口周围空隙均匀，连接的管道平直；

4）电熔连接、热熔连接、套筒（带或套）连接、法兰连接、卡箍连接应在当日温度较低或接近最低时进行；电熔连接、热熔连接时电热设备的温度控制、时间控制，挤出焊接时对焊接设备的操作等，必须严格按接头的技术指标和设备的操作程序进行；接头处应有沿管节圆周平滑对称的外翻边，内翻边铲平；

5）管道与井室宜采用柔性连接，连接方式符合设计要求；设计无要求时，可采用承插管件连接或中介层做法；

6）管道系统设置的弯头、三通、变径处应采用混凝土支墩或金属卡箍拉杆等技术措施；在消火栓及闸阀的底部应加垫混凝土支墩；非锁紧型承插连接管道，每根管节应有3点以上的固定措施；

7）安装完的管道中心线及高程调整合格后，即将管底有效支撑角范围用中粗砂回填密实，不得用土或其他材料回填。

本条关于管道连接的规定参考了《埋地聚乙烯排水管道工程技术规程》CECS 164、《埋地硬聚氯乙烯给水管道工程技术规程》CECS 17、《埋地聚乙烯给水管道工程技术规程》CJJ 101等相关规范、规程。硬聚氯乙烯、聚乙烯管及其复合管安装管道连接方式较多，大同小异，《给水排水管道工程施工及验收规范》GB 50268—2008把重点放在检验与验收标准方面。

《给水排水管道工程施工及验收规范》GB 50268—2008规定电熔连接、热熔连接应采用专用电器设备、挤出焊接设备和工具进行施工。据调研目前建筑市场的实际情况，一般施工单位并不具备符合要求的连接设备和专业焊工，为保证施工的质量，本条规定应由管材生产厂家直接安装作业或提供设备并进行连接作业的技术指导。连接需要的润滑剂等辅助材料，宜由管材供应厂家配套提供。

卡箍连接方式，在北京等地区应用较多；卡箍通常称为哈夫件，系英文HALF的译音；《给水排水管道工程施工及验收规范》GB 50268—2008采用"卡箍"术语取代了通常所称的"哈夫件"。

3.5 不开槽施工管道主体结构

3.5.1 一般规定

（1）适用于采用顶管、盾构、浅埋暗挖、地表式水平定向钻及夯管等方法进行不开槽施工的室外给水排水管道工程。

（2）施工前应进行现场调查研究，并对建设单位提供的工程沿线的有关工程地质、水文地质和周围环境情况，以及沿线地下与地上管线、周边建（构）筑物、障碍物及其他设施的详细资料进行核实确认；必要时应进行坑探。

本条强调不开槽施工前应进行现场沿线的调查，仔细核对建设单位提供的工程勘察报告，特别是已有地下管线和构筑物应人工挖探孔（通称坑探）确定其准确位置，以免施工造成损坏。

（3）根据设计要求、工程特点及有关规定，对管（隧）道沿线影响范围地表或地下管线等建（构）筑物设置观测点，进行监控测量。监控测量的信息应及时反馈，以指导施工，发现问题及时处理。

（4）施工中应做好掘进、管道轴线跟踪测量记录。

（5）管道的功能性试验符合《给水排水管道工程施工及验收规范》第9章的规定。

3.5.2 工作井

工作井施工应遵守下列规定：

1）编制专项施工方案；

2）应根据工作井的尺寸、结构形式、环境条件等因素确定支护结构和支护（撑）形式；

3）土方开挖过程中，应遵循"开槽支撑、先撑后挖、分层开挖，严禁超挖"的原则进行开挖与支撑；

4）井底应保证稳定和干燥，并应及时封底；

5）井底封底前，应设置集水坑，坑上应设有盖；封闭集水坑时应进行抗浮验算；

6）在地面井口周围应设置安全护栏、防汛墙和防雨设施；

7）井内应设置便于上、下的安全通道。

根据有关规定超过5m深的工作井均应制定专项施工方案，并根据受力条件和便于施工等因素设计井内支撑，选择支撑结构体系和材料；支撑应形成封闭式框架，矩形工作井的四角应加斜撑，圆形工作井应加圈梁支撑。

3.5.3 顶管

（1）施工的测量与纠偏应符合下列规定：

1）施工过程中应对管道水平轴线和高程、顶管机姿态等进行测量，并及时对测量控制基准点进行复核；发生偏差时应及时纠正；

2）顶进施工测量前应对井内的测量控制基准点进行复核；当发生工作井位移、沉降、变形时应及时对基准点进行复核；

3）管道水平轴线和高程测量：

① 出顶进工作井进入土层，每顶进300mm，测量不应少于一次；正常顶进时，每顶进1000mm，测量不应少于一次；

② 进入接收工作井前30m应增加测量，每顶进300mm，测量不应少于一次；

③ 全段顶完后，应在每个管节接口处测量其水平轴线和高程；有错口时，应测出相对高差；

④ 纠偏量较大或频繁纠偏时应增加测量次数；

⑤ 测量记录应完整、清晰。

4) 距离较长的顶管，宜采用计算机辅助的导线法（自动测量导向系统）进行测量；当在管道内增设中间测站进行常规人工测量时，宜采用少设测站的长导线法，每次测量均应对中间测站进行复核；

5) 纠偏应符合下列规定：

① 顶管过程中应绘制顶管机水平与高程轨迹图、顶力变化曲线图、管节编号图，随时掌握顶进方向和趋势；

② 在顶进中及时纠偏；

③ 采用小角度纠偏方式；

④ 纠偏时开挖面土体应保持稳定；采用挖土纠偏方式，超挖量应符合地层变形控制和施工设计要求；

⑤ 刀盘式顶管机应有纠正顶管机旋转措施。

本条第1款规定施工过程中应对管道水平轴线和高程、顶管机姿态等进行测量，并及时对测量控制基准点进行复核，以便发现偏差；顶管机姿态应包括其轴线空间位置、垂直方向倾角、水平方向偏转角、机身自转的转角。

第5款规定了纠偏基本要领：及时纠偏和小角度纠偏；挖土纠偏和调整顶进合力方向纠偏；刀盘式顶管机纠偏时，可采用调整挖土方法、调整顶进合力方向、改变切削刀盘的转动方向、在管内相对于机头旋转的反向增加配重等措施。

（2）顶管管道贯通后应做好下列工作：

1) 工作井中的管端应按下列规定处理：

① 进入接收工作井的顶管机的管端下部应设枕垫；

② 管道两端露在工作井中的长度不小于0.5m，且不得有接口；

③ 工作井中露出的混凝土管道端部应及时浇筑混凝土基础。

2) 顶管结束后进行触变泥浆置换时，应采取下列措施：

① 采用水泥砂浆、粉煤灰水泥砂浆等易于固结或稳定性较好的浆液置换泥浆填充管外侧超挖、塌落等原因造成的空隙；

② 拆除注浆管路后，将管道上的注浆孔封闭严密；

③ 将全部注浆设备清洗干净。

3) 钢筋混凝土管顶进结束后，管道内的管节接口间隙应按设计要求处理；设计无要求时，可采用弹性密封膏密封，其表面应抹平、不得凸入管内。

本条第3款规定了顶管顶进结束后，须进行泥浆置换；特别是管道穿越道路、铁路等重要设施时，填充注浆后应进行雷达探测等方法检测。

3.5.4 盾构

盾构施工中对已成形管道轴线和地表变形进行监测应符合表3-21的规定。穿越重要建（构）筑物、公路及铁路时，应连续监测。

测量项目	测量工具	测点布置	监测频率
地表变形	水准仪	每 5m 设一个监测点，每 30m 设一个监测断面；必要时须加密	盾构前方 20m、后方 30m，监测 2 次/d； 盾构后方 50m，监测 1 次/2d； 盾构后方>50m，监测 1 次/7d
管道轴线	水准仪、经纬仪、钢尺	每 5～10 环设一个监测断面	工作面后 10 环，监测 1 次/d； 工作面后 50 环，监测 1 次/2d； 工作面后>50 环，监测 1 次/7d

3.5.5　定向钻及夯管

（1）定向钻施工应符合下列规定：

1）导向孔钻进应符合下列规定：

① 钻机必须先进行试运转，确定各部分运转正常后方可钻进；

② 第一根钻杆入土钻进时，应采取轻压慢转的方式，稳定钻进导入位置和保证入土角；且入土段和出土段应为直线钻进，其直线长度宜控制在 20m 左右；

③ 钻孔时应匀速钻进，并严格控制钻进给进力、方向；

④ 每进一根钻杆应进行钻进距离、深度、侧向位移等的导向探测，曲线段和有相邻管线段应加密探测；

⑤ 保持钻头正确姿态，发生偏差应及时纠正，且采用小角度逐步纠偏；钻孔的轨迹偏差不得大于终孔直径，超出误差允许范围宜退回进行纠偏；

⑥ 绘制钻孔轨迹平面、剖面图。

2）扩孔应符合下列规定：

① 从出土点向入土点回扩，扩孔器与钻杆连接应牢固；

② 根据管径、管道曲率半径、地层条件、扩孔器类型等确定一次或分次扩孔方式；分次扩孔时每次回扩的级差宜控制在 100～150mm，终孔孔径宜控制在回拖管节外径的1.2～1.5 倍；

③ 严格控制回拉力、转速、泥浆流量等技术参数，确保成孔稳定和线形要求，无坍孔、缩孔等现象；

④ 扩孔孔径达到终孔要求后应及时进行回拖管道施工。

3）回拖应符合下列规定；

① 从出土点向入土点回拖；

② 回拖管段的质量、拖拉装置安装及其与管段连接等经检验合格后，方可进行拖管；

③ 严格控制钻机回拖力、扭矩、泥浆流量、回拖速率等技术参数，严禁硬拉硬拖；

④ 回拖过程中应有发送装置，避免管段与地面直接接触和减小摩擦力；发送装置可采用水力发送沟、滚筒管架发送道等形式，并确保进入地层前的管段曲率半径在允许范围内。

4）定向钻施工的泥浆（液）配制应符合下列规定：

① 导向钻进、扩孔及回拖时，及时向孔内注入泥浆（液）；

② 泥浆（液）的材料、配比和技术性能指标应满足施工要求，并可根据地层条件、

钻头技术要求、施工步骤进行调整；

③ 泥浆（液）应在专用的搅拌装置中配制，并通过泥浆循环池使用；从钻孔中返回的泥浆经处理后回用，剩余泥浆应妥善处置；

④ 泥浆（液）的压力和流量应按施工步骤分别进行控制。

5) 出现下列情况时，必须停止作业，待问题解决后方可继续作业：

① 设备无法正常运行或损坏，钻机导轨、工作井变形；

② 钻进轨迹发生突变、钻杆发生过度弯曲；

③ 回转扭矩、回拖力等突变，钻杆扭曲过大或拉断；

④ 坍孔、缩孔；

⑤ 待回拖管表面及钢管外防腐层损伤；

⑥ 遇到未预见的障碍物或意外的地质变化；

⑦ 地层、邻近建（构）筑物、管线等周围环境的变形量超出控制允许值。

（2）夯管施工应符合下列规定：

1) 第一节管入土层时应检查设备运行工作情况，并控制管道轴线位置；每夯入 1m 应进行轴线测量，其偏差控制在 15mm 以内；

2) 后续管节夯进：

① 第一节管夯至规定位置后，将联接器与第一节管分离，吊入第二节管进行与第一节管接口焊接；

② 后续管节每次夯进前，应待已夯入管与吊入管的管节接口焊接完成，按设计要求进行焊缝质量检验和外防腐层补口施工后，方可与联接器及穿孔机连接夯进施工；

③ 后续管节与夯入管节连接时，管节组对拼接、焊缝和补口等质量应检验合格，并控制管节轴线，避免偏移、弯曲；

④ 夯管时，应将第一节管夯入接收工作井不少于 500mm，并检查露出部分管节的外防腐层及管口损伤情况。

3) 管节夯进过程中应严格控制气动压力、夯进速率，气压必须控制在穿孔机工作气压定值内；并应及时检查导轨变形情况以及设备运行、联接器连接、导轨面与滑块接触情况等；

4) 夯管完成后进行排土作业，排土方式采用人工结合机械方式排土；小口径管道可采用气压、水压方法；排土完成后应进行余土、残土的清理；

5) 出现下列情况时，必须停止作业，待问题解决后方可继续作业：

① 设备无法正常运行或损坏，导轨、工作井变形；

② 气动压力超出规定值；

③ 穿孔机在正常的工作气压、频率、冲击功等条件下，管节无法夯入或变形、开裂；

④ 钢管夯入速率突变；

⑤ 联接器损伤、管节接口破坏；

⑥ 遇到未预见的障碍物或意外的地质变化；

⑦ 地层、邻近建（构）筑物、管线等周围环境的变形量超出控制值。

（3）定向钻和夯管施工管道贯通后应做好下列工作：

1) 检查露出管节的外观、管节外防腐层的损伤情况；

2）工作井洞口与管外壁之间进行封闭、防渗处理；

3）定向钻管道轴向伸长量经校测应符合管材性能要求，并应等待24h后方能与已敷设的上下游管道连接；

4）定向钻施工的无压力管道，应对管道周围的钻进泥浆（液）进行置换改良，减少管道后期沉降量；

5）夯管施工管道应进行贯通测量和检查，并按《给水排水管道工程施工及验收规范》GB 50268—2008第5.4节的规定和设计要求进行内防腐施工。

（4）定向钻和夯管施工过程监测和保护应符合下列规定：

1）定向钻的入土点、出土点以及夯管的起始、接收工作井设有专人联系和有效的联系方式；

2）定向钻施工时，应做好待回拖管段的检查、保护工作；

3）根据地质条件、周围环境、施工方式等，对沿线地面、建（构）筑物、管线等进行监测，并做好保护工作。

3.6　沉管和桥管施工主体结构

3.6.1　一般规定

沉管和桥管工程的管道功能性试验应符合下列规定：

1）给水管道宜单独进行水压试验，并应符合《给水排水管道工程施工及验收规范》第9章的相关规定；

2）超过1km的管道，可不分段进行整体水压试验；

3）大口径钢筋混凝土管沉放管道，也可按《给水排水管道工程施工及验收规范》附录F的规定进行检查。

本条第1款规定采用沉管或桥管给水管道部分宜单独进行水压试验，并应符合《给水排水管道工程施工及验收规范》第9章的相关规定；第2款规定应根据工程具体情况，不必受1km的管道试验长度限制，可不分段进行整体水压试验；第3款规定大口径钢筋混凝土管沉放管道可在铺设后可按《给水排水管道工程施工及验收规范》GB 50268—2008内渗法和附录F的规定进行管道严密性检验。

3.6.2　桥管

（1）本节适用于自承式平管桥的钢管管道跨越工程的施工。

（2）桥管管道施工应根据工程具体情况确定施工方法，管道安装可采取整体吊装、分段悬臂拼装、在搭设的临时支架上拼装等方法。

桥管的下部结构、地基与基础及护岸等工程施工和验收应符合桥梁工程的有关国家标准、规范的规定。

桥管管道施工应根据工程具体情况确定施工方法，管道安装可采取整体吊装、分段悬臂拼装、在搭设的临时支架上拼装等方法。桥管管道施工方法的选择，应根据工程规模、桥管位置、管道吊装场地和方法、河流水文条件、航运交通、周边环境等条件，以及设计要求和施工技术能力等因素，经技术经济比较后确定。

桥管的下部结构、地基与基础及护岸等工程施工和验收应按照现行行业标准《城市桥梁工程施工及验收规范》CJJ 2 相关规定。

（3）管道支架安装应符合下列规定：

1）支架安装完成后方可进行管道施工；

2）支架底座的支承结构、预埋件等的加工、安装应符合设计要求，且连接牢固；

3）管道支架安装应符合下列规定：

① 支架与管道的接触面应平整、洁净；

② 有伸缩补偿装置时，固定支架与管道固定之前，应先进行补偿装置安装及预拉伸（或压缩）；

③ 导向支架或滑动支架安装应无歪斜、卡涩现象；安装位置应从支承面中心向位移反方向偏移，偏移量应符合设计要求，设计无要求时宜为设计位移值的 1/2；

④ 弹簧支架的弹簧高度应符合设计要求，弹簧应调整至冷态值，其临时固定装置应待管道安装及管道试验完成后方可拆除。

（4）管段吊装应符合下列规定：

1）吊装设备的安装与使用必须符合起重吊装的有关规定，吊运作业时必须遵守有关安全操作技术规定；

2）吊点位置应符合设计要求，当设计无要求时应根据施工条件计算确定；

3）采用吊环起吊时，吊环应顺直；当吊绳与起吊管道轴向夹角小于 60°时，应设置吊架或扁担使吊环尽可能垂直受力；

4）管段吊装就位、支撑稳固后，方可卸去吊钩；就位后不能形成稳定的结构体系时，应进行临时支承固定；

5）利用河道进行船吊起重作业时应遵守当地河道管理部门的有关规定，确保水上作业和航运的安全；

6）按规定做好管段吊装施工监测，发现问题及时处理。

3.7 管道附属构筑物

3.7.1 一般规定

（1）适用于给水排水管道工程中的各类井室、支墩、雨水口工程。管道工程中涉及的小型抽升泵房及其取水口、排放口构筑物应符合现行国家标准《给水排水构筑物工程施工及验收规范》GB 50141 的有关规定执行。

原"规范"内容包括检查井、雨水口、进出水口构筑物和支墩，《给水排水管道工程施工及验收规范》GB 50268—2008 内容涵盖了给排水管道工程中的各类井室、支墩、雨水口工程。管道工程中涉及的小型抽升泵房及其取水口、排放口构筑物纳入了现行国家标准《给水排水构筑物工程施工及验收规范》GB 50141 的有关内容。

（2）管道附属构筑物的施工除应符合本章规定外，其砌筑结构、混凝土结构施工还应符合国家有关规范规定。

规范规定给排水管道附属构筑物的专业施工要求，砌体结构、混凝土结构施工基本要求应符合现行国家标准《砌体工程施工质量验收规范》GB 50203、《混凝土结构工程施工质量验收规范》GB 50204 及《给水排水构筑物工程施工及验收规范》GB 50141 的有关规定，《给水排水管道工程施工及验收规范》GB 50268—2008 不再一一列出。

(3) 管道接口不得包覆在附属构筑物的结构内部。

3.7.2 井室

(1) 井室的混凝土基础与管道基础同时浇筑；施工应满足《给水排水管道工程施工及验收规范》GB 50268—2008 第 5.2.2 条的规定。

(2) 管道穿过井壁的施工应符合设计要求；当设计无要求时应符合下列规定：

1) 混凝土类管道、金属类无压管道，其管外壁与砌筑井壁洞圈之间为刚性连接时水泥砂浆应坐浆饱满、密实；

2) 金属类压力管道，井壁洞圈应预设套管，管道外壁与套管的间隙应四周均匀一致，其间隙宜采用柔性或半柔性材料填嵌密实；

3) 化学建材管道宜采用中介层法与井壁洞圈连接；

4) 对于现浇混凝土结构井室，井壁洞圈应振捣密实；

5) 排水管道接入检查井时，管口外缘与井内壁平齐；当接入管径大于 300mm 时，对于砌筑结构井室应砌砖圈加固。

(3) 砌筑结构的井室施工应符合下列规定：

1) 砌筑前应砌块应充分湿润；砌筑砂浆配合比符合设计要求，现场拌制应拌合均匀、随用随拌；

2) 排水管道检查井内的流槽，宜与井壁同时进行砌筑；

3) 砌块应垂直砌筑，需收口砌筑时，应按设计要求的位置设置钢筋混凝土梁进行收口；圆井采用砌块逐层砌筑收口，四面收口时每层收进不应大于 30mm，偏心收口时每层不应大于 50mm；

4) 砌块砌筑时，铺浆应饱满，灰浆与砌块四周粘结紧密、不得漏浆，上下砌块应错缝踩踏；

5) 砌筑时应同时安装踏步，踏步安装后在砌筑砂浆未达到规定抗压强度前不得踩踏；

6) 内外井壁应采用水泥砂浆勾缝；有抹面要求时，抹面应分层压实。

(4) 预制装配件式结构的井室施工应符合下列规定：

1) 预制构件及其配件经检验符合设计和安装要求；

2) 预制构件装配位置和尺寸正确，安装牢固；

3) 采用水泥砂浆接缝时，企口坐浆与竖缝灌浆应饱满，装配后的接缝砂浆凝结硬化期间应加强养护，并不得受外力碰撞或振动；

4) 设有橡胶密封圈时，胶圈应安装稳固，止水严密可靠；

5) 设有预留短管的预制构件，其与管道的连接应按《给水排水管道工程施工及验收规范》GB 50268—2008 第 5 章的有关规定执行；

6) 底板与井室、井室与盖板之间的拼缝，水泥砂浆应填塞严密，抹角光滑平整。

(5) 现浇钢筋混凝土结构的井室施工应符合下列规定：

1）浇筑前，钢筋、模板工程经检验合格，混凝土配合比满足设计要求；

2）振捣密实，无振漏、走模、漏浆等现象；

3）及时进行养护，强度等级未达设计要求不得受力；

4）浇筑时应同时安装踏步，踏步安装后在混凝土未达到规定抗压强度前不得踩踏。

（6）有支、连管接入的井室，应在井室施工的同时安装预留支、连管，预留管的管径、方向、高程应符合设计要求，管与井壁衔接处应严密；排水检查井的预留管管口宜采用低强度砂浆砌筑封口抹平。

（7）井室施工达到设计高程后，应及时浇筑或安装井圈，井圈应以水泥砂浆坐浆并安放平稳。

（8）井室内部处理应符合下列规定：

1）预留孔、预埋件应符合设计和管道施工工艺要求；

2）排水检查井的流槽表面应平顺、圆滑、光洁，并与上下游管道底部接顺；

3）透气井及排水落水井、跌水井的工艺尺寸应按设计要求进行施工；

4）阀门井的井底距承口或法兰盘下缘以及井壁与承口或法兰盘外缘应留有安装作业空间，其尺寸应符合设计要求；

5）不开槽法施工的管道，工作井作为管道井室使用时，其洞口处理及井内布置应符合设计要求。

（9）给排水井盖选用的型号、材质应符合设计要求，设计未要求时，宜采用复合材料井盖，行业标志明显；道路上的井室必须使用重型井盖，装配稳固。

（10）井室周围回填土必须符合设计要求和《给水排水管道工程施工及验收规范》第4章的有关规定。

3.7.3 支墩

（1）管节及管件的支墩和锚定结构应位置准确，锚定牢固，钢制锚固件必须采取相应的防腐处理。

（2）支墩应在坚固的地基上修筑。当无原状土做后背墙时，应采取措施保证支墩在受力情况下，不致破坏管道接口。当采用砌筑支墩时，原状土与支墩间应采用砂浆填塞。

（3）支墩应在管节接口做完、管节位置固定后修筑。

（4）支墩施工前，应将支墩部位的管节、管件表面清理干净。

（5）支墩宜采用混凝土浇筑，其强度等级不应低于C15。采用砌筑结构时，水泥砂浆强度不应低于M7.5。

（6）管节安装过程中的临时固定支架，应在支墩的砌筑砂浆或混凝土达到规定强度后方可拆除。

（7）管道及管件支墩施工完毕后，并达到强度要求后方可进行水压试验。

3.7.4 雨水口

（1）基础施工应符合下列规定：

1）开挖雨水口槽及雨水管支管槽，每侧宜留出300～500mm的施工宽度；

2）槽底应夯实并及时浇筑混凝土基础；

3）采用预制雨水口时，基础顶面宜铺设 20～30mm 厚的砂垫层。

（2）雨水口砌筑应符合下列规定：

1）管端面在雨水口内的露出长度，不得大于 20mm，管端面应完整无破损；

2）砌筑时，灰浆应饱满，随砌、随勾缝，抹面应压实；

3）雨水口底部应用水泥砂浆抹出雨水口泛水坡；

4）砌筑完成后雨水口内应保持清洁，及时加盖，保证安全。

（3）预制雨水口安装应牢固，位置平正，并符合《给水排水管道工程施工及验收规范》第 8.4.3 条第 1 款的规定。

（4）雨水口与检查井的连接管的坡度应符合设计要求，管道铺设应符合《给水排水管道工程施工及验收规范》GB 50268—2008 第 5 章的有关规定。

（5）位于管路下的雨水口及雨水支、连管应根据设计要求浇筑混凝土基础。坐落于道路基层内的雨水支管应作 C25 级混凝土全包封，且包封混凝土达到 75％设计强度前，不得放行交通。

（6）井框、井箅应完整无损、安装平稳、牢固。

（7）井周回填土应符合设计要求和《给水排水管道工程施工及验收规范》第 4 章的有关规定。

3.8　管道功能性试验

3.8.1　一般规定

（1）给排水管道安装完成后应进行管道功能性试验：

1）压力管道应按《给水排水管道工程施工及验收规范》第 9.2 节的规定进行压力管道水压试验，试验分为预试验和主试验阶段；试验合格的判定依据分为允许压力降值和允许渗水量值，按设计要求确定；设计无要求时，应根据工程实际情况，选用其中一项值或同时采用两项值作为试验合格的最终判定依据；

2）无压管道应按《给水排水管道工程施工及验收规范》第 9.3、9.4 节的规定进行管道的严密性试验，严密性试验分为闭水试验和闭气试验，按设计要求确定；设计无要求时，应根据实际情况选择闭水试验或闭气试验进行管道功能性试验；

3）压力管道水压试验进行实际渗水量测定时，宜采用注水法（见《经水排水管道工程施工及验收规范》附录 C）进行。

管道功能性试验作为给排水管道施工质量验收的主控项目，应在管道安装完成后进行。

本条第 1 款总结了北京、上海、天津等城市工程实践经验，并参考了《埋地聚乙烯给水管道工程技术规程》CJJ 101—2004 中第 7.2 节的内容，规定压力管道水压试验分为预试验和主试验阶段，取代了原"规范"的强度试验和严密性试验；并规定试验合格的判定依据分为允许压力降值和允许渗水量值。此次修订主要考虑以下情况：

① 近些年来给水工程普遍采用的球墨铸铁管、钢管、玻璃钢管和预应力钢筒混凝土管，管材本身内在质量和接口形式有了很大的改进，水压强度试验合格后为检验管材质量

为主要目的的严密性试验已非必要；而对于现浇混凝土结构或浅埋暗挖法施工的管道严密性试验是有必要；前者试验合格的判定依据应使用允许压力降值；后者试验合格的判定依据宜采用允许压力降值和允许渗水量值；

② 原"规范"第10.2.13.4条已引用试验压力降作为判定管道水压试验和严密性试验合格的依据；

③ 北京、上海、天津等城市近些年的工程实践已普遍采用试验压力降作为判定管道水压试验合格的依据；

④ 试验方法应尽可能避免烦琐和不必要的资源浪费。

《给水排水管道工程施工及验收规范》GB 50268—2008 规定试验合格的判定依据应根据设计要求来确定，通常工程设计文件都对管道试验作出具体规定；设计无要求时，应根据工程实际情况，选用允许压力降值和允许渗水量值中一项值或同时采用两项值作为试验合格的最终判定依据。

本条第 2 款规定无压管道的严密性试验分为闭水试验和闭气试验，也是基于天津、北京、石家庄、太原、西安等城市或地区的工程实践经验。鉴于通常工程设计文件都对管道试验作出具体要求，《给水排水管道工程施工及验收规范》GB 50268—2008 规定无压管道的严密性试验由设计要求确定；设计无要求时，有关方面应根据实际情况选择闭水试验或闭气试验进行管道功能性试验。

本条第 3 款规定压力管道水压试验进行实际渗水量测定时，采用附录 C 注水法；根据各城市或地区的工程实践经验，取消了原"规范"放水法试验的规定，主要考虑其操作性较差，不便应用。

（2）单口水压试验合格的大口径球墨铸铁管、玻璃钢管、预应力钢筒混凝土管或预应力混凝土管等管道，设计无要求时：

1）压力管道可免去预试验阶段，而直接进行主试验阶段；

2）无压管道应认同严密性试验合格，无需进行闭水或闭气试验。

单口水压试验合格的大口径球墨铸铁管、玻璃钢管、预应力钢筒混凝土管或预应力混凝土管道，检验其管材质量和接口质量的预试验阶段和严密性试验已非必要；本条规定设计无要求时，压力管道无需进行预试验阶段，而直接进行主试验阶段；无压管道可认同为严密性试验合格，免去闭水试验或闭气试验。这是基于各地工程实践经验制定的，以避免水资源浪费和节约工程成本。

（3）全断面整体现浇的钢筋混凝土无压管渠处于地下水位以下时，除设计有要求外，当管渠的混凝土强度等级、抗渗性能检验合格，并按《给水排水管道工程施工及验收规范》附录 F 的规定进行检查符合设计要求时，可不必进行闭水试验。

《给水排水管道工程施工及验收规范》GB 50268—2008 规定全断面整体现浇的钢筋混凝土排水管渠处于地下水位以下或采用不开槽施工时，除设计有要求外，当管渠的混凝土强度、抗渗性能检验合格，按《给水排水管道工程施工及验收规范》GB 50268—2008 附录 F 的规定进行内渗法检查；符合设计要求时，可免去管渠的闭水试验。各地的工程实践表明：内渗法和闭水试验都可检验混凝土管道的严密性，只要管径足够允许人员进入、计量方法准确得当，内渗法试验更易于操作，且避免了水资源浪费。

（4）当管道采用两种（或两种以上）管材时，宜按不同管材分别进行试验；当不具备分别试验的条件必须组合试验，且设计无具体要求时，应采用不同管材的管段中试验标准最高的标准进行试验。

（5）管道的试验长度除规范规定和设计另有要求外，压力管道水压试验的管段长度不宜大于 1.0km；无压力管道的闭水试验，若条件允许可一次试验不超过 5 个连续井段；对于无法分段试验的管道，应由工程有关方面根据工程具体情况确定。

除《给水排水管道工程施工及验收规范》GB 50268—2008 和设计另有要求外，本条规定管道的试验长度。压力管道水压试验的管段长度不宜大于 1.0km；无压力管道闭水试验管段长度不宜超过 5 个连续井段。这是主要考虑便于试验操作而进行的原则性规定；对于无法分段试验的如海底管道、倒虹吸管道等应由工程有关方面根据工程具体情况确定管道的试验长度。

（6）**给水管道必须水压试验合格，并网运行前进行冲洗与消毒，经检验水质达到标准后，方可允许并网通水投入运行。**

本条作为强制性条文，规定给水管道必须水压试验合格，生活饮用水并网前进行冲洗与消毒，水质经检验达到国家有关标准规定后，方可投入运行。

（7）**污水、雨污水合流管道及湿陷土、膨胀土、流砂地区的雨水管道，回填土前必须经严密性试验合格后方可投入运行。**

本条作为强制性条文，规定污水、雨污水合流管道及湿陷土、膨胀土、流沙地区的雨水管道，必须经严密性试验合格方可回填、投入运行。

3.8.2 压力管道水压试验

（1）试验管段注满水后，宜在不大于工作压力条件下充分浸泡后再进行水压试验，浸泡时间应符合表 3-22 的规定：

压力管道水压试验前浸泡时间　　　　　　　　　　　　表 3-22

管材种类	管径 D_i(mm)	浸泡时间（h）
球墨铸铁管（有水泥砂浆衬里）	D_i	≥24
钢管（有水泥砂浆衬里）	D_i	≥24
化学建材管	D_i	≥24
现浇钢筋混凝土管渠	D_i≤1000	≥48
	D_i>1000	≥72
预（自）应力混凝土管、预应力钢筒混凝土管	D_i≤1000	≥48
	D_i>1000	≥72

本条规定了待试验管道的浸泡时间，系在"97 版"规范第 10.2.8 条内容基础上的修订补充；据工程实践将有水泥砂浆衬里的球墨铸铁管、钢管的浸泡时间由"≥48h"降低到"≥24h"。

（2）水压试验应符合下列规定：

1）试验压力应按表 3-23 选择确定；

压力管道水压试验的试验压力（MPa）　　　　　表 3-23

管材种类	工作压力 P	试验压力
钢管	P	$P+0.5$，且不小于 0.9
球墨铸铁管	$\leqslant 0.5$	$2P$
	>0.5	$P+0.5$
预（自）应力混凝土管、预应力钢筒混凝土管	$\leqslant 0.6$	$1.5P$
	>0.6	$P+0.3$
现浇钢筋混凝土管渠	$\geqslant 0.1$	$1.5P$
化学建材管	$\geqslant 0.1$	$1.5P$，且不小于 0.8

2) 预试验阶段：将管道内水压缓缓地升至试验压力并稳压 30min，期间如有压力下降可注水补压，但不得高于试验压力；检查管道接口、配件等处有无漏水、损坏现象；有漏水、损坏现象时应及时停止试压，查明原因并采取相应措施后重新试压；

3) 主试验阶段：停止注水补压，稳定 15min；当 15min 后压力下降不超表 3-24 中所列允许压力降数值时，将试验压力降至工作压力并保持恒压 30min，进行外观检查若无漏水现象，则水压试验合格；

压力管道水压试验的允许压力降（MPa）　　　　　表 3-24

管材种类	试验压力	允许压力降
钢管	$P+0.5$，且不小于 0.9	0
球墨铸铁管	$2P$	0.03
	$P+0.5$	
预（自）应力钢筋混凝土管、预应力钢筒混凝土管	$1.5P$	
	$P+0.3$	
现浇钢筋混凝土管渠	$1.5P$	
化学建材管	$1.5P$，且不小于 0.8	0.02

4) 管道升压时，管道的气体应排除，升压过程中，当发现弹簧压力计表针摆动、不稳，且升压较慢时，应重新排气后再升压；

5) 应分级升压，每升一级应检查后背、支墩、管身及接口，当无异常现象时再继续升压；

6) 水压试验过程中，后背顶撑、管道两端严禁站人；

7) 水压试验时，严禁修补缺陷；遇有缺陷时，应做出标记，卸压后修补。

本条规定了压力管道水压试验程序和合格标准。

第 1 款中表 3-23 给出了不同管材管道的试验压力，预应力钢筒混凝土管与预（自）应力钢筋混凝土管试验压力相同，化学建材管试验压力参考了《埋地聚乙烯给水管道工程技术规程》CJJ 101—2004 中第 7.1.3 条的规定。

第 2 款规定预试验程序和要求，参考国外相关标准，预试验主要目的是在试验压力下检查管道接口、配件等处有无漏水、损坏现象；发现有漏水、损坏现象应停止试压；并查明原因采取相应措施后重新试压。预试验对于保证主试验成功是完全必要的。

第 3 款规定了主试验程序和要求，表 3-24 中所列允许压力降数值取自北京、上海、天津等城市的工程实践数据和《埋地聚乙烯给水管道工程技术规程》CJJ 101；原"规范"中钢管、球墨铸铁管、钢筋混凝土类管三大类管道允许压力降数值为 0.05MPa，表 3-24 中数值严于原"规范"第 10.2.13.5 条规定。

(3) 压力管道在预试验结束，采用允许渗水量进行最终合格判定依据时，实测渗水量应小于或等于表 3-25 的规定：

压力管道水压试验的允许渗水量　　　　　　　　　　　　　　表 3-25

管道内径 D_i (mm)	允许渗水量 [L/(min·km)]		
	焊接接口钢管	球墨铸铁管、玻璃钢管	预（自）应力混凝土管、预应力钢筒混凝土管
100	0.28	0.70	1.40
150	0.42	1.05	1.72
200	0.56	1.40	1.98
300	0.85	1.70	2.42
400	1.00	1.95	2.80
600	1.20	2.40	3.14
800	1.35	2.70	3.96
900	1.45	2.90	4.20
1000	1.50	3.00	4.42
1200	1.65	3.30	4.70
1400	1.75	—	5.00

本条保留了原"规范"10.2.13 基本内容，以供管道水压试验采用允许渗水量进行最终合格判定依据时使用；并给出内径 100～1400mm 钢管、球墨铸铁管、钢筋混凝土类管三大类管道允许渗水量表。

(4) 聚乙烯管及其复合管的水压试验除应符合《给水排水管道工程施工及验收规范》第 9.2.10 条的规定外，其预试验、主试验阶段应按下列规定执行：

1) 预试验阶段：按《给水排水管道工程施工及验收规范》第 9.2.10 条第 2 款的规定完成后，应停止注水补压并稳定 30min；当 30min 后压力下降不超过试验压力的 70% ，则预试验结束；否则重新注水补压并稳定 30min 再进行观测，直至 30min 后压力下降不超过试验压力的 70%；

2) 主试验阶段

① 在预试验阶段结束后，迅速将管道泄水降压，降压量为试验压力的 10%～15%；期间应准确计量降压所泄出的水量（ΔV），并按式（3-1）计算允许泄出的最大水量 ΔV_{max}：

$$\Delta V_{max} = 1.2 V \Delta P \left\{ \frac{1}{E_w} + \frac{D_i}{e_n E_p} \right\} \tag{3-1}$$

式中　V——试压管段总容积（L）；

ΔP——降压量（MPa）；

E_w——水的体积模量，不同水温时 E_w 值可按表 3-26 采用；

E_p——管材弹性模量（MPa），与水温及试压时间有关；

D_i——管材内径（m）；

e_n——管材公称壁厚（m）。

ΔV 小于或等于 ΔV_{max} 时，则按本款的第②、③、④项进行作业；ΔV 大于 ΔV_{max} 时应停止试压，排除管内过量空气再从预试验阶段开始重新试验；

温度与体积模量关系 表 3-26

温度（℃）	体积模量（MPa）	温度（℃）	体积模量（MPa）
5	2080	20	2170
10	2110	25	2210
15	2140	30	2230

② 每隔 3min 记录一次管道剩余压力，应记录 30min；当 30min 内管道剩余压力有上升趋势时，则水压试验结果合格；

③ 30min 内管道剩余压力无上升趋势时，则应持续观察 60min；当整个 90min 内压力下降不超过 0.02MPa，则水压试验结果合格；

④ 当主试验阶段上述两条均不能满足时，则水压试验结果不合格，应查明原因并采取相应措施后再重新组织试压；

本条引用了《埋地聚乙烯给水管道工程技术规程》CJJ 101—2004 中第 7.2 节的内容，对聚乙烯管及其复合管的水压试验做出规定，并依据工程实践经验，将停止注水稳定时间由 60min 减至 30min。《给水排水管道工程施工及验收规范》GB 50268—2008 中其他化学建材管道也可参照本条规定执行。

（5）大口径球墨铸铁管、玻璃钢管及预应力钢筒混凝土管道的接口单口水压试验应符合下列规定：

1）安装时应注意将单口水压试验用的进水口（管材出厂时已加工）置于管道顶部；

2）管道接口连接完毕后进行单口水压试验，试验压力为管道设计压力的 2 倍，且不得小于 0.2MPa；

3）试压采用手提式打压泵，管道连接后将试压嘴固定在管道承口的试压孔上，连接试压泵，将压力升至试验压力，恒压 2min，无压力降为合格；

4）试压合格后，取下试压嘴，在试压孔上拧上 M10×20mm 不锈钢螺栓并拧紧；

5）水压试验时应先排净水压腔内的空气；

6）若单口试压不合格且确定是接口漏水，则应马上拔出管节，找出原因，重新安装，直至符合要求为止。

3.8.3 无压管道的闭水试验

（1）闭水试验法应按设计要求和试验方案进行。

（2）试验管段应按井距分隔，抽样选取，带井试验。

（3）无压管道闭水试验时，试验管段应符合下列规定：

1）管道及检查井外观质量已验收合格；

2）管道未回填土且沟槽内无积水；

3）全部预留孔应封堵，不得渗水；

4）管道两端堵板承载力经核算应大于水压力的合力；除预留进出水管外，应封堵坚固，不得渗水；

5）顶管施工，其注浆孔封堵且管口按设计要求处理完毕，地下水位于管底以下。

（4）管道闭水试验应符合下列规定：

1）试验段上游设计水头不超过管顶内壁时，试验水头应以试验段上游管顶内壁加2m计；

2）试验段上游设计水头超过管顶内壁时，试验水头应以试验段上游设计水头加2m计；

3）计算出的试验水头小于10m，但已超过上游检查井井口时，试验水头应以上游检查井井口高度为准；

4）管道闭水试验应按《给水排水管道工程施工及验收规范》GB 50268—2008 附录 D（闭水法试验）进行。

（5）管道闭水试验时，应进行外观检查，不得有漏水现象，且符合下列规定时，管道闭水试验为合格：

1）实测渗水量小于或等于表 3-27 规定的允许渗水量；

2）管道内径大于表 3-27 规定的管径时，实测渗水量应小于或等于按式（3-2）计算的允许渗水量；

$$q = 1.25 \sqrt{D_i} \tag{3-2}$$

3）异形截面管道的允许渗水量可按周长折算为圆形管道计；

4）化学建材管道的实测渗水量应小于或等于按式（3-3）计算的允许渗水量。

$$Q \leqslant 0.0046 D_i \tag{3-3}$$

式中　q——允许渗水量 $[m^3/(24h \cdot km)]$；

　　D_i——管道内径（mm）。

无压力管道闭水试验允许渗水量　　　　　　　　表 3-27

管材	管径 D_i（mm）	允许渗水量 $[m^3/(24h \cdot km)]$
钢筋混凝土管	200	17.60
	300	21.62
	400	25.00
	500	27.95
	600	30.60
	700	33.00
	800	35.35
	900	37.50
	1000	39.52
	1100	41.45
	1200	43.30
	1300	45.00
	1400	46.70
	1500	48.40
	1600	50.00
	1700	51.50
	1800	53.00
	1900	54.48
	2000	55.90

本条第 1、2 和 3 款管道闭水试验允许渗水量计算公式沿用了"97 版"规范的计算公式。

第 4 款给出的化学建材管道的允许渗水量式计算公式系采用《埋地硬聚乙烯排水管道工程技术规程》CECS 122：2001 中允许渗水量标准，也是参照美国《PVC 管设计施工手册》执行的。

（6）当管道内径大于 700mm 时，可按管道井段数量抽样选取 1/3 进行试验；试验不合格时，抽样井段数量应在原抽样基础上加倍进行试验。

依据各地的反馈意见，本条删除了原"规范"在"水源缺乏的地区"的限定；但同时补充规定：试验不合格时，抽样井段数量应在原抽样基础上加倍进行试验。

（7）不开槽施工的内径大于或等于 1500mm 钢筋混凝土结构管道，设计无要求且地下水位高于管道顶部时，可采用内渗法测渗水量；渗漏水量测方法按附录 F 的规定进行，符合下列规定时，则管道抗渗能力满足要求，不必再进行闭水试验：

1）管壁不得有线流、滴漏现象；

2）对有水珠、渗水部位应进行抗渗处理；

3）管道内渗水量允许值：$q \leqslant 2L/(m^2 \cdot d)$。

规范规定：内径大于或等于 1500mm 混凝土结构管道，包括顶管、有二次衬砌结构盾构或浅埋暗挖施工管道，当地下水位高于管道顶部可采用内渗法（又称内闭水试验）检验，渗水量检测方法可按规范附录 F 的规定选择。

本条第 2、3 款中术语可参照规范附录 F 的规定。

本条第 3 款内渗法允许渗漏水量标准定为：$q \leqslant 2L/(m^2 \cdot d)$，在总结北京等城市工程实践基础上，参考了《地下工程防水技术规范》GB 50108 第 3.2.1 条四级防水等级标准而制定的。

北京市地方工程建设标准较严些，允许渗漏水量 $q \leqslant 0.1L/(m^2 \cdot d)$；工程实际应用表明现场的渗漏量检测难以操作。

对于同样管径的顶管工程，采用本条外闭水试验标准要比采用《给水排水管道工程施工及验收规范》GB 50268—2008 第 9.3.5 条内闭水试验的允许渗水量小得多，在工程实际选用时应加以注意。

3.8.4 无压管道的闭气试验

（1）闭气试验适用于混凝土类的无压管道在回填土前进行的严密性试验

规范规定闭气试验适用于混凝土类的无压管道在回填土前进行的严密性试验，不适用于无地下水的顶管施工的管道；北京地区已进行了无地下水的顶管施工的管道闭气试验工程性研究，但作为标准尚不够成熟，还不能用来指导工程应用。

（2）闭气试验时，地下水位应低于管外底 150mm，环境温度为 $-15 \sim 50$℃。

（3）下雨时不得进行闭气试验。

（4）闭气试验合格标准应符合下列规定：

1）规定标准闭气试验时间符合表 3-28 的规定，管内实测气体压力 $P \geqslant 1500Pa$，则管道闭气试验合格；

管道 DN（mm）	管内气体压力（Pa）		规定标准闭气时间 S（′″）
	起点压力	终点压力	
300			1′45″
400			2′30″
500			3′15″
600			4′45″
700			6′15″
800			7′15″
900			8′30″
1000			10′30″
1100			12′15″
1200			15′
1300	2000	≥1500	16′45″
1400			19′
1500			20′45″
1600			22′30″
1700			24′
1800			25′45″
1900			28′
2000			30′
2100			32′30″
2200			35′

2）当被检测管道内径大于或等于 1600mm 时，应记录测试时管内气体温度（℃）的起始值 T_1 及终止值 T_2，并将达到标准闭气时间时膜盒表显示的管内压力值 P 记录，用下列公式加以修正，修正后管内气体压降值为 ΔP：

$$\Delta P = 103300 - (P + 101300)(273 + T_1)/(273 + T_2) \qquad (3\text{-}4)$$

ΔP 如果小于 500Pa，管道闭气试验合格；

3）管道闭气试验不合格时，应进行漏气检查、修补后复检；

4）闭气试验装置及程序见附录 E。

本条在专家论证的基础上引用了天津市工程建设标准《混凝土排水管道工程检验标准》（备案号 J 10454—2004）的规定，而天津市工程建设标准《混凝土排水管道工程检验标准》（备案号 J 10454—2004）是基于原"规范"式（10.3.5）即《给水排水管道工程施工及验收规范》GB 50268—2008 式（9.3.5-1）经对比试验和工程实践得出的闭气标准，在工程应用时务请注意其基本要求。

3.8.5　给水管道冲洗与消毒

（1）给水管道冲洗与消毒应符合下列要求：

1）给水管道严禁取用污染水源进行水压试验、冲洗，施工管段处于污染水水域较近时，必须严格控制污染水进入管道；如不慎污染管道，应由水质检测部门对管道污染水进行化验，并按其要求在管道并网运行前进行冲洗与消毒；

2）管道冲洗与消毒应编制实施方案；

3）施工单位应在建设单位、管理单位的配合下进行冲洗与消毒；

4）冲洗时，应避开用水高峰，冲洗流速不小于 1.0m/s，连续冲洗。

（2）管道冲洗与消毒应符合下列规定：

1）管道第一次冲洗应用清洁水冲洗至出水口水样浊度小于 3NTU 为止，冲洗流速应大于 1.0m/s。

2）管道第二次冲洗应在第一次冲洗后，用有效氯离子含量不低于 20mg/L 的清洁水浸泡 24h 后，再用清洁水进行第二次冲洗直至水质检测、管理部门取样化验合格为止。

本条保留了原"规范"基本内容，并依据北京等城市的管道冲洗与消毒实践经验给出具体规定；管道第一次冲洗，又称为冲浊；管道第二次冲洗，又称为冲毒。有效氯离子含量，北京地区一般为 25～50mg/L，各地也各有所不同，20mg/L 为规定的最低值。

3.9　给排水工程质量通病防治

3.9.1　土方工程的质量通病及预防措施

1. 沟槽开挖质量通病及防治

（1）现象

存在边坡塌方、槽底泡水、槽底超挖、槽底土基受冻、槽边堆土不符合要求、沟槽开挖断面不符合要求等现象。

（2）原因分析

1）为减少挖土工作量未按照槽深及土质特性放坡，未预先采取有效的排水、降水措施，土层浸湿或槽边堆积物过高，负荷过重均会使土体失稳造成边坡塌方。

2）天然降水或其他客水流进沟槽导致槽底土基浸泡，造成地基承载力降低。

3）测量放线的失误或采用机械挖槽时，一次开挖到位，机械操作人员与现场指挥人员配合不协调均会导致局部超挖，造成设计高程以下土层被挖除或受到扰动。

4）槽底土基受冻一般是由于在低温下开挖沟槽，挖槽见底后未及时进行下道工序同时又未采取覆盖防冻措施所致，最终造成冻土层融化后降低基地的承载力。

5）槽边堆土过高或开挖断面过小均是由于施工人员为省工省力，变相偷工减料所致，往往是在降低工程质量和施工安全系数而节省施工工期和成本。

（3）预防措施

1）强化施工现场的管理及工序报验制度，提高工程质量意识，开挖前必须根据沟槽深度及土质情况制定专项施工方案，确定合理的开挖坡度，有地下水时，必须采取有效的排水、降水措施，同时对槽边堆土实施严格的限制。

2）采取有效的防水、排水措施，特别在雨期施工，排水设备性能及数量必须保证。

3）加强技术管理，认真落实测量复核制度，采用机械开挖时设计高程以上应预留 20cm 土层，待人工清挖。

4）做好施工技术预控工作，如挖槽见底不能及时进行下道工序应保留 30cm 土层作为防护层，或槽见底后采用塑料布或草帘保护基层，避免受冻。

5）加强施工管理，提高施工人员的质量意识，特别是施工安全意识，有效避免安全事故的发生。

2. 沟槽回填质量通病及防治

（1）现象

存在沟槽沉陷，管道碰、挤压变形等现象。

（2）原因分析

1）沟槽沉陷有以下几方面原因造成

① 松土回填、未分层夯实，或虽分层但超厚夯实，一经地面水浸入或地面荷载作用造成沉陷。

② 沟槽中积水、淤泥、有机杂物没有清除和认真处理，虽经夯打，但在饱和土上不可能夯实，有机物腐烂必然造成回填土下沉。

③ 回填土含水率过大，造成夯实质量达不到要求。

④ 使用压路机碾压回填土的沟槽，检查井及沟槽边角碾压不到位又未采用小型夯具夯实，造成局部漏夯。

2）管道碰、挤压变形有以下原因造成

① 回填管腔时，人工或机械运送土方将管带、基础管座或沟墙挤压变形，造成管道中心位移。

② 使用推土机运送土方，压路机动力夯实时，将管体压裂。

（3）预防措施

1）沟槽沉陷预防措施

① 要分层铺土进行夯实。

② 沟槽回填前需清理沟槽中的积水、淤泥、杂物，回填土中不得含有碎砖及大于10cm 干硬土块含水量大的黏土块及冻土块。

③ 回填土料应在最佳含水量和接近最佳含水量状态下进行夯实。

④ 铺土应保持一定的坡势，不得带水回填，严禁使用水沉法。

⑤ 凡在检查井周边及沟槽边角机械碾压不到位的地方，一定要机动夯及人力夯等补夯措施，不得出现漏夯。

⑥ 非同时进行的两个回填土段搭接处，应将每个夯实层留出台阶状。

2）管道碰、挤压变形

① 沟槽回填土工序应认真对待，是施工组织设计中重要内容，既要保证管道安全，结构不被破坏，又要保证上部修路时及放行后的安全。

② 胸腔及管顶以上 50cm 范围内填土时，应做到分层回填，两侧同时进行回填夯实，高差不得超过 30cm，回填土中不得含有碎石、石块及大于 10cm 冻土块，管座混凝土强度达 5MPa 以上方能回填。

③ 管顶以上 50cm 范围内要用木夯夯实，胸腔部位以上回填土，当使用重型压实机械或有较重的车辆在回填土上行驶时，管顶以上必须有一定厚度的压实回填土。

3.9.2　管道基础质量通病及预防措施

1. 混凝土平基管座质量通病及防治

（1）现象

拆模后存在蜂窝孔洞甚至混凝土松散，混凝土管基外形观感差，甚至施工过程中就出现损坏、断裂现象。

（2）原因分析

1）混凝土管基施工时不使用振捣器而使用铁锹拍打振实；

2）管基施工过程中有意偷工减料，管基厚度大部或局部小于设计厚度；

3）管基浇筑后养护时间（强度）不够即进行下道安管工作；

4）管基施工过程中存在拖泥带水浇筑管基混凝土现象；

5）管座与平基之间不凿毛甚至出现夹土现象；

6）钢筋混凝土管基施工过程中钢筋配筋易出现偷工减料现象。

（3）预防措施

1）施工前保持沟槽干燥、槽底平整；

2）应保证模板及支撑结构具有足够的强度、刚度和稳定性，避免出现跑模现象；

3）混凝土浇筑过程中必须使用振捣器振捣；

4）管基混凝土抗压强度应大于 $5.0N/mm^2$ 方可进行安管施工；

5）过程中应加强现场施工管理，严格执行工序报验制度。

2. 混凝土平基管座质量通病及防治

（1）现象

存在砂基厚薄不均、密实度不均、忽视砂基设计支承角等现象。

（2）原因分析

1）槽底不平导致砂基的厚度也厚薄不一致；

2）施工过程中涉及经济利益普遍存在砂基施工的偷工减料现象；

3）认识不够，不了解砂基的均匀、密实、平正及管道下设计支承角对管道合理受力的重要性。

（3）预防措施

1）施工过程要严格管理，做好槽底高程、砂基厚度、平整度及密实度的工序报验把关；

2）重视管道设计支承角，从 $2\alpha+30°$，从 $60°$（混凝土管）~$180°$（埋地塑料管），在此范围内不能保证材料的规格质量及密实度就不能保证管道合理受力，管道在使用限期内会出现压裂、漏水、堵塞等质量问题。

3.9.3　管道铺设质量通病及预防措施

1. 混凝土管铺设质量通病及防治

（1）现象

铺管过程中常出现管中线位移、管道反坡、内底错口、预留支管不封堵、管头外露过长或过短现象。

（2）原因分析

1）施工过程中挂线出现松弛，发生严重垂线就会造成井段中部缓弯，安管时，支垫不牢、在支搭管座模板或管座混凝土时受碰撞变位未及时矫正，浇筑管座混凝土或管腔回填时单侧浇筑或回填，侧压力过大造成推挤管子位移；

2）测量错误或地质条件差，沟槽边堆土过高或沟槽边有重车道，动荷载导致管基整体上漂会造成整段反坡，浇筑管座时混凝土坍落度过大或浇筑速度过快，导致个别或局部管节漂管会造成局部反坡；

3）管壁厚薄不均导致对口处错口，管基不平导致接口处出现相对高差或浇筑管座时由于浇筑的速度、层厚、振捣状态不同导致个别管节上浮，造成管内底错口；

4）施工管理不严，失于检查会造成全部或部分预留支管短未封堵；

5）井段之间的水平定位偏差与管节标准长度定尺之间的偏差造成管头外露过长或过短。

（3）预防措施

1）施工过程中定位挂线要测量准确，调整管节轴线和高程时，支垫要牢固不松动，管座浇筑混凝土或管腔回填时要对称、均匀进行；

2）坚持测量复核制度，控制沟槽边堆土的范围和高度，特别地质条件差地段，控制管座混凝土浇筑的速度和厚度；

3）严把原材料进场报验关，认真复核管基高程，浇筑混凝土时控制速度避免出现浮管现象发生；

4）认真复核井段之间的距离和管节标准长度定尺之间的模数关系，适当调整井位，如井位不能调整，采购管道时，适当配置部分非定尺管节，混凝土管节不宜现场截管。

2. 钢管铺设质量通病及防治

（1）现象

存在进场管材圆度变形、现场对口焊接错边、对接焊口缝隙过大、现场固定焊口的焊缝质量、现场对接焊缝的防腐质量、钢管内外防腐层破损、管位下沉或上浮等现象。

（2）原因分析

1）大口径管材运输过程中未在管端加十字或米字撑造成运输或现场堆放过程中管口椭圆度变形；

2）对口焊接前未对对接管口进行实测或对椭圆变形的管口未予以圆度矫正，现场采用人工割管、人工坡口误差造成对接焊口错边或焊口缝隙过大；

3）现场焊接作业条件和空间相比工厂化作业差，特别在管道施工工作坑内实施仰焊，造成焊接质量差；

4）现场焊缝接口防腐相比工厂化施工，存在量小、烦琐，施工人员的专业性相比工厂化差，作业条件存在诸如天气、施工污染等不利因素，因此易造成质量薄弱环节，易被施工人员忽视；

5）运输及现场下管过程中未对防腐层实施有效的保护造成防腐层破坏；

6）地质条件差、管道胸腔的回填密实度不够易造成管位下沉，地质条件差的情况下沟槽边堆土过多或未及时进行稳管回填工作、或遇暴雨天气，沟槽排水不及时会造成管位上浮，严重会发生浮管事件。

（3）预防措施

1）超过 DN800 管径的钢管在运输过程中应加十字或米子撑；

2）现场焊接对口前应对对口的管口进行实物测量，选相对误差较小的管节进行对口，同时对已椭圆度变形的管口实施矫正；

3）尽量选用工厂化制作管道，管口采用机械坡口，尽量避免现场割管及人工坡口，对对口缝隙大的焊口严禁采用钢筋盘圆填充施焊；

4）现场沟槽内对口焊接，必须保证必要的焊接条件，工作坑大小必须满足施焊及防腐人员的需要；

5）尽量选用工厂化防腐施工工艺，减少现场防腐的工作量；

6）运输及现场下管过程中位对防腐层实施有效的保护，现场吊装管道严禁采用钢丝绳，应采用宽布带吊装；

7）加强现场施工组织与管理，铺设完的管道除现场施焊的接口外要及时进行稳管规范回填，雨期施工，沟槽内的排水措施要到位。

3. 球墨铸铁管铺设质量通病及防治

（1）现象

存在进场管材质量、管位左右不直、上下起伏、试压过程胶圈接口脱落、管位下沉或上浮等现象。

（2）原因分析

1）管材主要管节及管件表面有裂纹，有妨碍使用的凹凸不平的缺陷；采用橡胶圈柔性接口的球墨铸铁管，承口的内工作面和插口的外工作面应光滑、轮廓清晰，不得有影响接口密封性的缺陷；

2）对于采用橡胶圈柔性接口的球墨铸铁管，由于是柔性接口，安装过程中接口转角超出允许转角极易造成左右不直，上下起伏，极易造成接口漏水；

3）对于球墨铸铁管压力管线，混凝土支墩设置及施工质量不到位，极易造成试压过程中管口脱落；

4）地质条件差、管道胸腔的回填密实度不够易造成管位下沉，地质条件差的情况下沟槽边堆土过多或未及时进行稳管回填工作、或遇暴雨天气，沟槽排水不及时会造成管位上浮。

（3）预防措施

1）严把管材进场报验关；

2）严格控制转角的角度，确保管线铺设的顺直度；

3）对于球墨铸铁管水平弯和垂直弯处应严格按设计或规范要求设置混凝土支墩，特别要确保支墩的大小尺寸及混凝土用量，避免偷工减料现象出现；

4）加强现场施工组织与管理，铺设完的管道要及时进行稳管规范回填，雨期施工，沟槽内的排水措施要到位。

4. 化学建材管铺设质量通病及防治

（1）现象

存在管材破损、管道变形、试压过程接口脱落、管位上浮等现象。

（2）原因分析

1）管材破损一方面是由于管材本身的质量问题引起；另一方面是由于材料进场后由

于长时间不用，堆放在露天，保护不当造成管材受太阳紫外线影响变脆，此现象工程中比较普遍；

2）造成管道变形主要两个方面原因，一是管材本身的质量问题，工程中由于涉及材料价格问题，存在采用环刚度不符合要求的管材以次充好的现象；二是管腔回填质量差造成管道变形；

3）对于化学建材管接口脱落特别对于压力管线主要是接口施工质量造成；

4）地质条件差的情况下沟槽边堆土过多或未及时进行稳管回填工作、或遇暴雨天气，沟槽排水不及时会造成管位上浮，对于化学建材管浮管事件极易发生。

（3）预防措施

1）严把管材进场报验关及管材的现场的仓储和保护，对于化学建材管现场的保护尤为重要；

2）严把原材料进场复试关；

3）加强对施工人员技术技能培训，正确使用新型化学建材管焊接设备；

4）加强现场施工组织与管理，铺设完的管道要及时进行稳管规范回填，雨期施工，沟槽内的排水措施要到位。

3.9.4 排水管接口的质量通病及预防措施

1. 刚性接口质量通病及防治

（1）现象

存在接口抹带空裂、接口抹带砂浆突出管内壁、钢丝网与管缝不对中或插入管座深度不足或钢丝网长度不够、管接口错位、开裂等现象。

（2）原因分析

1）抹带砂浆配合比不准确，和易性、均匀性差，管口未凿毛或不干净，冬期施工未保温，管带一层成活，管缝较大，砂浆流失均会造成接口抹带空列；

2）浇筑管座和接口砂浆抹带同时，砂浆通过管口接缝流入管内固化形成灰牙；

3）钢丝网插入管座位置安放时就放偏、深度就不够或捣实时将钢丝网挤偏未及时调整或钢丝网下料长度不够所致；

4）管接口错位、开裂主要有两方面原因造成，一是地质条件差，选用管基不合适，出现不均匀沉降，二是回填质量特别是管胸腔密实度不符合要求所致。

（3）预防措施

1）控制砂浆质量，保证其和易性和均匀性，管口应凿毛并保持干净，冬期施工要注意保温，应分层成活施工，管缝过大时应在管内口加垫托；

2）小于 DN600 管道砂浆抹带时，配合用麻袋球或其他工具在管内来回拖动，将流入的砂浆拖平。大于 DN700 管道，在浇筑管座或抹带后及时配合勾抹内管缝；

3）下料准确、正确安放钢丝网，捣实过程中要随时检查，及时调整；

4）对于地质条件差的地段慎重选用管基形式、严格控制沟槽回填质量。

2. 柔性接口质量通病及防治

（1）现象

存在柔性接口不严密等现象。

（2）原因分析

1）管材承、插口工作面不平整、不吻合或被泥土、杂物污染造成胶圈与承插口之间有空隙；

2）胶圈规格与承插口不配套，松紧度不合适，太松胶圈与插口有空隙，太紧胶圈易被拉出裂缝；

3）胶圈本身质量有问题，如：截面粗细不均，质地偏硬，有气泡、裂缝、重皮等缺陷；

4）撞口时，由于胶圈受力不均，出现扭曲，局部出现过紧或过松。

（3）预防措施

1）严把管材及胶圈进场报验关及胶圈复试关；

2）规范现场的施工行为，接口前应将承口内部和插口外部清刷干净；

3）胶圈套在插口端部应保持平正、无扭曲现象。

4）对口时应按下列要求：

① 将管子吊离槽底，使插口胶圈准确对入承口的锥面内；

② 认真检查胶圈与承口接触是否均匀紧密；

③ 安装接口的机具其顶拉能力应能满足施工管径能良好就位的要求；

④ 顶拉时应缓慢，边顶拉边观察，就位后立即锁定接口。

3.9.5 井室的质量通病及预防措施

1. 雨污水检查井质量通病及防治

（1）现象

存在井室开裂、砂浆和易性差、砂浆不饱满、砂浆与砖粘结性不好，井室抹面空鼓裂缝、井径或盖板人孔不圆，砌砖通缝、鱼鳞缝，圆井收口不均匀，流槽高度不够、不圆滑等现象。

（2）原因分析

1）井室开裂通常是由于井室基础整体性差所致，施工中普遍存在对检查井基础不重视，如：浇筑基础时拖泥带水进行浇筑，基础厚度不足，浇筑后养护强度未到即进行砌砖工作必然带来基础整形差，最终导致井壁开裂，另一方面施工中普遍存在先砌井后开支管孔洞现象，由于野蛮砸孔洞也会造成井壁开裂；

2）砂浆和易性差和粘结性主要与砂浆配合比有关，饱和度主要与现场工人施工质量意识有关；

3）井室抹面空鼓裂缝主要由于施工人员的技能及现场养护不到位所致；

4）施工人员的专业技能不足、质量意识差会造成井径或盖板人孔不圆，砌砖通缝、鱼鳞缝，圆井收口不均匀，流槽高度不够、不圆滑等通病。

（3）预防措施

1）检查井基础浇筑前做好验槽工作，保持槽底干燥，基础平面尺寸和厚度必须满足设计及图集要求，同时基础混凝土强度需达 12MPa 以上方能砌砖；

2）控制砂浆的配合比，确保砂浆的质量，建议采用预制砂浆；

3）加强施工人员施工技能的培训工作，特别对于砌圆形井技能培训，提高工人的质

量意识;

4) 对于流槽施工普遍遭到忽视,流槽好坏直接影响使用功能,雨污水流槽要做到管与管之间连接顺滑,特别是污水管流槽,雨水管流槽高度为管半径,污水管流槽高度为管直径。

2. 阀门井质量通病及防治

(1) 现象

存在井室积水严重甚至与地下水等高现象。

(2) 原因分析

1) 阀门井内积水严重对于阀门、水表、流量仪等正常使用和使用寿命影响很大;

2) 混凝土阀门井进出井室管道处的防水套管处理不当甚至不处理导致井室进水严重;

3) 砖砌阀门井由于基础处理不当造成井室开裂也必然造成进水,另井室砌筑过程中砌筑砂浆不饱满,形成通缝或井室内外防水粉刷不到位空鼓或裂缝也会造成井室渗水。

(3) 预防措施

1) 混凝土阀门井应采用抗渗防水混凝土,进出井室防水套管应按规范要求制作施工;

2) 砖砌阀门井应高度重视基础、砌筑及粉刷施工质量。

3.9.6 顶管工程质量通病及预防措施

1. 沉井质量通病及防治

(1) 现象

存在沉井制作过程中即发生下沉倾斜、下沉过程中倾斜、下沉困难、突沉和超沉等现象。

(2) 原因分析

1) 沉井制作过程中即发生下沉倾斜主要原因是由于地基承载力不足或承载力不均匀所致;

2) 下沉过程中倾斜主要有如下原因造成:

① 地质土层的不均匀性造成摩阻力的差异性。

② 下沉过程中取土的不对称性及均匀性。

③ 沉井本身重心的不均匀性。

3) 下沉困难主要由于下沉阻力过大原因造成;

4) 突沉和超沉主要发生在沉井接近设计高程时危害较大。

(3) 预防措施

1) 沉井制作前应根据地质报告,认真复核沉井制作落座土层的地基承载力,不足时采用砂垫层,应认真复核砂垫层的厚度及承载力;

2) 沉井倾斜的预防措施:

① 施工过程中要做到勤测量、勤纠偏。

② 取土要遵循对称取土、均匀取土的原则。

③ 沉井下沉前对于井壁各预留孔洞要用砖砌体砌筑,尽可能减小沉井重心的偏移。

3) 下沉困难预控措施:

① 下沉方案编制时依据地质报告进行沉井下沉理论计算。

② 对于理论计算下沉困难的沉井考虑采用配重或泥浆套减阻的措施。

③ 对于沉井周围无安全隐患的构、建筑物地段施工中也可采用调节沉井内的水位辅助下沉。

4）避免突沉和超沉主要在沉井下沉接近尾声时应严格控制下沉的速度并实施高频率的测量，对于沉井周围无安全隐患的构、建筑物地段施工中也可采用调节沉井内的水位辅助止沉。

2. 顶管工程质量通病及防治

（1）现象

存在顶管坑壁坍塌或严重变形、工具头出洞口下栽、顶偏、顶进中管节破裂等现象。

（2）原因分析

1）顶管坑壁坍塌或严重变形针对挖槽型主要由于顶管坑边坡过陡或排水措施不到位，导致地面水入坑壁发生坍塌，针对支撑型顶管坑主要由于支撑立板、横板过稀或规格过小所致，对于围堰型顶管坑主要由于木板桩或钢板桩企口连接不好、规格偏小或插入土体深度过浅所致；

2）顶进的首节管具有重要的导向作用，工具头出洞口下栽会造成严重的后果，主要由于洞口外土层差，工具头较重造成（特别对于采用泥水平衡顶管工具头极为关键）；

3）顶偏主要有以下原因造成：

① 地质土层的复杂性，造成管周围土层摩阻力的不均匀性。

② 顶进过程中不规范的掏土超挖。

③ 顶进过程中疏于勤顶、勤测、勤纠偏。

4）顶进中管节破裂主要有以下原因造成：

① 管材本身质量不符合要求或为赶工期养护强度不到。

② 管接口处衬垫不良或漏放造成受力不均、应力集中。

③ 顶进距离增长，顶进阻力增大，顶力增大导致管节破裂。

（3）预防措施

1）顶管工作坑应搭设工作棚，做好防排水设施，对于挖槽型顶管坑，坑壁坡度应控制在 3∶1～5∶1，支撑型顶管坑应形成封闭式框架，四角设斜撑，为提高安全系数可采用钻孔护壁桩、喷锚水泥混凝土，深度超过 6m 且有地下水的宜采用地下连续墙或沉井等方法；

2）对于出洞口土层采用压密注浆等措施加固土体，提高土体的承载力；

3）顶进过程中要勤顶、勤测、勤纠偏，避免超挖取土；

4）管节破裂预防措施：

① 加强原材料进场报验关，不合格材料禁止使用。

② 加强工序报验制度，避免衬垫漏放或不合格使用。

③ 方案编制时认真做好有效单元顶管的顶力的计算和复核工作，阻力过大时可采用注浆减阻、皮打蜡减阻措施，必要时采用中继间顶管。

④ 加强过程监督与控制，严禁超顶力强行顶进等野蛮的施工行为发生。

第4章 城市轨道交通与隧道工程施工

4.1 明挖法隧道

4.1.1 基坑支护

1. 敞口放坡基坑施工要求

《公路桥涵施工技术规范》JTG/T F50

不支护加固基坑坑壁的施工要求：

1) 基坑坑壁坡度应按地质条件、基坑深度、施工方法等情况确定。当为无水基坑、且土层构造均匀时，基坑坑壁坡度可按表4-1确定。

基坑坑壁坡度 表4-1

坑壁土类	坑壁坡度		
	坡顶无荷载	坡顶有静荷载	坡顶有动荷载
砂类土	1:1	1:1.25	1:1.5
卵石、砾类土	1:0.75	1:1	1:1.25
粉质土、黏质土	1:0.33	1:0.5	1:0.75
极软岩	1:0.25	1:0.33	1:0.67
软质岩	1:0	1:0.1	1:0.25
硬质岩	1:0	1:0	1:0

注：1. 坑壁有不同土层时，基坑坑壁坡度可分层选用，并酌设平台；
　　2. 坑壁土类按照现行《公路土工试验规程》（JTG E40）划分；
　　3. 岩石单轴极限强度＜5.5、5.5～30、＞30时，分别定为极软、软质、硬质岩；
　　4. 当基坑深度大于5m时，基坑坑壁坡度可适当放缓或加设平台。

2) 如土的湿度有可能使坑壁不稳定而引起坍塌时，基坑坑壁坡度应缓于该湿度下的天然坡度。

3) 当基坑有地下水时，地下水位以上部分可以放坡开挖；地下水位以下部分，若土质易坍塌或水位在基坑底以上较深时，应加固开挖。

2. 基坑支护

《地下铁道工程施工及验收规范》GB 50299

（1）一般规定

1) 支护桩及腰梁、横撑、锚杆等，必须经过计算，并按设计要求施工。

2) 支护桩沉设前宜先试桩，试桩数量不得少于2根。

3) 沉桩前应测放桩位；沉桩时，钻（桩）头就位应正确、垂直；沉桩过程中应随时检测。

沉桩以线路中线为准，允许偏差为：纵向±100mm，横向0～+50mm；垂直度3‰。

4）沉桩施工场地应坚实、平整，并应清除地下、地面及高空障碍物，需要保留的地下管线应挖露并加以保护。

5）基坑开挖后桩墙应垂直平顺，桩间挡土墙及支撑系统应牢固可靠。钢桩应无严重扭曲、倾斜和劈裂。钢板桩锁口连接应严密，钢筋混凝土灌注桩应无露筋、露石、缩颈和断桩现象。

（2）冲击沉桩

1）钢桩上端应设吊装孔。钢板桩锁口内应涂油，下端应用易拆物塞紧。

2）工字钢桩应单根沉设，钢板桩应采用围檩法沉设。

3）钢板桩围檩支架的围檩桩必须垂直、围檩水平，位置正确、牢固可靠．围檩支架应高出地面1/3桩长；最下层围檩距地面不宜大于500mm；围檩间净距应比2根钢板桩组合宽度大8～15mm。

4）钢板桩宜以10～20根为一段，逐根插入围檩后，应先沉入两端的定位桩，再以2～4根为一组，采取阶梯跳跃式沉入。

5）钢板桩围堰宜在转角处两桩墙各10根桩位轴线范围内调整后合拢，如不能闭合需要搭接时，其背后应进行防水处理。

6）沉桩过程中，应随时检测校正桩的垂直度。钢桩沉设贯入度每击20次不应小于10mm。

（3）振动沉桩

1）振动锤的振动频率应大于钢桩的自振频率。振桩前，振动锤的桩夹应夹紧钢桩上端，振动作用线与钢桩重心线应在同一直线上。

2）沉桩中如钢桩下沉速度突然减小，应停止沉桩，并将钢桩向上拔起0.6～1.0m，然后重新快速下沉，如仍不能下沉时，应采取其他措施。

（4）静力压桩

1）压桩机压桩时，桩帽与桩身的中心线应重合，压同一根桩时，应连续沉设。

2）压桩过程中应随时检查桩身的垂直度，初压过程中，如发现桩身位移、倾斜和压入过程中桩身突然倾斜以及设备达到额定压力而持续20min仍不能下沉时，应停止压桩并采取措施。

（5）钻孔灌注桩

螺旋钻机成孔：

1）钻头应根据土质选用，其成孔应符合下列规定：

① 钻杆就位正确、垂直，允许偏差不应大于规范第3.1.5条规定；

② 钻或穿越软硬不均匀土层交界处时，应缓慢钻进并保持钻杆垂直；

③ 在松软杂填土或含水量较大的软塑性土层中钻进时，钻杆不得摇晃；

④ 钻进中随时清理孔口积土，当发现钻杆跳动、机架摇晃、不进尺等现象时，应停钻检查；

⑤ 钻孔至设计高程后应空钻清渣，提钻后及时加盖。

2）采用压浆成桩时，除应按《地下铁道工程施工及验收规范》GB 50299第3.6.1条规定施工外，在提钻杆时，应边提钻杆边压注水泥浆，至孔口后立即吊放钢筋笼并投放粗集料。

泥浆护壁成孔：

1）护筒设置位置应正确、稳定，与孔壁之间应用黏土填实。其埋置深度，黏土层不应小于1.0m，砂质或杂填土层不应小于1.5m。

2）冲击成孔可根据土层按表4-2选用冲程和泥浆比重。

各类不同土层冲程和泥浆比重选用值　　　　　　　　　　　表4-2

土层类别	冲程（m）	泥浆比重
护筒及以下3m范围内	0.9～1.1	1.1～1.3
黏土	1～2	清水
砂土	1～3	1.3～1.5
砂卵石	1～3	1.3～1.5
风化岩	1	1.2～1.4
坍孔回填后重新钻孔	1	1.3～1.5

3）排渣施工应符合下列规定：

① 黏性土中成孔，可注入清水，以原土泥浆护壁，排渣泥浆比重应控制在1.1～1.2；

② 砂土和较厚夹砂层中成孔，泥浆比重应控制在1.1～1.3，在穿越砂夹卵石层或容易坍孔土层中成孔时，泥浆比重控制在1.3～1.5；

③ 泥浆选用塑性指数 IP≥17 的黏土配制；

④ 施工中应经常测定泥浆比重，并定期测定黏度、含砂率和胶体率，其指标控制：黏度为18～22s，含砂率为4%～8%，胶体率不小于90%。

4）清孔施工应符合下列规定：

① 孔壁土质不易坍塌时，可用空气吸泥机清孔；

② 用原土造浆时，清孔后泥浆比重应控制在1.1左右；

③ 孔壁土质较差时，宜用泥浆循环清孔，清孔后泥浆比重应控制在1.15～1.25；

④ 清孔过程中必须补足泥浆，并保持浆面稳定；

⑤ 清孔后立即吊放钢筋笼，并灌注水下混凝土。

钢筋笼加工与吊装：

1）钢筋笼制作允许偏差为：主筋间距±10mm；箍筋间距±20mm；钢筋笼直径±10mm，长度±50mm。

2）钢筋笼向钻孔内吊装时应符合下列规定：

① 钢筋笼应吊直扶稳，对准孔位缓慢下沉，不得摇晃碰撞孔壁和强行入孔；

② 分段吊装时，将下段吊入孔内后，其上端应留1m左右临时固定在孔口处，上下段钢筋笼的主筋对正连接合格后继续下沉。

混凝土灌注：

1）混凝土必须具有良好的和易性，配合比应经试验确定。细集料宜采用中、粗砂，粗集料宜采用粒径不大于40mm卵石或碎石。坍落度：干作业成孔宜为100～210mm，水下灌注宜为160～210mm。

2）混凝土灌注前应检查成孔和钢筋笼质量。混凝土应连续一次灌注完毕，并保证密实度。

3）干作业成孔应沿钢筋笼内侧连续灌注混凝土，不得满口倾倒。

4）泥浆护壁成孔应采用水下灌注混凝土。其灌注混凝土导管宜采用直径为200～250mm的多节钢管，管节连接应严密、牢固，使用前应试拼，并进行隔水栓通过试验。

5）水下混凝土灌注应符合下列规定：

① 混凝土灌注前应在导管内临近泥浆面位置吊挂隔水栓；

② 导管底端距孔底应保持300～500mm；

③ 导管埋入混凝土深度应保持2～3m，并随提升随拆除；

④ 导管吊放和提升不得碰撞钢筋笼。

6）冬期施工时应采取保温措施。桩顶混凝土强度未达到设计强度的40％时不得受冻。

7）混凝土试件制作：同一配合比每班不得少于一组，泥浆护壁成孔的灌注桩每5根不得少于一组。

（6）基坑支护

钻孔灌注桩的桩间土壁，应用砂浆或混凝土封闭，如挂钢筋网时，则钢筋网应与桩体钢筋连接牢固。

横撑支护：

1）横撑安装前应先拼装，拼装后两端支点中心线偏心不应大于20mm。安装后总偏心量不应大于50mm。

2）横撑应在土方挖至其设计位置后及时安装，并按设计要求对坑壁施加预应力，顶紧后固定牢固。设有腰梁的横撑，其腰梁应与桩体水平连接牢固后，方可安装横撑。

3）横撑安装位置允许偏差为：高程±50mm，水平间距±100mm。

4）横撑需要设置中间支撑柱时，其支撑柱应按设计施工，并与横撑连接牢固。

5）隧道结构施工时，横撑上不得堆放材料或其他重物，发现变形、钢楔松动或支撑系统出现故障时，必须及时处理。

6）横撑及腰梁应随基坑回填自下而上逐层拆除，边拆边填，必要时应采取加固措施。当地下连续墙作为主体结构墙体时，横撑必须按设计要求拆除。

土层锚杆支护：

1）锚杆布置应符合下列规定：

① 最上层锚杆覆土厚度不应小于3m；

② 上下两层锚杆间距宜为2～5m，水平间距宜为2～3m；

③ 倾斜度宜为15°～35°；

④ 位置正确并应避开邻近地下构筑物或管线，如锚杆长度超过施工范围时，应取得有关单位同意；

⑤ 锚固段必须设置于滑动土体1m以外的地层中，锚固段与非锚固段应界限分明。

2）锚杆的杆体可采用钢筋或钢绞线，钢筋应除锈，钢绞线锚固段应擦拭干净。锚杆杆体应设置定位器，其间距：锚固段不宜大于2m，非锚固段宜为2～3m。锚杆的锚头、垫板受力后不得变形和损坏。

3）锚杆应在基坑土方挖至其设计位置后及时安装。钻孔机具应根据地质条件选择。锚孔允许偏差为：孔位高程±50mm，水平间距±100mm，孔深＋100/0。设有腰梁的锚杆，其腰梁应与桩体水平连接牢固后，方可安装锚头。

4）锚杆注浆应符合下列规定：

① 水泥应采用 32.5 级以上的普通硅酸盐水泥，必要时可掺外加剂；

② 水泥浆液的水灰比应为 0.4～0.5，水泥砂浆灰砂比宜为 1∶1～1∶2；

③ 锚固段注浆必须饱满密实，并宜采用二次注浆，注浆压力宜为 0.4～0.6MPa。接近地表或地下构筑物及管线的锚杆，应适当控制注浆压力。

5）锚杆的锚固段浆液达到设计强度后，方可进行张拉并锁定，其张拉值应为设计荷载的 75%～80%。

6）锚杆应进行抗拉和验收试验，并应符合下列规定：

① 试件数量：抗拉试件宜为总数量的 2%，且不应少于 2 根；验收试件宜为总数量 3%，且不应少于 3 根；

② 加荷方式：依次为设计荷载的 25%、50%、75%、100%、120%（验收试验锚杆）、133%（抗拉试验锚杆）；

③ 验收试验锚杆总位移量不应大于抗拉试验锚杆总位移量。

4.1.2 地下连续墙

1. 导墙施工

（1）槽段开挖前，应沿地下连续墙墙面两侧构筑导墙，其净距应大于地下连续墙设计尺寸 40～60mm。导墙可采用现浇或预制钢筋混凝土结构。

（2）导墙结构应建于坚实的地基上，并能承受水上压力和施工机械设备等附加荷载。

（3）预制导墙接头连接必须牢固。现浇钢筋混凝土导墙养护期间，重型机械设备不得在附近作业或停置。

（4）导墙高度宜为 1.5～2m，顶部高出地面不应小于 100mm，外侧墙土应夯实。导墙不得移位和变形。

（5）导墙施工允许偏差应符合下列规定：

1）内墙面与地下连续墙纵轴线平行度为 ±10mm；

2）内外导墙间距为 ±10mm；

3）导墙内墙面垂直度为 5‰；

4）导墙内墙面平整度为 3mm；

5）导墙顶面平整度为 5mm。

2. 泥浆制备与管理

（1）泥浆应根据地质和地面沉降控制要求经试配确定，并应按表 4-3 控制其性能指标。

泥浆配制、管理性能指标 表 4-3

泥浆性能	新配置		循环泥浆		废弃泥浆		检验方法
	黏性土	砂性土	黏性土	砂性土	黏性土	砂性土	
比重（g/cm³）	1.04～1.05	1.06～1.08	＜1.10	＜1.15	＞1.25	＞1.35	比重计
黏度（s）	20～24	25～30	＜25	＜35	＞50	＞60	漏斗计
含砂率（%）	＜3	＜4	＜4	＜7	＞8	＞11	洗砂瓶
pH 值	8～9	8～9	＞8	＞8	＞14	＞14	试纸

（2）新拌制泥浆应贮存 24h 以上或加分散剂使膨润土（或黏土）充分水化后方可使用。

挖槽期间，泥浆面必须保持高于地下水位 0.5m 以上。

3. 挖槽施工

（1）单元槽段长度应符合设计规定，并采用间隔式开挖，一般地质应间隔一个单元槽段。

（2）挖槽过程中应观测槽壁变形、垂直度、泥浆液面高度，并应控制抓斗上下运行速度。如发现较严重坍塌时，应及时将机械设备提出，分析原因，妥善处理。

（3）槽段挖至设计高程后，应及时检查槽位、槽深、槽宽和垂直度。

（4）清底应自底部抽吸并及时补浆，清底后的槽底泥浆比重不应大于 1.15，沉淀物淤积厚度不应大于 100mm。

4. 钢筋笼制作与安装

（1）钢筋笼应在平台上制作成型并应符合下列规定：

1）钢筋笼纵向应预留导管位置，并上下贯通；

2）钢筋笼底端应在 0.5m 范围内的厚度方向上做收口处理；

3）吊点焊接应牢固，并应保证钢筋笼起吊刚度；

4）钢筋笼应设定位垫块，其深度方向间距为 3～5m，每层设 2～3 块；

5）预埋件应与主筋连接牢固，外露面包扎严密；

6）分节制作钢筋笼应试拼装，其主筋接头搭接长度应符合设计要求，如采用焊接或机械连接时，应按相应的技术规定执行。

（2）钢筋笼制作精度应符合表 4-4 规定。

钢筋笼制作允许偏差值（mm）   表 4-4

项　目	偏　差	检查方法
钢筋笼长度	±50	钢尺量，每片钢筋网检查上、中、下三处
钢筋笼宽度	±20	
钢筋笼厚度	0 −10	
主筋间距	±10	任取一断面，连续量取间距，取平均值作为一点，每片钢筋网上测四点
分布筋间距	±20	
预埋件中心位置	±10	抽查

（3）钢筋笼应在槽段接头清刷、清槽、换浆合格后及时吊放入槽，并应对准槽段中心线缓慢沉入，不得强行入槽。

（4）钢筋笼分段沉放入槽时，下节钢筋笼平面位置应正确并临时固定于导墙上，上下节主筋对正连接牢固，并经检查合格后，方可继续下沉。

5. 混凝土灌注

（1）混凝土灌注应符合下列规定：

1）钢筋笼沉放就位后应及时灌注混凝土，并不应超过 4h；

2）各导管储料斗内混凝土储量应保证开始灌注混凝土时埋管深度不小于 500mm；

3）各导管剪断隔水栓吊挂线后应同时均匀连续灌注混凝土，因故中断灌注时间不得超过 30min；

4）导管随混凝土灌注应逐步提升，其埋入混凝土深度应为 1.5～3.0m，相邻两导管内混凝土高差不应大于 0.5m；

5）混凝土不得溢出导管落入槽内；

6）混凝土灌注速度不应低于 2m/h；

7）置换出的泥浆应及时处理，不得溢出地面；

8）混凝土灌注宜高出设计高程 300～500mm。

（2）每一单元槽段混凝土应制作抗压强度试件一组，每 5 个槽段应制作抗渗试件一组。

（3）地下连续墙冬季应采取保温措施。墙顶混凝土未达到设计强度的 40% 时不得受冻。

6. 墙体接头处理

（1）地下连续墙各墙幅间竖向接头应符合设计要求，使用的锁门管应能承受混凝土灌注时的侧压力，灌注混凝土时不得位移和发生混凝土绕管现象。

（2）锁口管应紧贴槽端对准位置垂直、缓慢沉放，不得碰撞槽壁和强行入槽。锁口管应沉入槽 300～500mm。

（3）锁口管在混凝土灌注 2～3h 后应进行第一次起拔，以后每 30min 提升一次，每次 50～100mm，直至终凝后全部拔出。锁口管起拔后应及时清洗干净。

（4）后继槽段开挖后，应对前槽段竖向接头进行清刷，清除附着土渣、泥浆等物。

4.1.3 基坑开挖与回填

基坑开挖：

（1）基坑开挖前应做好下列工作：

1）制定控制地层变形和基坑支护结构支撑的施工顺序及管理指标；

2）划分分层及分步开挖的流水段，拟定土方调配计划；

3）落实弃、存土场地并勘察好运输路线；

4）测放基坑开挖边坡线，清除基坑范围内障碍物、修整好运输道路、处理好需要悬吊的地下管线。

（2）存土点不得选在建筑物、地下管线和架空线附近，基坑两侧 10m 范围内不得存土。在已回填的隧道结构顶部存土时，应核算沉降量后确定堆土高度。

（3）基坑开挖宽度，放坡基坑的基底至隧道结构边缘距离不得小于 0.5m。设排水沟、集水井或其他设施时，可根据需要适当加宽；支护桩或地下连续墙临时支护的基坑，隧道结构边缘至桩、墙边距离不得小于 1m。

（4）基坑必须自上而下分层、分段依次开挖，严禁掏底施工。放坡开挖基坑应随基坑开挖及时刷坡，边坡应平顺并符合设计规定；支护桩支护的基坑，应随基坑开挖及时护壁；地下连续墙或灌注桩支护的基坑，应在混凝土或锚杆浆液达到设计强度后方可挖。

（5）基坑开挖接近基底 200mm 时，应配合人工清底，不得超挖或扰动基底土。

（6）基底应平整压实，其允许偏差为：高程－20～＋10mm，并在1m范围内不得多于1处。

（7）雨期施工应沿基坑做好挡水埝和排水沟，冬期施工应及时用保温材料覆盖，基底不得受冻。

基坑回填：

（1）基坑回填料除纯黏土、淤泥、粉砂、杂土，有机质含量大于8％的腐殖土、过湿土、冻土和大于150mm粒径的石块外，其他均可回填。

（2）回填土使用前应分别取样测定其最大干容重和最佳含水量并做压实试验，确定填料含水量控制范围、铺土厚度和压实遍数等参数。

（3）回填土为黏性土或砂质土时，应在最佳含水量下填筑，如含水量偏大应翻松晾干或加干土拌匀；如含水量偏低，应洒水湿润，并增加压实遍数或使用重型压实机械碾压。

回填料为碎石类土时，回填或碾压前应洒水湿润。

（4）基坑必须在隧道和地下管线结构达到设计强度后回填。基坑回填前，应将基坑内积水、杂物清理干净，符合回填的虚土应压实，并经隐检合格后方可回填。

（5）基坑回填应分层、水平压实；隧道结构两侧应水平、对称同时填压；基坑回填高程不一致时，应从低处逐层填压；基坑分段回填接槎处，已填土坡应挖台阶，其宽度不得小于1m，高度不得大于0.5m。

（6）基坑回填时，机械或机具不得碰撞隧道结构及防水保护层。隧道结构两侧和顶部500mm范围内以及地下管线周围应采用人工使用小型机具夯填。

（7）基坑回填土采用机械碾压时，搭接宽度不得小于200mm。人工夯填时，夯与夯之间重叠不得小于1/3夯底宽度。

（8）基坑回填碾压过程中，应取样检查回填土密实度。机械碾压时，每层填土按基坑长度50m或基坑面积为1000m² 时取一组，人工夯实时，每层填土按基坑长度25m或基坑面积为500m² 时取一组；每组取样点不得少于6个，其中部和两边各取两个。遇有填料类别和特征明显变化或压实质量可疑处应增加取样点位。

（9）基坑回填碾压密实度应满足地面工程设计要求，如设计无要求时，应符合表4-5规定。

基坑回填碾压密实度值（％） 表4-5

基础底以下高程（cm）	最低压实度				
	道路			地下管线	农田或绿地
	快速和主干路	次干路	支路		
0～60	95/98	93/95	90/92	95/98	87/90
60～150	93/95	90/92	90/92	87/90	87/90
＞150	87/90	87/90	87/90	87/90	87/90

注：1. 表中分子为重锤击实标准，分母为轻锤击实标准；
　　2. 坑压实应采用重锤击实标准，如回填土含水量大或缺少该型压实机具时，方可采用轻锤击实标准；
　　3. 建筑物基础以下的基坑回填土密实度，应根据设计要求确定。

（10）基坑工字钢支护桩地段拆除背板时，应按《地下铁道工程施工及验收规范》GB 50299 第3.7.1条规定执行。拆除中如有土体坍落或有孔洞时应认真处理，保证土体密实。

（11）基坑雨期回填时应集中力量，分段施工，取、运、填、平、压各工序应连续作业。雨前应及时压完已填土层并将表面压平后，做成一定坡势。雨中不得填筑非透水性土质。

4.1.4 主体结构及防水施工

1. 钢筋加工及安装

钢筋加工：

（1）钢筋宜在工厂加工成型后运至现场安装。

运至加工厂的每批钢筋，应附出厂合格证和试验报告单，并按规定进行机械性能试验。如未附文件证明或对钢筋有怀疑时，尚应进行化学成分分析。

（2）钢筋运输、储存应保留标牌，并分批堆放整齐，不得锈蚀和污染。

（3）钢筋接头在工厂加工时宜采用闪光接触对焊。

现场可采用搭接、绑条电弧焊或采用机械连接和其他焊接方法，其工艺和要求尚应按相应的规定执行。

（4）钢筋加工允许偏差应符合表 4-6 规定。

钢筋加工允许偏差值（mm）　　　　　　　表 4-6

项　目		允许偏差
调直后局部弯曲		$d/4$
受力钢筋顺长度方向全长尺寸		±10
弯起成型钢筋	弯起点位置	±10
	弯起高度	0 −10
	弯起角度	2°
	钢筋宽度	±10
钢筋宽和高		+5 −10

注：d 为钢筋直径。

（5）结构采用钢筋焊接片形骨架时，应按设计要求施焊，其尺寸允许偏差应符合表4-7规定。

钢筋焊接片形骨架尺寸允许偏差值（mm）　　　　　表 4-7

项　目	允许偏差
钢筋骨架高度	±5
钢筋骨架宽度	±10
主筋间距	±10
箍筋间距	±10
钢筋网片长和宽	±10
钢筋网眼尺寸	±10

钢筋绑扎：

（1）钢筋绑扎前应清点数量、类别、型号、直径，锈蚀严重的钢筋应除锈，弯曲变形钢筋应校正；清理结构内杂物，调直施工缝处钢筋；检查结构位置、高程和模板支立情况，测放钢筋位置后方可进行绑扎。

（2）结构不在同一高程或坡度较大时，必须自下而上进行绑扎，必要时应增设适当固定点或加设支撑。

（3）钢筋绑扎应用同强度等级砂浆垫块或塑料卡支垫，支垫间距为 1m 左右，并按行列式或交错式摆放，垫块或塑料卡与钢筋应固定牢固。

（4）钢筋绑扎必须牢固稳定，不得变形松脱和开焊。变形缝处主筋和分布筋均不得触及止水带和填缝板，混凝土保护层、钢筋级别、直径、数量、间距、位置等应符合设计要求。预埋件固定应牢固、位置正确。钢筋绑扎位置允许偏差应符合表 4-8 规定。

钢筋绑扎位置允许偏差值（mm）　　　　　　　　　　　　　　表 4-8

项　目		允许偏差
箍筋间距		±10
主筋间距	列间距	±10
	层间距	±5
钢筋弯起点位移		±10
受力钢筋保护层		±5
预埋件	中心位移	±10
	水平及高程	±5

2. 模板支立

（1）模板支立前应清理干净并涂刷隔离剂，铺设应牢固、平整、接缝严密不漏浆，相邻两块模板接缝高低差不应大于 2mm。支架系统连接应牢固稳定。

（2）模板应采用拉杆螺栓固定，两端应加垫块（如图 4-1），拆模后其垫块孔应用膨胀水泥砂浆堵塞严密。

（3）垫层混凝土模板支立应平顺，位置正确。其允许偏差为：高程－20～+10mm；宽度以中线为准，左右各±20mm；变形缝不直顺度在全长范围内不得大于 1‰；里程±20mm。

（4）顶板结构应先支立支架后铺设模板，并预留 10～30mm 沉落量，顶板结构模板允许偏差为：设计高程加预留沉落量 0～+10mm，中线±10mm，宽度－10～+15mm。

（5）墙体结构应根据放线位置分层支立模板，内模板与顶模板连接好并调整净空合格后固定；外侧模板应在钢筋绑扎完后支立。

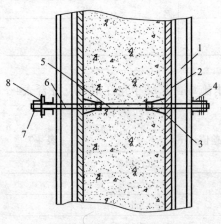

图 4-1　模板拉杆螺栓连接图

1—立带；2—模板；3—锥形垫块；4—横带；
5—拉杆；6—螺栓；7—螺帽；8—垫板

模板支立允许偏差为：垂直度 2‰；平面位置±10mm。

（6）钢筋混凝土柱的模板应自下而上分层支立，支撑应牢固，允许偏差为：垂直度

1‰；平面位置，顺线路方向±20mm，垂直线路方向±10mm。

钢管柱垂直度、平面位置除符合以上规定外，柱顶高程允许偏差为+10/0。

（7）结构变形缝处的端头模板应钉填缝板，填缝板与嵌入式止水带中心线应和变形缝中心线重合，并用模板固定牢固。止水带不得穿孔或用铁钉固定。

端头模板支立允许偏差为：平面位置±10mm，垂直度2‰。

（8）结构留置垂直施工缝时，端头必须安放模板，如设置止水带，除端头模板不设填缝板外，其他应按《地下铁道工程施工及验收规范》GB 50299 第5.6.9条规定执行。

（9）结构拆模时间：不承重侧墙模板，在混凝土强度达到 2.5MPa 时即可拆除；承重结构顶板和梁，跨度在 2m 其及以下的强度达到 50%、跨度在 2～8m 的强度达到 70%、跨度在 8m 以上的强度达到 100% 时方可拆除。

3. 混凝土灌注

（1）隧道结构均应采用防水混凝土。

（2）混凝土灌注地点应采取防止暴晒和雨淋措施。

混凝土灌注前应对模板、钢筋、预埋件、端头止水带等进行检查，清除模内杂物，隐检合格后，方可灌注混凝土。

（3）垫层混凝土应沿线路方向灌注，布灰应均匀，其允许偏差为：高程-10～+5mm，表面平整度 3mm。

（4）底板混凝土应沿线路方向分层留台阶灌注。混凝土灌注至高程初凝前，应用表面振捣器振一遍后抹面，其允许偏差为：高程±10mm，表面平整度 10mm。

（5）墙体和顶板混凝土灌注应符合下列规定：

1）墙体混凝土左右对称、水平、分层连续灌注，至顶板交界处间歇 1～1.5h，然后再灌注顶板混凝土。

2）顶板混凝土连续水平、分台阶由边墙、中墙分别向结构中间方向进行灌注。混凝土灌至高程初凝前，应用表面振捣器振捣一遍后抹面，其允许偏差为：高程±10mm，表面平整度 5mm。

（6）混凝土柱可单独施工，并应水平、分层灌注。如和墙、顶板结构同时施工而混凝土强度等级不同时，必须采取措施，不得混用。

（7）结构变形缝设置嵌入式止水带时，混凝土灌注应符合下列规定：

1）灌注前应校正止水带位置，表面清理干净，止水带损坏处应修补；

2）顶、底板结构止水带的下侧混凝土应振实，将止水带压紧后方可继续灌注混凝土；

3）边墙处止水带必须固定牢固，内外侧混凝土应均匀、水平灌注，保持止水带位置正确、平直、无卷曲现象。

（8）混凝土终凝后应及时养护，垫层混凝土养护期不得少于7d，结构混凝土养护期不得少于 14d。

（9）混凝土抗压、抗渗试件应在灌注地点制作，同一配合比的留置组数应符合下列规定：

1）抗压强度试件：

① 垫层混凝土每灌注一次留置一组；

② 每段结构（不应大于 30m 长）的底板、中边墙及顶板，车站主体各留置 4 组，区间及附属建筑物结构各留置 2 组；

③ 混凝土柱结构，每灌注 10 根留置一组，一次灌注不足 10 根者，也应留置一组；

④ 如需要与结构同条件养护的试件，其留置组数可根据需要确定。

2）抗渗压力试件：每段结构（不应大于 30m），车站留置 2 组，区间及附属建筑物各留置一组。

4. 结构外防水

（1）结构底板先贴卷材防水层施工，应符合下列规定：

1）保护墙砌在混凝土垫层上，永久保护墙用 1 : 3 水泥砂浆砌筑，临时保护墙用 1 : 3 白灰砂浆砌筑，并各用与砌筑相同的砂浆抹一层找平层；

2）卷材先铺平面，后铺立面，交接处应交叉搭接；

3）卷材从平面折向立面铺贴时，与永久保护墙粘贴应严密，与临时保护墙应临时贴附于该墙上（如图 4-2）。

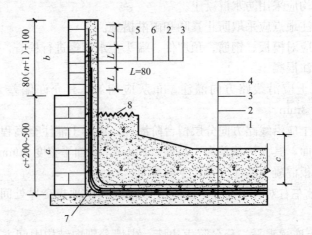

图 4-2　先贴防水层卷材铺贴图

1—混凝土垫层；2—卷材防水层；3—卷材保护层；4—结构底板；5—保护墙；
6—砂浆找平层；7—卷材加强层；8—结构施工缝
a—永久保护墙；b—临时保护墙；c—底板＋梗斜；n—卷材防水层层数

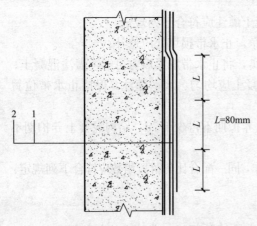

图 4-3　卷材错槎相接构造图

1—卷材防水层；2—垫层或主体结构

（2）结构边顶后贴卷材防水层施工应符合下列规定：

1）铺贴前应先将接槎部位各层卷材揭开，并将其表面清理干净，如有局部损伤应修补；

2）卷材应采用错槎相接，上层卷材盖过下层卷材不应小于图 4-3 规定；

3）卷材铺贴宜先边墙后顶板，先转角，后大面。

（3）在施工条件受到限制，边墙与底板防水层同时铺贴时，边墙顶部应留置临时保护墙，或采取防止损坏卷材留槎的措施。

4.2 浅埋暗挖法（喷锚）隧道

4.2.1 一般规定

《地下铁道工程施工及验收规范》GB 50299

隧道喷锚暗挖法施工一般规定：

1）隧道喷锚暗挖施工应充分利用围岩自承作用，开挖后及时施工初期支护结构并适时闭合，当开挖面围岩稳定时间不能满足初期支护结构施工时，应采取预加固措施。

2）隧道开挖面必须保持在无水条件下施工。

3）隧道采用钻爆法施工时，必须事先编制爆破方案，报城市主管部门批准，并经公安部门同意后方可实施。

4）隧道施工中，应对地面、地层和支护结构的动态进行监测，并及时反馈信息。

4.2.2 竖井施工

（1）竖井与通道、通道与正洞连接处，应采取加固措施。

（2）竖井应设防雨棚，井口周围应设防汛墙和栏杆。

（3）竖井提升运输系统应符合下列规定：

1）提升架必须经过计算，使用中应经常检查、维修和保养；

2）提升设备不得超负荷作业，运输速度应符合设备技术要求；

3）竖井上下应设联络信号。

4.2.3 地层超前支护及加固

1. 超前导管及管棚

（1）超前导管或管棚应进行设计，其参数可按表 4-9 选用。

超前导管和管棚支护设计参数值   表 4-9

支护形式	适用地层	钢管直径（mm）	钢管长度（m）		钢管钻设注浆孔的间距（mm）	钢管沿拱的环向布置间距（mm）	钢管沿拱的环向外插角	沿隧道纵向的两排钢管搭接长度（m）
			每根长	总长度				
导管	土层	40～50	3～5	3～5	100～150	300～500	5°～15°	1
管棚	土层或不稳定岩体	80～180	4～6	10～40	100～150	300～500	不大于3°	1.5

注：1. 导管和管棚采用的钢管应直顺，其不钻入围岩部分可不钻孔；

　　2. 导管如锤击打入时，尾部应补强，前端应加工成尖锥形；

　　3. 管棚采用的钢管纵向连接丝扣长度不小于150mm，管箍长200mm，并均采用厚壁钢管制作。

（2）导管采用钻孔施工时，其孔眼深度应大于导管长度；采用锤击或钻机顶入时，其顶入长度不应小于管长的90％。

（3）管棚施工应符合下列规定：

1）钻孔的外插角允许偏差为 5‰；

2）钻孔应由高孔位向低孔位进行；

3）钻孔孔径应比钢管直径大 30～40mm；

4）遇卡钻、坍孔时应注浆后重钻；

5）钻孔合格后应及时安装钢管，其接长时连接必须牢固。

（4）导管和管棚注浆应符合下列规定：

1）注浆浆液宜采用水泥或水泥砂浆，其水泥浆的水灰比为 0.5～1，水泥砂浆配合比为：0.5～3；

2）注浆浆液必须充满钢管及周围的空隙并密实，其注浆量和压力应根据试验确定。

2. 注浆加固

（1）注浆施工，在砂卵石地层中宜采用渗入注浆法；在砂层中宜采用劈裂注浆法；在黏土层中宜采用劈裂或电动硅化注浆法；在淤泥质软土层中，宜采用高压喷射注浆法。

（2）隧道注浆，如条件允许宜在地面进行，否则，可在洞内沿周边超前预注浆，或导洞后对隧道周边进行径向注浆。

（3）注浆材料应符合下列规定：

1）具有良好的可注性；

2）固结后收缩小，具有良好的粘结力和一定强度、抗渗、耐久和稳定性，当地下水有侵蚀作用时，应采用耐侵蚀性的材料；

3）无毒并对环境污染小；

4）注浆工艺简单，操作方便、安全。

（4）注浆浆液应符合下列规定：

1）预注浆和高压喷射注浆宜采用水泥浆、黏土水泥浆或化学浆液；

2）壁后回填注浆宜采用水泥浆液、水泥砂浆或掺有石灰、黏土、粉煤灰等水泥浆液；

3）注浆浆液配合比应经现场试验确定。

（5）注浆孔距应经计算确定；壁后回填注浆孔应在初期支护结构施工时预留（埋），其间距宜为 2～5m；高压喷射注浆的喷射孔距宜为 0.4～2m。

（6）注浆过程中应根据地质、注浆目的等控制注浆压力。注浆结束后应检查其效果，不合格者应补浆。注浆浆液达到设计强度后方可进行开挖。

（7）注浆施工期间应对地下水取样检查，如有污染应采取措施。

（8）注浆过程中浆液不得溢出地面及超出有效注浆范围。地面注浆结束后，注浆孔应封填密实。

4.2.4 隧道开挖

（1）隧道开挖前应制定防坍塌方案，备好抢险物资，并在现场堆码整齐。

（2）隧道在稳定岩体中可先开挖后支护，支护结构距开挖面宜为 5～10m；在土层和不稳定岩体中，初期支护的挖、支、喷三环节必须紧跟，当开挖面稳定时间满足不了初期支护施工时，应采取超前支护或注浆加固措施。

（3）隧道开挖循环进尺，在土层和不稳定岩体中为 0.5～1.2m；在稳定岩体中为 1～1.5m。

（4）隧道应按设计尺寸严格控制开挖断面，不得欠挖，其允许超挖值应符合表 4-10 的规定。

隧道允许超挖值（mm）

表 4-10

隧道开挖部位	岩层分类							
	爆破岩层						土层和不需要爆破岩层	
	硬岩		中硬岩		软岩		平均	最大
	平均	最大	平均	最大	平均	最大		
拱部	100	200	150	250	150	250	100	150
边墙及仰拱	100	150	100	150	100	150	100	150

注：超挖或小规模塌方处理时，必须采用耐腐蚀材料回填，并做好回填注浆。

（5）两条平行隧道（包括导洞），相距小于 1 倍隧道开挖跨度时，其前后开挖面错开距离不应小于 15m。

（6）同一条隧道相对开挖，当两工作面相距 20m 时应停挖一端，另一端继续开挖，并做好测量工作，及时纠偏。其中线贯通允许偏差为：平面位置±30mm，高程±20mm。

（7）隧道台阶法施工，应在拱部初期支护结构基本稳定且喷射混凝土达到设计强度的 70％以上时，方可进行下部台阶开挖，并应符合下列规定：

1）边墙应采用单侧或双侧交错开挖，不得使上部结构同时悬空；

2）一次循环开挖长度，稳定岩体不应大于 4m，上层和不稳定岩体不应大于 2m；

3）边墙挖至设计高程后，必须立即支立钢筋格栅拱架并喷射混凝土；

4）仰拱应根据监控量测结果及时施工。

（8）通风道、出入口等横洞与正洞相连或变断面、交叉点等隧道开挖时，应采取加强措施。

（9）隧道采用分布开挖时，必须保持各开挖阶段围岩及支护结构的稳定性。

（10）隧道开挖过程中，应进行地质描述并做好记录，必要时尚应进行超前地质勘探。

4.2.5 初期支护

1. 钢筋格栅、钢筋网加工及架设

（1）钢筋格栅和钢筋网宜在工厂加工。钢筋格栅第一榀制做好后应试拼，经检验合格后方可进行批量生产。

（2）钢筋格栅加工应符合下列规定：

1）拱架（包括顶拱和墙拱架）应圆顺，直墙架应直顺，允许偏差为：拱架矢高及弧长＋20/0，墙架长度±20mm，拱、墙架横断面尺寸（高、宽）＋10/0；

2）钢筋格栅组装后应在同一平面内，允许偏差为：高度±10mm，宽度±20mm，扭曲度 20mm；

（3）钢筋网加工允许偏差为：钢筋间距±10mm；钢筋搭接长±15mm。

（4）钢筋格栅安装应符合下列规定：

1）基面应坚实并清理干净，必要时应进行预加固；

2）钢筋格栅应垂直线路中线，允许偏差为：横向±30mm，纵向±50mm，高程±

30mm，垂直度 5‰；

3）钢筋格栅与壁面应楔紧，每片钢筋格栅节点及相邻格栅纵向必须分别连接牢固。

（5）钢筋网铺设应符合下列规定：

1）铺设应平整，并与格栅或锚杆连接牢固；

2）钢筋格栅采用双层钢筋网时，应在第一层铺设好后再铺第二层；

3）每层钢筋网之间应搭接牢固，且搭接长度不应小于 200mm。

2. 喷射混凝土

（1）喷射混凝土应掺速凝剂，原材料应符合下列规定：

1）水泥：优先选用普通硅酸盐水泥，强度等级不应低于 32.5 级，性能符合现行水泥标准；

2）细集料：采用中砂或粗砂，细度模数应大于 2.5，含水率控制在 5%～7%；

3）粗集料：采用卵石或碎石，粒径不应大于 15mm；

4）集料级配通过各筛径累计筛余百分数应控制在表 4-11 的范围内；

集料级配筛分率（%）　　　　　　　　　　表 4-11

项目 \ 集料粒径（mm）	0.15	0.30	0.60	1.20	2.5	5	10	15
优	5～7	10～15	17～22	23～31	35～43	50～60	73～82	100
良	4～8	5～22	13～31	18～41	26～54	40～70	62～90	100

注：使用碱性速凝剂时，不得使用活性二氧化硅石料。

5）水：采用饮用水；

6）速凝剂：质量合格。使用前应做与水泥相容性试验及水泥净浆凝结效果试验，初凝时间不应超过 5min，终凝时间不应超过 10min。

（2）喷射混凝土的喷射机应具有良好的密封性，输料连续均匀，输料能力应满足混凝土施工的需要。

（3）混合料应搅拌均匀并符合下列规定：

1）配合比：水泥与砂石重量比应取 1：（4～4.5）。砂率应取 45%～55%，水灰比应取 0.4～0.45。速凝剂掺量应通过试验确定。

2）原材料称量允许偏差为：水泥和速凝剂±2%，砂石土 3%。

3）运输和存放中严防受潮，大块石等杂物不得混入，装入喷射机前应过筛，混合料应随拌随用，存放时间不应超过 20min。

（4）喷射混凝土前应清理场地，清扫受喷面；检查开挖尺寸，清除浮渣及堆积物；埋设控制喷射混凝土厚度的标志；对机具设备进行试运转。就绪后方可进行喷射混凝土作业。

（5）喷射混凝土作业应紧跟开挖工作面，并符合下列规定：

1）混凝土喷射应分片依次自下而上进行并先喷钢筋格栅与壁面间混凝土，然后再喷两钢筋格栅之间混凝土；

2）每次喷射厚度为：边墙 70～100mm；拱顶 50～60mm；

3）分层喷射时，应在前一层混凝土终凝后进行，如终凝 1h 后再喷射，应清洗喷层表面；

4）喷层混凝土回弹量，边墙不宜大于 15%，拱部不宜大于 25%；

5）爆破作业时，喷射混凝土终凝到下一循环放炮间隔时间不应小于 3h。

（6）喷射混凝土 2h 后应养护，养护时间不应少于 14d，当气温低于 +5℃ 时，不得喷水养护。

（7）喷射混凝土施工区气温和混合料进入喷射机温度均不得低于 +5℃。

喷射混凝土低于设计强度的 40% 时不得受冻。

（8）喷射混凝土结构试件制作及工程质量应符合下列规定：

1）抗压强度和抗渗压力试件制作组数：同一配合比，区间或小于其断面的结构，每 20m 拱和墙各取一组抗压强度试件，车站各取二组；抗渗压力试件区间结构每 40m 取一组；车站每 20m 取一组。

2）喷层与围岩以及喷层之间粘结应用锤击法检查。对喷层厚度，区间或小于区间断面的结构每 20m 检查一个断面，车站每 10m 检查一个断面。每个断面从拱顶中线起，每 2m 凿孔检查一个点。断面检查点 60% 以上喷射厚度不小于设计厚度，最小值不小于设计厚度 1/3，厚度总平均值不小于设计厚度时，方为合格。

3）喷射混凝土应密实、平整、无裂缝、脱落、漏喷、漏筋、空鼓、渗漏水等现象。平整度允许偏差为 30mm，且矢弦比不应大于 1/6。

3. 岩体锚杆

（1）锚杆应在初期支护结构喷射混凝土后及时安装。

（2）锚杆钻孔孔位、孔深和孔径等应符合设计要求，允许偏差为：孔位 ±150mm；孔深，水泥砂浆锚杆 ±50mm，楔缝式锚杆 ±50mm；孔深，水泥砂浆锚杆 0～430mm，楔缝式锚杆 0～+50mm，胀壳式锚杆 +500mm；孔径，水泥砂浆锚杆应大于杆体直径 15mm，楔缝式锚杆应符合设计要求，胀壳式锚杆应小于杆体直径 1～3mm。

（3）锚杆安装应符合下列规定：

1）安装前应将孔内清理干净；

2）水泥砂浆锚杆杆体应除锈、除油，安装时孔内砂浆应灌注饱满，锚杆外露长度不应大于 100mm；

3）楔缝式和胀壳式锚杆应将杆体与部件事先组装好，安装时应先楔紧锚杆后再安托板并拧紧螺栓；

4）检查合格后应填写记录。

（4）锚杆应进行抗拔试验。同一批锚杆每 100 根应取一组试件，每组 3 根（不足 100 根也取 3 根），设计或材料变更时应另取试件。

同一批试件抗拔力的平均值不得小于设计锚固力，且同一批试件抗拔力最低值不应小于设计锚固力的 90%。

4.2.6 防水层铺贴及二次衬砌

1. 防水层铺贴

（1）防水层应在初期支护结构趋于基本稳定，并经隐检合格后方可进行铺贴。

（2）铺贴防水层的墓面应坚实、平整、圆顺、无漏水现象，基面不平整度为 50mm。

（3）防水层的衬层应沿隧道环向由拱顶向两侧依次铺贴平顺，并与基面固定牢固，其长、短边搭接长度均不应小于 50mm。

（4）防水层塑料卷材铺贴应符合下列规定：

1）卷材应沿隧道环向由拱顶向两侧依次铺贴。其搭接长度为：长、短边均不应小于 100mm；

2）相邻两幅卷材接缝应错开，错开位置距结构转角处不应小于 600mm；

3）卷材搭接处应采用双焊缝焊接，焊缝宽度不应小于 10mm，且均匀连续，不得有假焊、漏焊、焊焦、焊穿等现象；

4）卷材应附于衬层上，并固定牢固，不得渗漏水。

2. 二次衬砌

（1）隧道二次衬砌模板施工应符合下列规定：

1）拱部模板应预留沉落量 10～30mm，其高程允许偏差为设计高程加预留沉落量＋100mm；

2）变形缝端头模板处的填缝板中心应与初期支护结构变形缝重合；

3）变形缝及垂直施工缝端头模板应与初期支护结构间的缝隙嵌堵严密，支立必须垂直、牢固；

4）边墙与拱部模板应预留混凝土灌注及振捣孔口。

（2）隧道二次衬砌混凝土灌注应符合下列规定：

1）混凝土宜采用输送泵输送，坍落度应为：墙体 100～150mm，拱部 160～210mm；振捣不得触及防水层、钢筋、预埋件和模板；

2）混凝土灌注至墙拱交界处，应间歇 1～1.5h 后方可继续灌注；

3）混凝土强度达到 2.5MPa 时方可拆模。

4.2.7 监控量测

（1）隧道施工前．应根据埋深、地质、地面环境、开挖断面和施工方法等按表 4-12 的量测项目，拟定监控量测方案。

（2）围岩和初期支护结构基本稳定应具备下列条件：

1）隧道周边收敛速度有明显减缓趋势；

2）收敛量已达总收敛量的 80% 以上；

3）收敛速度小于 0.15mm/d 或拱顶位移速度小于 0.1mm/d。

（3）隧道施工中出现下列情况之一时，应立即停工，采取措施进行处理：

1）周边及开挖面塌方、滑坡及破裂；

2）量测数据有不断增大的趋势；

3）支护结构变形过大或出现明显的受力裂缝且不断发展；

4）时态曲线长时间没有变缓的趋势。

类别	量测项目	量测仪器和工具	测点布置	量测频率
应测项目	围岩及支护状态	地质描述及拱架支护状态观察	每一开挖环	开挖后立即进行
	地表、地面建筑、地下管线及构筑物变化	水准仪和水平尺	每10~50m一个断面,每断面7~11个测点	开挖面距量测断面前后<2B时1~2次/d 开挖面距量测断面前<5B时1次/2d 开挖面距量测断面前>5B时1次/周
	拱顶下沉	水准仪、钢尺等	每5~30m一个断面,每断面1~3个测点	开挖面距量测断面前后<2B时1~2次/d 开挖面距量测断面前<5B时1次/2d 开挖面距量测断面前>5B时1次/周
	周边净空收剑位移	收敛计	每5~100m一个断面,每断面2~3个测点	开挖面距量测断面前后<2B时1~2次/d 开挖面距量测断面前<5B时1次/2d 开挖面距量测断面前>5B时1次/周
	岩体爆破地面质点振动速度和噪声	声波仪及测振仪等	质点振速根据结构要求设点,噪声根据规定的测距设置	随爆破及时进行
选测项目	围岩内部位移	地面钻孔安放位移计、测斜仪等	取代表性地段设一断面,每断面2~3孔	开挖面距量测断面前后<2B时1~2次/d 开挖面距量测断面前<5B时1次/2d 开挖面距量测断面前>5B时1次/周
	围岩压力及支护间应力	压力传感器	每代表性地段设一断面,每断面15~20个测点	开挖面距量测断面前后<2B时1~2次/d 开挖面距量测断面前<5B时1次/2d 开挖面距量测断面前>5B时1次/周
	钢筋格栅拱架内力及外力	支柱压力计或其他测力计	每10~30榀钢拱架设一对测力计	开挖面距量测断面前后<2B时1~2次/d 开挖面距量测断面前<5B时1次/2d 开挖面距量测断面前>5B时1次/周
	初期支护、二次衬砌内应力及表面应力	混凝土内的应变计及应力计	每代表性地段设一断面,每断面11个测点	开挖面距量测断面前后<2B时1~2次/d 开挖面距量测断面前<5B时1次/2d 开挖面距量测断面前>5B时1次/周
	锚杆内力、抗拔力及表面应力	锚杆测力计及拉拔器	必要时进行	开挖面距量测断面前后<2B时1~2次/d 开挖面距量测断面前<5B时1次/2d 开挖面距量测断面前>5B时1次/周

注：1. B 为隧道开挖跨度。
　　2. 地质描述包括工程地质和水文地质。
　　3. 当围岩和初期支护结构符合《地下铁道工程施工及验收规范》第7.8.3条规定时方可停止量测。

4.3 盾构法隧道

4.3.1 强制性条文

《盾构法隧道施工与验收规范》强制性条文：第 3.0.10、3.0.11、4.1.4、5.1.5、5.1.6、6.4.1、7.9.5、12.0.1、15.1.2、15.4.4、16.0.1 为强制性条文，必须严格执行。

（1）盾构法隧道施工必须采取安全措施，确保施工人员和设备安全。

（2）盾构法隧道施工必须采取必要的环境保护措施。

（3）盾构掘进施工必须建立施工测量和监控量测系统。

（4）同一贯通区间内始发和接收工作井所使用的地面近井控制点必须进行直接联测，并与区间内的其他地面控制点构成附合路线或附合网。

（5）隧道贯通后必须分别以始发和接收工作井的地下近井控制点为起算数据，采用附合路线形式，对原有控制点重新组合或布设并施测地下控制网。

（6）模具必须具有足够的承载能力、刚度、稳定性和良好的密封性能，并应满足管片的尺寸和形状要求。

（7）带压更换刀具必须符合下列规定：

1）通过计算和试验确定合理气压，稳定工作面和防止地下渗漏；

2）刀盘前方地层和土仓满足气密性要求；

3）由专业技术人员对开挖稳定状态和刀盘、刀具磨损状况进行检查，确定刀具更换专项方案与安全操作规定；

4）作业人员应按照刀具更换专项方案和安全操作规定更换刀具；

5）保持开挖面和土仓空气新鲜；

6）作业人员进仓工作时间符合表4-13规定。

进仓工作时间   表4-13

舱内压力（MPa）	工作时间		
	仓内工作时间（h）	加压时间（min）	减压时间（min）
0.01～0.13	5	6	14
0.13～0.17	4.5	7	24
0.17～0.255	3	9	51

注：24h内允许工作1次。

（8）根据盾构类型、地质条件和工程实际，应制定盾构安全技术操作规程和应急预案，确定施工作业在安全和卫生环境下进行。

（9）监控量测范围应包括盾构隧道和沿线施工环境，对突发的变形异常情况必须启动应急监测方案。

（10）当实测变形值大于允许变形的2/3时，必须及时通报建设、施工、监理等单位，并应采取相应措施。

（11）管片出厂时的混凝土强度与抗渗等级必须符合设计要求。

检查数量：应符合现行国家标准《混凝土结构工程施工质量验收规范》GB 50204的规定。

检验方法：检查同条件混凝土试件的强度和抗渗报告。

4.3.2　基本规定

（1）盾构法隧道施工使用的管片必须符合设计和《盾构法隧道施工与验收规范》GB 50446—2008的要求。

（2）管片拼装连接螺栓紧固件、防水密封条的规格、质量应符合设计要求。

（3）盾构法隧道施工时必须严格监控盾构姿态，确保隧道轴线精度在规范允许偏差范围内。

（4）盾构法隧道施工时，必须保证管片拼装质量在《盾构法隧道施工与验收规范》允许误差范围之内。

（5）盾构隧道防水必须满足设计和国家现行相关规范的要求。

（6）质量合格应符合下列规定：

1）主控项目的质量100％合格；

2）一般项目的质量95％合格；

3）具有完备的施工操作依据和质量验收记录。

4.3.3 管片制作

1. 原材料要求

（1）各种原材料进场均应有产品质量证明文件，均应按国家有关标准进行复验，质量应符合国家现行标准规范和地方有关标准文件的规定外，还应符合《盾构法隧道施工与验收规范》的要求。

（2）宜采用非碱活性集料；当采用碱活性集料时，混凝土中碱含量的限值应符合国家及地方标准。

2. 模具要求

模具每周转100次，必须进行系统检验，其允许偏差须符合表4-14的规定。

模具允许偏差表 表4-14

序　号	项　目	允许偏差（mm）	检验方法	检查数量
1	宽度	±0.4	内径千分尺	6点/片
2	弧弦长	±0.4	样板	2点/片，每点2次
3	边模夹角	≤0.2	靠尺塞尺	4点/片
4	对角线	±0.8	钢卷尺、刻度放大镜	2点/片，每点2次
5	内腔高度	−1～+2	高度尺	4点/片

3. 钢筋要求

钢筋及骨架制作与安装质量应符合下列要求：

1）在浇筑混凝土之前，应进行钢筋隐蔽工程验收；

2）钢筋加工的形状、尺寸应符合设计要求，其偏差应符合表4-15的规定。

钢筋加工允许偏差和检验方法 表4-15

序　号	项　目	允许偏差（mm）	检验方法	检查数量
1	主筋和构造筋剪切	±10	尺量	抽检≥5件/班同类型、同设备
2	主筋折弯点位置	±10	尺量	抽检≥5件/班同类型、同设备
3	箍筋内净尺寸	±5	尺量	抽检≥5件/班同类型、同设备

3）钢筋骨架安装的偏差应符合表 4-16 的规定。

钢筋骨架安装位置的允许偏差和检验方法 表 4-16

项 目		允许偏差（mm）	检验方法	检查数量
钢筋骨架宽	长	+5，−10	钢卷尺	按日生产的 3% 抽检，每日不少于 3 件，每件 4 点
	宽	+5，−10		
	高	+5，−10		
受力主筋	间距	±5		
	层距	±5		
	保护层厚度	+5，−3		
箍筋间距		±10		
分布筋间距		±5		

4. 混凝土

1）预制钢筋混凝土管片强度评定应符合《混凝土结构工程施工质量验收规范》GB 50204 中的有关规定。

2）检验混凝土强度用的混凝土试件的尺寸及强度的尺寸换算系数参见 GB 50204 中的有关规定；评定混凝土强度的试件应为标准试件，所有试件的成型方法、养护条件及强度试验方法应符合普通混凝土力学性能试验方法标准的规定。

3）混凝土的冬期施工应符合现行行业标准《建筑工程冬期施工规程》JGJ 104 和施工技术方案的规定。

5. 成型管片

（1）管片的质量要求应符合下列规定：

1）应按设计要求进行结构性能检验，检验结果应符合设计要求；

2）管片强度和抗渗等级应符合设计要求；

3）吊装预埋件首次使用前必须进行抗拉拔试验，试验结果应符合设计要求；

4）管片不应存在露筋、孔洞、疏松、夹渣、有害裂缝、缺棱掉角、飞边等缺陷，麻面面积不得大于管片面积的 5%；

5）日生产每 15 环应抽取 1 块管片进行检验，允许偏差和检验方法应符合表 4-17 的规定。

预制钢筋混凝土管片的尺寸偏差应符合表 4-17 的规定。

预制成型管片允许偏差 表 4-17

项目	允许偏差（mm）	检验方法	检查数量
宽度	±1	用尺量	3 点
弧弦长	±1	用尺量	3 点
厚度	−1，+3	用尺量	3 点

（2）每生产 200 环后应进行水平拼装检验一次，其结果应符合表 4-18 要求。

管片水平拼装检验允许偏差   表 4-18

项目	允许偏差（mm）	检验频率	检验方法
环向缝间隙	2	每环测 6 点	塞尺
纵向缝间隙	2	每条缝测 2 点	塞尺
成环后内径	±2	测 4 条（不放衬垫）	钢卷尺
成环后外径	−2，+6	测 4 条（不放衬垫）	钢卷尺

4.3.4 盾构掘进施工

盾构现场验收：

（1）应按盾构主要功能及使用要求制定现场验收大纲，验收的主要项目应包括下列内容：

1）盾构壳体；

2）切削刀盘；

3）拼装机；

4）螺旋输送机（土压平衡盾构）；

5）皮带输送机（土压平衡盾构）；

6）泥水输送系统（泥水平衡盾构）；

7）同步注浆系统；

8）集中润滑系统；

9）液压系统；

10）铰链装置；

11）电气系统；

12）渣土改良系统；

13）盾尾密封系统。

（2）现场验收时，应详细记录盾构运转状况，掘进情况，并进行评估，满足技术要求后，前任签认文件。

4.3.5 管片拼装

1. 拼装前的准备

（1）对管片及防水密封条进行验收，并按拼装顺序存放。

（2）对前一环管片环面进行质量检查。

（3）对拼装机具和材料进行检查。

2. 管片拼装质量控制

隧道轴线和高程允许偏差和检验方法   表 4-19

项目	允许偏差			检验方法	检查频率
	地铁隧道	公路隧道	水工隧道		
隧道轴线平面位置	±50	±75	±100	用经纬仪测中线	1 点/环
隧道轴线高程	±50	±75	±100	用水准仪测高程	1 点/环

管片拼装允许偏差和检验方法　　　　　　　　　表 4-20

项 目	允许偏差（mm）			检验方法	检查频率
	地铁隧道	公路隧道	水工隧道		
衬砌环直径椭圆度	±5‰D	±6‰D	±8‰D	尺量后计算	4 点/环
相邻管片的径向错台	5	6	8	用尺量	4 点/环
相邻管片环向错台	6	7	9	用尺量	1 点/环

4.3.6 壁后注浆

注浆质量控制：

（1）注浆材料和施工参数应符合要求。

（2）施工过程中必须对注浆量、注浆压力、注浆时间、注浆部位等参数进行记录并保存为注浆质量控制提供依据。

4.3.7 隧道防水

防水材料必须按设计要求选择，施工前应分批进行抽检。

第 2 篇

市政公用工程质量验收标准

第5章 城市道路工程质量验收标准

5.1 路基工程施工质量检验标准

1. 土方路基（路床）质量检验规定

主控项目

（1）路基压实度应符合本书表1-1的规定。

检查数量：每1000m²、每压实层抽检3点。

检验方法：环刀法、灌砂法或灌水法。

（2）弯沉值，不应大于设计规定。

检查数量：每车道、每20m测1点。

检验方法：弯沉仪检测。

一般项目

（3）土路基允许偏差应符合表5-1的规定。

土路基允许偏差　　　　　　　　表5-1

项　目		允许偏差	检验频率		检验方法
			范围（m）	点数	
路床纵断高程（mm）		-20 $+10$	20	1	用水准仪测量
路床中线偏位（mm）		≤30	100	2	用经纬仪、钢尺量取最大值
平整度	路基各压实层	≤20	20	路宽（m） ＜9　1 9～15　2 ＞15　3	用3m直尺和塞尺连续量两尺取较大值
	路床	≤15			
路床宽度（mm）		不小于设计值+B	40	1	用钢尺量
路床横坡		±0.3%且不反坡	20	路宽（m） ＜9　2 9～15　4 ＞15　6	用水准仪测量
边坡		不陡于设计值	20	2	用坡度尺量，每侧1点

注：B为施工时必要的附加宽度。

（4）路床应平整、坚实，无显著轮迹、翻浆、波浪、起皮等现象，路堤边坡应密实、稳定、平顺等。

检查数量：全数检查。

检验方法：观察。

2. 石方路基质量检验规定

(1) 挖石方路基（路堑）质量应符合下列要求：

主控项目

1) 上边坡必须稳定，严禁有松石、险石。

检查数量：全部。

检验方法：观察。

一般项目

2) 路基挖石方允许偏差应符合表 5-2 的规定。

路基挖石方允许偏差　　　　　　　　　　　　表 5-2

项　目	允许偏差	检验频率		检验方法
		范围（m）	点数	
路床纵断高程（mm）	+50 −100	20	1	用水准仪测量
路床中线偏位（mm）	≤30	100	2	用经纬仪、钢尺量取最大值
路床宽（mm）	不小于设计规定+B	40	1	用钢尺量
边坡（%）	不陡于设计规定	20	2	用坡度尺量，每侧 1 点

注：B 为施工时必要的附加宽度。

(2) 填石路堤质量应符合下列要求：

主控项目

1) 压实密度应符合试验路段确定的施工工艺，沉降差不得大于试验路段确定的沉降差。

检查数量：每 1000m² ，抽检 3 点。

检验方法：水准仪量测。

一般项目

2) 路床顶面应嵌缝牢固，表面均匀、平整、稳定，无推移、浮石。

检查数量：全数检查。

检验方法：观察。

3) 边坡应稳定、平顺，无松石。

检查数量：全数检查。

检验方法：观察。

4) 填石方路基允许偏差应符合表 5-3 的规定。

填石方路基允许偏差　　　　　　　　　　　　表 5-3

项　目	允许偏差	检验频率		检验方法
		范围（m）	点数	
路床纵断高程（mm）	−20 +10	20	1	用水准仪测量
路床中线偏位（mm）	≤30	100	2	用经纬仪、钢尺量取最大值

项 目		允许偏差	检验频率				检验方法
			范围（m）	点数			
平整度（mm）	各压实层	≤30	20	路宽（m）	<9	1	用3m直尺和塞尺连续量两尺，取较大值
	路床	≤20			9～15	2	
					>15	3	
路床宽度（mm）		不小于设计值+B	40	1			用钢尺量
路床横坡		±0.3%且不反坡	20	路宽（m）	<9	2	用水准仪测量
					9～15	4	
					>15	6	
边坡		不陡于设计值	20	2			用坡度尺量，每侧1点

注：B为施工必要附加宽度。

3. 路肩质量检验规定

一般项目

（1）肩线应顺畅、表面平整，不积水、不阻水。

检查数量：全部。

检验方法：观察。

（2）路肩允许偏差应符合表5-4的规定。

路肩允许偏差　　　　　　　　　　　　　表 5-4

项 目	允许偏差	检验频率		检验方法
		范围（m）	点数	
压实度（%）	≥90	100	2	用环刀法检验，每侧抽检1点
宽度（mm）	不小于设计规定	40	2	用钢尺量，每侧1点
横坡	±1%且不反坡	40	2	用水准仪具测量，每侧1点

注：硬质路肩应结合所用材料，按《城镇道路工程施工与质量验收规范》CJJ 1—2008第7～11章的有关规定，补充相应的检查项目。

4. 软土路基施工质量检验规定

（1）换填土处理软土路基质量检验应符合《城镇道路工程施工与质量验收规范》第6.8.1条的有关规定。

（2）砂垫层处理软土路基质量检验应符合下列规定：

主控项目

1）砂垫层的材料质量应符合设计要求。

检查数量：按不同材料进场批次，每批检查1次。

检验方法：查检验报告。

2）砂垫层的压实度应大于等于90%。

检查数量：每1000m²、每压实层抽检3点。

检验方法：相对密度法（GB 50123）。

一般项目

3）砂垫层允许偏差应符合表5-5的规定。

项 目	允许偏差（mm）	检验频率		检验方法
		范围（m）	点数	
宽度	不小于设计规定＋B	40	1	用钢尺量
厚度	不小于设计规定	200	<9　　2	用钢尺量
			9～15　　4	
			>15　　6	

注：B 为必要的附加宽度。

（3）反压护道质量检验应符合下列规定：

主控项目

1）压实度不得小于 90％。

检查数量：每压实层，每 200m 检查 3 点。

检验方法：查检验报告（环刀法、灌砂法或灌水法）。

一般项目

2）宽度应符合设计要求。

检查数量：全数。

检验方法：观察，用尺量。

（4）土工材料处理软土路基质量检验应符合下列规定：

主控项目

1）土工材料的技术质量指标应符合设计要求。

检查数量：按进场批次，每批次按 5％抽检。

检验方法：查出厂检验报告，进场复检。

2）土工合成材料敷设、胶接、锚固和回卷长度应符合设计要求。

检查数量：全数检查。

检验方法：查施工记录、隐蔽验收记录。

一般项目

3）下承层面不得有突刺、尖角。

检查数量：全数检查。

检验方法：查施工记录、隐蔽验收记录。

4）土工合成材料铺设允许偏差应符合表 5-6 的规定。

土工合成材料铺设允许偏差 表 5-6

项 目	允许偏差	检验频率			检验方法
		范围（m）	点数		
下承面平整度（mm）	≤15	20	路宽（m）	<9　　1	用 3m 直尺和塞尺连续量两尺取较大值
				9～15　　2	
				>15　　3	
下承面拱度	±1%	20	路宽（m）	<9　　2	用水准仪测量
				9～15　　4	
				>15　　6	

（5）袋装砂井质量检验应符合下列规定：

主控项目

1）砂的规格和质量、砂袋织物质量必须符合设计要求。

检查数量：按不同材料进场批次，每批检查 1 次。

检验方法：查检验报告。

2）砂袋下沉时不得出现扭结、断裂等现象。

检查数量：全数检查。

检验方法：观察并记录。

3）井深不小于设计要求，砂袋在井口外应伸入砂垫层 30cm 以上。

检查数量：全数检查。

检验方法：钢尺量测。

一般项目

4）袋装砂井允许偏差应符合表 5-7 的规定。

袋装砂井允许偏差 表 5-7

项目	允许偏差	检验频率		检验方法
		范围	点数	
井间距（mm）	±150	全部	抽查 2% 且不少于 5 处	两井间，用钢尺量
砂井直径（mm）	$+10 \atop 0$			查施工记录
井竖直度	≤1.5%H			查施工记录
砂井灌砂量	+5%G			查施工记录

注：H 为桩长或孔深，G 为灌砂量。

（6）塑料排水板质量检验应符合下列规定：

主控项目

1）塑料排水板质量必须符合设计要求。

检查数量：按不同材料进场批次，每批检查 1 次。

检验方法：查检验报告。

2）塑料排水板下沉时不得出现扭结、断裂等现象。

检查数量：全数检查。

检验方法：观察。

3）板深不小于设计要求，排水板在井口外应伸入砂垫层 50cm 以上。

检查数量：全数检查。

检验方法：查施工记录。

一般项目

4）塑料排水板置设允许偏差应符合表 5-8 的规定。

塑料排水板置设允许偏差　　　　　　　　　　表 5-8

项目	允许偏差	检验频率		检验方法
		范围	点数	
板间距（mm）	±150	全部	抽查 2%	两板间，用钢尺量
板竖直度	≤1.5%H			查施工记录

注：H 为桩长或孔深。

（7）砂桩处理软土路基质量检验应符合下列规定：

主控项目

1）砂桩材料应符合设计规定。

检查数量：按不同材料进场批次，每批检查 1 次。

检验方法：查检验报告。

2）复合地基承载力不应小于设计规定值。

检查数量：按总桩数的 1% 进行抽检，且不少于 3 处。

检验方法：查复合地基承载力检验报告。

3）桩长不小于设计规定。

检查数量：全数检查。

检验方法：查施工记录。

一般项目

4）砂桩允许偏差应符合表 5-9 的规定。

砂桩允许偏差　　　　　　　　　　表 5-9

项目	允许偏差	检验频率		检验方法
		范围	点数	
桩距（mm）	±150	全部	抽查 2%，且不少于 2 棵	两桩间，用钢尺量，查施工记录
桩径（mm）	≥设计值			
竖直度	≤1.5%H			

注：H 为桩长或孔深。

（8）碎石桩处理软土路基质量检验应符合下列规定：

主控项目

1）碎石桩材料应符合设计规定。

检查数量：按不同材料进场批次，每批检查 1 次。

检验方法：查检验报告。

2）复合地基承载力不应小于设计规定值。

检查数量：按总桩数的 1% 进行抽检，且不少于 3 处。

检验方法：查复合地基承载力检验报告。

3）桩长不应小于设计规定。

检查数量：全数检查。

检验方法：钢尺量测。

一般项目

4）碎石桩成桩质量允许偏差应符合表 5-10 的规定。

碎石桩允许偏差　　　　　　表 5-10

项目	允许偏差	检验频率		检验方法
		范围	点数	
桩距（mm）	±150	全部	抽查 2%，且不少于 2 棵	两桩间，用钢尺量，查施工记录
桩径（mm）	≥设计值			
竖直度	≤1.5%H			

注：H 为桩长或孔深。

（9）粉喷桩处理软土地基质量检验应符合下列规定：

主控项目

1）水泥的品种、级别及石灰、粉煤灰的性能指标应符合设计要求。

检查数量：按不同材料进场批次，每批检查 1 次。

检验方法：查检验报告。

2）桩长不应小于设计规定。

检查数量：全数检查。

检验方法：钢尺量测。

3）复合地基承载力不应小于设计规定值。

检查数量：按总桩数的 1%进行抽检，且不少于 3 处。

检验方法：查复合地基承载力检验报告。

一般项目

4）粉喷桩成桩允许偏差应符合表 5-11 的规定。

粉喷桩允许偏差　　　　　　表 5-11

项目	允许偏差	检验频率		检验方法
		范围	点数	
桩距（mm）	±100	全部	抽查 2%，且不少于 2 棵	两桩间，用钢尺量，查施工记录
桩径（mm）	不小于设计值			
竖直度	≤1.5%H			

5. 湿陷性黄土路基强夯处理质量检验规定

主控项目

（1）路基土的压实度应符合设计规定和《城镇道路工程施工与质量验收规范》CJJ 1—2008 表 6.3.9 规定。

检查数量：每 1000m²，每压实层，抽检 3 点。

检验方法：查检验报告（环刀法、灌砂法或灌水法）。

一般项目

（2）湿陷性黄土夯实允许偏差应符合表 5-12 的规定。

夷实允许偏差 表 5-12

项 目	允许偏差	检验频率			检验方法
		范围（m）	点数		
夯点累计夯沉量	不小于试夯时确定夯沉量的 95%（mm）	200	路宽（m）	<9	2	查施工记录
				9～15	4	
				>15	6	
湿陷系数	符合设计要求		路宽（m）	<9	2	见注
				9～15	4	
				>15	6	

注：隔 7～10d，在设计有效加固深度内，每隔 50～100cm 取土样测定土的压实度、湿陷系数等指标。

6. 盐渍土、膨胀土、冻土路基质量应符合《城镇道路工程施工与质量验收规范》第 **6.8.1** 条的规定

5.2 基层施工质量检验标准

1. 石灰稳定土，石灰、粉煤灰稳定砂砾（碎石），石灰、粉煤灰稳定钢渣基层及底基层质量检验规定

主控项目

（1）原材料质量检验应符合《城镇道路工程施工与质量验收规范》第 7.2～7.4 条的规定。

检查数量：按不同材料进厂批次，每批检查 1 次。

检验方法：查检验报告，复验。

（2）基层、底基层的压实度应符合下列要求：

1）城市快速路、主干路基层大于等于 97%、底基层大于等于 95%。

2）其他等级道路基层大于等于 95%、底基层大于等于 93%。

检查数量：每 1000m²，每压实层抽检 1 点。

检验方法：环刀法、灌砂法或灌水法。

（3）基层、底基层试件作 7d 饱水抗压强度，应符合设计要求。

检查数量：每 2000m² 抽检 1 组（6 块）。

检验方法：现场取样试验。

一般项目

（4）表面应平整、坚实、无粗细集料集中现象，无明显轮迹、推移、裂缝，接槎平顺，无贴皮、散料。

（5）基层及底基层允许偏差应符合表 5-13 的规定。

石灰稳定土类基层及底基层允许偏差 表 5-13

项目		允许偏差	检验频率		检验方法
			范围	点数	
中线偏位（mm）		≤20	100m	1	用经纬仪测量
纵断高程（mm）	基层	±15	20m	1	用水准仪测量
	底基层	±20			

153

続表

项目		允许偏差	检验频率			检验方法
			范围	点数		
平整度（mm）	基层	≤10	20m	路宽（m）	<9	1	用3m直尺和塞尺连续量两尺取较大值
	底基层	≤15			9～15	2	
					>15	3	
宽度（mm）		不小于设计规定+B	40m			1	用钢尺量
横坡		±0.3%且不反坡	20m	路宽（m）	<9	2	用水准仪测量
					9～15	4	
					>15	6	
厚度（mm）		±10	1000m²			1	用钢尺量

石灰作为胶结材料其钙镁含量高，与土中硅的氧化物作用形成的胶结物多，整体强度就高，且未消解颗粒对基层有破坏作用。故与其他原材料一并作为主控项目。

2. 水泥稳定土类基层及底基层质量检验规定

主控项目

（1）原材料质量检验应符合《城镇道路工程施工与质量验收规范》第7.2和7.5条的规定。

检查数量：按不同材料进厂批次，每批次抽查1次；

检查方法：查检验报告、复称。

（2）基层、底基层的压实度应符合下列要求：

1）城市快速路、主干路基层大于等于97%；底基层大于等于95%。

2）其他等级道路基层大于等于95%；底基层大于等于93%。

检查数量：每1000m²，每压实层抽查1点。

检查方法：灌砂法或灌水法。

（3）基层、底基层7d的饱水抗压强度应符合设计要求。

检查数量：每2000m²1组（6块）。

检查方法：现场取样试验。

一般项目

（4）表面应平整、坚实、接缝平顺，无明显粗、细集料集中现象，无推移、裂缝、贴皮、松散、浮料。

（5）基层及底基层的偏差应符合《城镇道路工程施工与质量验收规范》CJJ 1—2008表7.8.1的规定。

3. 级配砂砾及级配砾石基层及底基层质量检验规定

主控项目

（1）集料质量及级配应符合《城镇道路工程施工与质量验收规范》第7.6.2条的有关规定。

检查数量：按砂石材料的进场批次，每批抽检1次。

检验方法：查检验报告。

（2）基层大于等于97%、底基层压实度大于等于95%。

154

检查数量：每压实层，每1000m²抽检1点。

检验方法：灌砂法或灌水法。

（3）弯沉值，不应大于设计规定。

检查数量：设计规定时每车道、每20m，测1点。

检验方法：弯沉仪检测。

一般项目

（4）表面应平整、坚实，无松散和粗、细集料集中现象。

检查数量：全数检查。

检验方法：观察。

（5）级配砂砾及级配碎石基层和底基层允许偏差应符合表5-14的有关规定。

级配砂砾及级配碎石基层和底基层允许偏差　　　　　　　表5-14

项目	允许偏差		检验频率			检验方法
			范围	点数		
中线偏位（mm）	≤20		100m	1		用经纬仪测量
纵断高程（mm）	基层	±15	20m	1		用水准仪测量
	底基层	±20				
平整度（mm）	基层	≤10	20m	路宽（m）	<9	1	用3m直尺和塞尺连续量两尺，取较大值
	底基层	≤15			9～15	2	
					>15	3	
宽度（mm）	不小于设计规定+B		40m	1		用钢尺量测
横坡	±0.3%且不反坡		20m	路宽（m）	<9	2	用水准仪测量
					9～15	4	
					>15	6	
厚度（mm）	砂石	+20 −10	1000m²	1		用钢尺量
	碎石	+20 −10%层厚				

4. 级配碎石及级配碎砾石基层和底基层施工质量检验规定

主控项目

（1）碎石与嵌缝料质量及级配应符合《城镇道路工程施工与质量验收规范》第7.7.1条的有关规定。

检查数量：按不同材料进场批次，每批次抽检不得少于1次。

检验方法：查检验报告。

（2）级配碎石压实度，基层不得小于97%，底基层不得小于95%。

检查数量：每1000m²抽检1点。

检验方法：灌砂法或灌水法。

（3）弯沉值，不应大于设计规定。

检查数量：设计规定时每车道、每20m，测1点。

检验方法：弯沉仪检测。

（4）外观质量：表面应平整、坚实，无推移、松散、浮石现象。

检查数量：全数检查。

检验方法：观察。

（5）级配碎石及级配碎砾石基层和底基层的偏差应符合《城镇道路工程施工与质量验收规范》表7.8.3的有关规定。

5. 沥青混合料（沥青碎石）基层施工质量检验规定

主控项目

（1）用于沥青碎石各种原材料质量应符合《城镇道路工程施工与质量验收规范》第8.5.1条第1款的有关规定。

（2）压实度不得低于95%（马歇尔击实试件密度）。

检查数量：每1000m²抽检1点。

检验方法：检查试验记录（钻孔取样、蜡封法）。

（3）弯沉值，不应大于设计规定。

检查数量：设计规定时每车道、每20m，测1点。

检验方法：弯沉仪检测。

一般项目

（4）表面应平整、坚实、接缝紧密，不得有明显轮迹、粗细集料集中、推挤、裂缝、脱落等现象。

检查数量：全数检查。

检验方法：观察。

（5）沥青碎石基层允许偏差应符合表5-15的规定。

沥青碎石基层允许偏差 表5-15

项目	允许偏差	检验频率		检验方法
		范围	点数	
中线偏位（mm）	≤20	100m	1	用经纬仪测量
纵断高程（mm）	±15	20m	1	用水准仪测量
平整度（mm）	≤10	20m	路宽（m） <9	1	用3m直尺和塞尺连续量两尺，取较大值
			9～15	2	
			>15	3	
宽度（mm）	不小于设计规定+B	40m	1	用钢尺量
横坡	±0.3%且不反坡	20m	路宽（m） <9	2	用水准仪测量
			9～15	4	
			>15	6	
厚度（mm）	±10	1000m²	1	用钢尺量

6. 沥青贯入式基层施工质量检验规定

主控项目

（1）沥青、集料、嵌缝料的质量应符合《城镇道路工程施工与质量验收规范》第9.4.1条第1款的规定。

（2）碎石的压实密度，不得小于95％。

检查数量：每1000m抽检1点。

检验方法：灌砂法、灌水法、蜡封法。

（3）弯沉值，不应大于设计规定。

检查数量：设计规定时每车道、每20m，测1点。

检验方法：弯沉仪检测。

一般项目

（4）表面应平整、坚实、石料嵌锁稳定，无明显高低差；嵌缝料、沥青撒布应均匀，无花白、积油，漏浇等现象，且不得污染其他构筑物。

检查数量：全数检查。

检验方法：观察。

（5）沥青贯入式碎石基层和底基层允许偏差应符合表5-16的规定。

沥青贯入式碎石基层和底基层允许偏差   表5-16

项目	允许偏差		检验频率			检验方法
			范围	点数		
中线偏位（mm）	≤20		100	1		用经纬仪测量
纵断高程（mm）	基层	±15	20m	1		用水准仪测量
	底基层	±20				
平整度（mm）	基层	≤10	20m	路宽（m）	<9	1	用3m直尺和塞尺连续量两尺，取较大值
	底基层	≤15			9～15	2	
					>15	3	
宽度（mm）	不小于设计规定+B		40m	1		用钢尺量
横坡	±0.3%且不反坡		20m	路宽（m）	<9	2	用水准仪测量
					9～15	4	
					>15	6	
厚度（mm）	+20 -10%层厚		1000m²	1		刨挖，用钢尺量

5.3 沥青混合料面层施工质量检验标准

1. 热拌沥青混合料面层质量检验规定

主控项目

（1）热拌沥青混合料质量应符合下列要求：

1）道路用沥青的品种、标号应符合国家现行有关标准和《城镇道路工程施工与质量验收规范》第8.1节的有关规定。

检查数量：按同一生产厂家、同一品种、同一标号、同一批号连续进场的沥青（石油沥青每100t为1批，改性沥青每50t为1批）每批次抽检1次。

检验方法：查出厂合格证，检验报告并进场复检。

2）沥青混合料所选用的粗集料、细集料、矿粉、纤维稳定剂等的质量及规格应符合《城镇道路工程施工与质量验收规范》CJJ 1—2008第8.1节的有关规定。

157

检查数量：按不同品种产品进场批次和产品抽样检验方案确定。

检验方法：观察、检查进场检验报告。

3）热拌沥青混合料、热拌改性沥青混合料、SMA混合料，查出厂合格证、检验报告并进场复检，拌合温度、出厂温度应符合《城镇道路工程施工与质量验收规范》第8.2.5条的有关规定。

检查数量：全数检查。

检验方法：查测温记录，现场检测温度。

4）沥青混合料品质应符合马歇尔试验配合比技术要求。

检查数量：每日、每品种检查1次。

检验方法：现场取样试验。

（2）热拌沥青混合料面层质量检验应符合下列规定：

主控项目

1）沥青混合料面层压实度，对城市快速路、主干路不得小于96%；对次干路及以下道路不得小于95%。

检查数量：每1000m² 测1点。

检验方法：查试验记录（马歇尔击实试件密度，试验室标准密度）。

2）面层厚度应符合设计规定，允许偏差为−5～+10mm。

检查数量：每1000m² 测1点。

检验方法：钻孔或刨挖，用钢尺量。

3）弯沉值，不得大于设计规定。

检查数量：每车道、每20m，测1点。

检验方法：弯沉仪检测。

一般项目

（3）表面应平整、坚实，接缝紧密，无枯焦；不得有明显轮迹、推挤裂缝、脱落、烂边、油斑、掉渣等现象，不得污染其他构筑物。面层与路缘石、平石及其他构筑物应接顺，不得有积水现象。

检查数量：全数检查。

检验方法：观察。

（4）热拌沥青混合料面层允许偏差应符合表5-17的规定。

热拌沥青混合料面层允许偏差 表5-17

项　目		允许偏差	检验频率			检验方法
			范围	点数		
纵断高程（mm）		±15	20m	1		用水准仪测量
中线偏位（mm）		≤20	100m	1		用经纬仪测量
平整度（mm）	标准差σ值	快速路、主干路 1.5	100m	路宽（m）	<9　　1	用测平仪检测，见注1
		次干路、支路 2.4			9～15　2	
					>15　　3	
	最大间隙	次干路、支路 5	20m	路宽（m）	<9　　1	用3m直尺和塞尺连续量取两尺，取最大值
					9～15　2	
					>15　　3	

项　目	允许偏差	检验频率			检验方法
		范围	点数		
宽度（mm）	不小于设计值	40m	1		用钢尺量
横坡	±0.3%且不反坡	20m	路宽（m）	<9	2	用水准仪测量
				9~15	4	
				>15	6	
井框与路面高差（mm）	≤5	每座	1		十字法，用直尺、塞尺量取最大值
抗滑	构造深度	符合设计要求	200m	1		摆式仪
			全线连续			横向力系数车
	摩擦系数	符合设计要求	200m	1		砂铺法
						激光构造深度仪

注：1. 测平仪为全线每车道连续检测每 100m 计算标准差 σ；无测平仪时可采用 3m 直尺检测；表中检验频率点数为测线数；

2. 平整度、抗滑性能也可采用自动检测设备进行检测；

3. 底基层表面、下面层应按设计规定用量撒泼透层油、粘层油；

4. 中面层、底面层仅进行中线偏位、平整度、宽度、横坡的检测；

5. 改性（再生）沥青混凝土路面可采用此表进行检验；

6. 十字法检查井框与路面高差，每座检查井均应检查。十字法检查中，以平行于道路中线、过检查井盖中心的直线做基线，另一条线与基线垂直，构成检查用十字线。

施工压实度的检查应以现场钻孔法为准，用核子密度仪检查时应通过与钻孔密度的标定关系进行换算，并应增加检测次数。当钻孔检验的各项指标持续稳定并达到质量控制要求时，经主管部门同意，钻孔频度可适当减少，增加核子密度仪检测频度，控制碾压遍数。

2. 冷拌沥青混合料面层质量检验规定

主控项目

（1）面层所用乳化沥青的品种、性能和集料的规格、质量应符合《城镇道路工程施工与质量验收规范》CJJ 1—2008 第 8.1 节的有关规定。

检查数量：按产品进场批次和产品抽样检验方案确定。

检验方法：查进场复查报告。

（2）冷拌沥青混合料的压实度不得小于 95%。

检查数量：每 1000m² 测 1 点。

检验方法：检查配合比设计资料、复测。

（3）面层厚度应符合设计规定，允许偏差为 -5~+15mm。

检查数量：每 1000m² 测 1 点。

检验方法：钻孔或刨挖，用钢尺量。

一般项目

（4）表面应平整、坚实，接缝紧密，不得有明显轮迹、粗细集料集中、推挤、裂缝、脱落等现象。

检查数量：全数检查。

检验方法：观察。

（5）冷拌沥青混合料面层允许偏差应符合表 5-18 的规定。

冷拌沥青混合料面层允许偏差 表 5-18

项 目		允许偏差	检验频率			检验方法
			范围	点数		
纵断高程（mm）		±20	20m	1		用水准仪测量
中线偏位（mm）		≤20	100m	1		用经纬仪测量
平整度（mm）		≤10	20m	路宽（m）	<9	1	用 3m 直尺、塞尺连续量两尺取较大值
					9~15	2	
					>15	3	
宽度（mm）		不小于设计值	40m	1		用钢尺量
横坡		±0.3%且不反坡	20m	路宽（m）	<9	2	用水准仪测量
					9~15	4	
					>15	6	
井框与路面高差（mm）		≤5	每座	1		十字法，用直尺、塞尺量取最大值
抗滑	摩擦系数	符合设计要求	200m	1		摆式仪
			全线连续			横向力系数车
	构造深度	符合设计要求	200m	1		砂铺法
						激光构造深度仪

3. 粘层、透层与封层质量检验规定

主控项目

（1）透层、粘层、封层所采用沥青的品种、标号和封层粒料质量、规格应符合《城镇道路工程施工与质量验收规范》第 8.1 节的有关规定。

检查数量：按进场品种、批次，同品种、同批次检查不应少于 1 次。

检验方法：查产品出厂合格证、出厂检验报告和进场复检报告。

一般项目

（2）透层、粘层、封层的宽度不应小于设计规定值。

检查数量：每 40m 抽检 1 处。

检验方法：用尺量。

（3）封层油层与粒料洒布应均匀，不得有松散、裂缝、油丁、泛油、波浪、花白、漏洒、堆积、污染其他构筑物等现象。

检查数量：全数检查。

检验方法：观察。

5.4 水泥混凝土路面施工质量检验标准

水泥混凝土面层质量检验规定：

（1）原材料质量应符合下列要求：

1）水泥品种、级别、质量、包装、贮存，应符合国家现行有关标准的规定。

检查数量：按同一生产厂家、同一等级、同一品种、同一批号且连续进场的水泥，袋装水泥不超过 200t 为一批，散装水泥不超过 500t 为一批，每批抽样 1 次。

水泥出厂超过三个月（快硬硅酸盐水泥超过一个月）时，应进行复验，复验合格后方可使用。

检验方法：检查产品合格证、出厂检验报告，进场复验。

2）混凝土中掺加外加剂的质量符合现行国家标准《混凝土外加剂》GB 8076 和《混凝土外加剂应用技术规范》GB 50119 的规定。

检查数量：按进场批次和产品抽样检验方法确定。每批不少于 1 次。

检验方法：检查产品合格证、出厂检验报告和进场复验报告。

3）钢筋品种、规格、数量和下料尺寸应符合设计要求。

检查数量：全数检查。

检验方法：观察，用钢尺量，检查出厂检验报告和进场复验报告。

4）钢纤维的规格质量应符合设计要求及《城镇道路工程施工与质量验收规范》第 10.1.7 条的有关规定。

检查数量：按进场批次，每批抽检 1 次。

检验方法：现场取样、试验。

5）粗集料、细集料应符合《城镇道路工程施工与质量验收规范》第 10.1.2、10.1.3 条的有关规定。

检查数量：同产地、同品种、同规格且连续进场的集料，每 400m³ 或 600t 为一批，不足 400m³ 或 600t 按一批计，每批抽检 1 次。

检验方法：检查出厂合格证和抽检报告。

6）水应符合《城镇道路工程施工与质量验收规范》第 7.2.1 条第 3 款的规定。

检查数量：同水源检查 1 次。

检验方法：检查水质分析报告。

（2）混凝土面层质量应符合设计要求。

1）混凝土弯拉强度应符合设计规定。

检查数量：每 100m³ 的同配合比的混凝土，取样 1 次；不足 100m³ 时按 1 次计。每次取样应至少留置 1 组标准养护试件。同条件养护试件的留置组数应根据实际需要确定。

检验方法：检查试件强度试验报告。

2）混凝土面层厚度应符合设计规定，允许误差为 ±5mm。

检查数量：每 1000m² 抽检 1 点。

检验方法：查试验报告、复测。

3）抗滑构造深度应符合设计要求。

检查数量：每 1000m² 抽检 1 点。

检验方法：铺砂法。

一般项目

4）水泥混凝土面层应板面平整、密实，边角应整齐、无裂缝，并不得有石子外露和浮浆、脱皮、踏痕、积水等现象，蜂窝麻面面积不得大于总面积的 0.5%。

  检查数量：全数检查。

  检验方法：观察、检查技术处理方案。

  5）伸缩缝应垂直、直顺，缝内不得有杂物。伸缩缝在规定的深度和宽度范围内应全部贯通，传力杆应与缝面垂直。

  检查数量：全数检查。

  检验方法：观察。

  6）混凝土路面允许偏差应符合表 5-19 的规定。

混凝土路面允许偏差

表 5-19

项目		允许偏差与规定值		检验频率		检验方法
		城市快速路、主干路	次干路、支路	范围	点数	
纵断高程（mm）		±15		20m	1	用水准仪测量
中线偏位（mm）		≤20		100m	1	用经纬仪测量
平整度	标准差 σ（mm）	1.2	2	100m	1	用测平仪检测
	最大间隙（mm）	3	5	20m	1	用 3m 直尺和塞尺连续量两尺，取较大值
宽度（mm）		0 −20		40m	1	用钢尺量
横坡（%）		±0.30% 且不反坡		20m	1	用水准仪测量
井框与路面高差（mm）		≤3		每座	1	十字法，用直尺和塞尺量最大值
相邻板高差（mm）		≤3		20m	1	用钢板尺和塞尺量
纵缝直顺度（mm）		≤10		100m		用钢板尺和塞尺量
横缝直顺度（mm）		≤10		40m	1	用 20m 线和钢尺量
蜂窝麻面面积①（%）		≤2		20m	1	观察和用钢板尺量

  ① 每 20m 查 1 块板的侧面。

  本条中强调混凝土的弯拉强度必须符合设计要求。为此明确了同一配合比的混凝土每 100m³ 取样作试件 2 组，不足 100m³ 按 2 组取。试件应为弯拉试件，1 组置于标准养护条件，另 1 组与结构物同条件养护。施工中可根据实际条件与工程需要增加标准养护和与结构同条件养护试件的组数。但必须遵循在施工现场每 100m³ 混凝土中随机抽取混凝土制作试件的要求。

5.5 广场与停车场面层施工质量检验标准

1. 料石面层质量检验规定

主控项目

  （1）石材强度、外形尺寸及砂浆平均抗压强度等级应符合《城镇道路工程施工与质量验收规范》第 11.3.1 条的有关规定。

一般项目

（2）石材安装除应符合《城镇道路工程施工与质量验收规范》CJJ 1—2008 第 11.3.1 条有关规定外，料石面层允许偏差应符合表 5-20 的要求。

料石面层允许偏差　　　　　　　　　　表 5-20

项　目	允许偏差	检验频率		检验方法
		范围	点数	
高程（mm）	±6	施工单元①	1	用水准仪测量
平整度（mm）	≤4	10m×10m	1	用 3m 直尺和塞尺量最大值、
坡度	±0.3%且不反坡	20m	1	用水准仪测量
井框与面层高差（mm）	≤3	每座	1	十字法，用直尺和塞尺量最大值
相邻块高差（mm）	≤2	10m×10m	1	用钢板尺量
纵、横缝直顺度（mm）	≤5	40m×40m	1	用 20m 线和钢尺量
缝宽（mm）	+3 −2	40m×40m	1	用钢尺量

① 在每一单位工程中，以 40m×40m 定方格网，进行编号，作为量测检查的基本单元，不足 40m×40m 的部分以一个单元计。在基本单元中再以 10m×10m 或 20m×20m 为子单元，每基本单元范围内只抽一个子单元检查；检查方法为随机取样，即基本单元在室内确定，子单元在现场确定，量取 3 点取最大值。

2. 预制混凝土砌块面层质量检验规定

主控项目

（1）预制块强度、外形尺寸及砂浆平均抗压强度等级应符合《城镇道路工程施工与质量验收规范》第 11.3.2 条的有关规定。

一般项目

（2）预制块安装除应符合《城镇道路工程施工与质量验收规范》第 11.3.2 条的有关规定外，预制混凝土砌块面层允许偏差尚应符合表 5-21 的规定。

预制混凝土砌块面层允许偏差　　　　　　　　　　表 5-21

项　目	允许偏差	检验频率		检验方法
		范围	点数	
高程（mm）	±10	施工单元①	1	用水准仪测量
平整度（mm）	≤5	10m×10m	1	用 3m 直尺、塞尺量最大值
坡度	±0.3%且不反坡	20m	1	用水准仪测量
井框与面层高差（mm）	≤4	每座	1	十字法，用直尺和塞尺量最大值
相邻块高差（mm）	≤2	10m×10m	1	用钢板尺量
纵、横缝直顺度（mm）	≤10	40m×40m	1	用 20m 线和钢尺量
缝宽（mm）	+3 −2	40m×40m		用钢尺量

① 同表 5-20 注。

3. 沥青混合料面层质量检验规定

沥青混合料面层质量检验应符合《城镇道路工程施工与质量验收规范》第 8.5.1、8.5.2 条的有关规定外，尚应符合下列规定：

主控项目

（1）面层厚度应符合设计规定，允许偏差为±5mm。

检查数量：每1000m²1组（1点），不足1000m²取1组。

检验方法：钻孔用钢尺量。

一般项目

（2）广场、停车场沥青混合料面层允许偏差应符合表5-22的有关规定。

广场、停车场沥青混合料面层允许偏差 　　　　　表5-22

项　目	允许偏差	检验频率		检验方法
		范围	点数	
高程（mm）	±10	施工单元①	1	用水准仪测量
平整度（mm）	≤3	10m×10m	1	用3m直尺、塞尺量
坡度	±0.3%且不反坡	20m	1	用水准仪测量
井框与面层高差（mm）	≤5	每座	1	十字法，用直尺和塞尺量最大值

① 同表5-20注。

4. 水泥混凝土面层质量检验规定

主控项目

（1）混凝土原材料与混凝土面层质量应符合《城镇道路工程施工与质量验收规范》第10.8.1条主控项目的有关规定。

一般项目

（2）水泥混凝土面层外观质量应符合《城镇道路工程施工与质量验收规范》第10.8.1条一般项目的有关规定。

（3）水泥混凝土面层允许偏差应符合表5-23的规定。

水泥混凝土面层允许偏差 　　　　　表5-23

项　目	允许偏差	检验频率		检验方法
		范围	点数	
高程（mm）	±10	施工单元①	1	用水准仪测量
平整度（mm）	≤5	10m×10m	1	用3m直尺、塞尺量
坡度	±0.3%且不反坡	20m	1	用水准仪测量
井框与面层高差（mm）	≤5	每座	1	十字法，用直尺和塞尺量最大值

① 同表5-20注。

5. 广场、停车场中的盲道铺砌质量检验规定

广场、停车场中的盲道铺砌质量检验应符合《城镇道路工程施工与质量验收规范》第13.5节的有关规定。

5.6 人行道施工质量检验标准

1. 料石铺砌人行道面层质量检验规定

主控项目

（1）路床与基层压实度应大于或等于90%。

检查数量：每 100m 查 2 点。

检验方法：查检验报告（环刀法、灌砂法、灌水法）。

（2）砂浆强度应符合设计要求。

检查数量：同一配合比，每 1000m² 取 1 组（6 块），不足 1000m² 取 1 组。

检验方法：查试验报告。

（3）石材强度、外观尺寸应符合设计及规范要求。

检查数量：每检验批抽样检验。

检验方法：查出厂检验报告及复检报告。

（4）盲道铺砌应正确。

检查数量：全数检查。

检验方法：观察。

一般项目

（5）铺砌应稳固、无翘动，表面平整、缝线直顺、缝宽均匀、灌缝饱满，无翘边、翘角、反坡、积水现象。

（6）料石铺砌允许偏差应符合表 5-24 的规定。

料石铺砌允许偏差 表 5-24

项　目	允许偏差	检验频率		检验方法
		范围	点数	
平整度（mm）	≤3	20m	1	用 3m 直尺和塞尺量 3 点
横坡	±0.3% 且不反坡	20m	1	用水准仪测量
井框与面层高差（mm）	≤3	每座	1	十字法，用直尺和塞尺量最大值
相邻块高差（mm）	≤2	20m	1	用钢尺量 3 点
纵缝直顺（mm）	≤10	40m	1	用 20m 线和钢尺量
横缝直顺（mm）	≤10	20m	1	沿路宽用线和钢尺量
缝宽（mm）	+3 −2	20m	1	用钢尺量 3 点

本条中（1）规定人行步道的路基、基层的压实度定为大于等于 90%。当人行步道的路基、基层与车行道为同一结构形式，且同时施工时，人行步道的路基、基层的压实度应与车行道压实度一致。

本条中（2）是关于铺砌用砂浆强度的检验要求。实施中应符合下列要求：

（1）每 1000m² 或每台班至少砂浆试块 1 组（6 块）。如砂浆配合比变更时，相应制作试块；

（2）砂浆强度：砂浆试块的平均抗压强度不低于设计规定，任意 1 组试块的抗压强度最低值不低于设计规定的 85%。

2. 混凝土预制砌块铺砌人行道质量检验规定

主控项目

（1）路床与基层压实度应符合《城镇道路工程施工与质量验收规范》第 13.4.1 条的

规定。

（2）混凝土预制砌块（含盲道砌块）强度应符合设计规定。

检查数量：同一品种、规格、每检验批1组。

检验方法：查抗压强度试验报告。

（3）砂浆平均抗压强度等级应符合设计规定，任一组试件抗压强度最低值不得低于设计强度的85%。

检查数量：同一配合比，每1000m²1组（6块），不足1000m²取1组。

检验方法：查试验报告。

（4）行进盲道砌块与指示盲道砌块铺砌正确。

检查数量：全数。

检验方法：观察。

一般项目

（5）铺砌应稳固、无翘动，表面平整、缝线直顺、缝宽均匀、灌缝饱满，无翘边、翘角、反坡、积水现象。

（6）预制砌块铺砌允许偏差应符合表5-25的规定。

预制砌块铺砌允许偏差   表5-25

项　目	允许偏差	检验频率		检验方法
		范围	点数	
平整度（mm）	≤5	20m	1	用3m直尺和塞尺量
横坡（%）	±0.3%且不反坡	20m	1	用水准仪量测
井框与面层高差（mm）	≤4	每座	1	十字法，用直尺和塞尺量最大值
相邻块高差（mm）	≤3	20m	1	用钢尺量
纵缝直顺（mm）	≤10	40m	1	用20m线和钢尺量
横缝直顺（mm）	≤10	20m	1	沿路宽用线和钢尺量
缝宽（mm）	+3 −2	20m	1	用钢尺量

3. 沥青混合料铺筑人行道面层的质量检验规定

主控项目

（1）路床与基层压实度应符合《城镇道路工程施工与质量验收规范》第13.4.1条第1款的规定。

（2）沥青混合料品质应符合马歇尔试验配合比技术要求。

检查数量：每日、每品种检查1次。

检验方法：现场取样试验。

一般项目

（3）沥青混合料压实度不得小于95%。

检查数量：每100m查2点。

检验方法：查试验记录（马歇尔击实试件密度，试验室标准密度）。

（4）表面应平整、密实，无裂缝、烂边、掉渣、推挤现象，接槎应平顺、烫边无枯焦现象，与构筑物衔接平顺、无反坡积水。

检查数量：全数检查。

检验方法：观察。

（5）沥青混合料铺筑人行道面层允许偏差应符合表 5-26 的规定。

沥青混合料铺筑人行道面层允许偏差

表 5-26

项 目		允许偏差	检验频率		检验方法
			范围	点数	
平整度（mm）	沥青混凝土	≤5	20m	1	用 3m 直尺和塞尺连续量两点，取较大值
	其他	≤7			
横坡（%）		±0.3%且不反坡	20m	1	用水准仪量测
井框与面层高差（mm）		≤5	每座	1	十字法，用直尺和塞尺量最大值
厚度（mm）		±5	20m	1	用钢尺量

5.7 人行地道施工质量检验标准

1. 现浇钢筋混凝土人行地道结构质量检验规定

主控项目

（1）地基承载力应符合设计要求。填方地基压实度不得小于 95%，挖方地段钎探合格。

检查数量：每个通道 3 点。

检验方法：查压实度检验报告或钎探报告。

（2）防水层材料应符合设计要求。

检查数量：同品种、同牌号材料每检验批 1 次。

检验方法：产品性能检验报告、取样试验。

（3）防水层应粘贴密实、牢固，无破损；搭接长度大于或等于 10cm。

检查数量：全数检查。

检验方法：查验收记录。

（4）钢筋品种、规格和加工、成型与安装应符合设计要求。

检查数量：钢筋按品种每批 1 次。安装全数检查。

检验方法：查钢筋试验单和验收记录。

（5）混凝土强度应符合设计规定。

检查数量：每班或每 100m³ 1 组（3 块），少于规定按 1 组计。

检验方法：查强度试验报告。

一般项目

（6）混凝土表面应光滑、平整，无蜂窝、麻面、缺边掉角现象。

（7）钢筋混凝土结构允许偏差应符合表 5-27 的规定。

钢筋混凝土结构允许偏差 表 5-27

项 目	允许偏差	检验频率		检验方法
		范围	点数	
地道底板顶面高程（mm）	±10		1	用水准仪测量
地道净宽（mm）	±20		2	用钢尺量，宽、厚各1点
墙高（mm）	±10		2	用钢尺量，每侧1点
中线偏位（mm）	≤10	20m	2	用钢尺量，每侧1点
墙面垂直度（mm）	≤10		2	用垂线和钢尺量，每侧1点
墙面平整度（mm）	≤5		2	用2m直尺、塞尺量，每侧1点
顶板挠度	≤L/1000净跨径且<10mm		2	用钢尺量
现浇顶板底面平整度（mm）	≤5	10m	2	用2m直尺、塞尺量

注：L 为人行地道净跨径。

2. 预制安装钢筋混凝土人行地道结构质量检验规定

主控项目

（1）地基承载力应符合《城镇道路工程施工与质量验收规范》第14.5.1条第1款的规定。

（2）防水层应符合《城镇道路工程施工与质量验收规范》第14.5.1条第2、3款的规定。

（3）混凝土基础中的钢筋应符合《城镇道路工程施工与质量验收规范》第14.5.1条第4款的规定。

（4）混凝土基础应符合《城镇道路工程施工与质量验收规范》第14.5.1条第5款的规定。

（5）预制钢筋混凝土墙板、顶板强度应符合设计要求。

检查数量：全数检查。

检验方法：查出厂合格证和强度试验报告。

（6）杯口、板缝混凝土强度应符合设计要求。

检查数量：每工作班1组（3块）。

检验方法：查强度试验报告。

一般项目

（7）混凝土基础允许偏差应符合表5-28的规定。

混凝土基础允许偏差 表 5-28

项 目	允许偏差（mm）	检验频率		检验方法
		范围	点数	
中线偏位	≤10		1	用经纬仪测量
顶面高程	±10		1	用水准仪测量
长度	±10	20m	1	用钢尺量
宽度	±10		1	用钢尺量
厚度	±10		1	用钢尺量

项 目	允许偏差（mm）	检验频率		检验方法
		范围	点数	
杯口轴线偏位①	≤10		1	用经纬仪测量
杯口底面高程①	±10	20m	1	用水准仪测量
杯口底、顶宽度①	10~15		1	用钢尺量
预埋件①	≤10	每个	1	用钢尺量

① 发生时使用。

（8）墙板、顶板安装直顺，杯口与板缝灌注密实。

检查数量：全数检查。

检验方法：观察、查强度试验报告。

（9）预制墙板、顶板允许偏差应符合表 5-29、表 5-30 的规定。

预制墙板允许偏差   表 5-29

项 目	允许偏差（mm）	检验频率		检验方法
		范围	点数	
厚、高	±5		1	
宽度	0 −10		1	用钢尺量，每抽查一块板 （序号 1、2、3、4）各 1 点
侧弯	≤L/1000	每构件（每类 抽查板的 10% 且不少于 5 块）	1	
板面对角线	≤10		1	
外露面平整度	≤5		2	用 2m 直尺、塞尺量，每侧 1 点
麻面	≤1%		1	用钢尺量麻面总面积

注：表中 L 为墙板长度（mm）。

预制顶板允许偏差   表 5-30

项 目	允许偏差（mm）	检验频率		检验方法
		范围	点数	
厚度	±5		1	用钢尺量
宽度	0 −10		1	用钢尺量
长度	±10	每构件（每类 抽查总数 20%）	1	用钢尺量
对角线长度	≤10		2	用钢尺量
外露面平整度	≤5		1	用 2m 直尺、塞尺量
麻面	≤1%		1	用尺量麻面总面积

（10）墙板、顶板安装允许偏差应符合表 5-31 的规定。

项 目	允许偏差	检验频率		检验方法
		范围	点数	
中线偏位（mm）	≤10	每块	2	拉线用钢尺量
墙板内顶面、高程（mm）	±5		2	用水准仪测量
墙板垂直度	≤0.15%H且≤5mm		4	用垂线和钢尺量
板间高差（mm）	≤5		4	用钢板尺和塞尺量
相邻板顶面错台（mm）	≤10		20%板缝	用钢尺量
板端压墙长度（mm）	±10	每座地道	6	查隐蔽验收记录，用钢尺量，每侧3点

注：表中 H 为墙板全高（mm）。

3. 砌筑墙体、钢筋混凝土顶板结构人行地道质量检验规定

主按项目

（1）地基承载力应符合《城镇道路工程施工与质量验收规范》第 14.5.1 条第 1 款的规定。

（2）防水层应符合《城镇道路工程施工与质量验收规范》第 14.5.1 条第 2 款的规定。

（3）混凝土基础中的钢筋应符合《城镇道路工程施工与质量验收规范》第 14.5.1 条第 3 款的规定。

（4）混凝土基础应符合《城镇道路工程施工与质量验收规范》第 14.5.1 条第 4 款的规定。

（5）预制顶板、梁等构件应符合《城镇道路工程施工与质量验收规范》第 14.5.2 条第 9 款的规定。

（6）砂浆平均抗压强度等级应符合设计规定，任一组试件抗压强度最低值不得低于设计强度的 85%。

检查数量：同一配合比砂浆，每 50m³ 砌体中，作 1 组（6 块），不足 50m³ 按 1 组计。

检验方法：查试验报告。

（7）现浇钢筋混凝土顶板的钢筋和混凝土质量应符合《城镇道路工程施工与质量验收规范》第 14.5.1 条第 4、5 款的有关规定。

一般项目

（8）现浇钢筋混凝土顶板表面应光滑、平整，无蜂窝、麻面、缺边掉角现象。

检查数量：应符合《城镇道路工程施工与质量验收规范》表 14.5.1 的规定。

检验方法：应符合《城镇道路工程施工与质量验收规范》表 14.5.1 的规定。

（9）预制顶板应安装平顺、灌缝饱满，位置偏差应符合《城镇道路工程施工与质量验收规范》表 14.5.2-4 的规定。

（10）砌筑墙体应丁顺匀称，表面平整，灰缝均匀、饱满，变形缝垂直贯通。

（11）墙体砌筑允许偏差应符合表 5-32 的规定。

墙体砌筑允许偏差   表 5-32

项目	允许偏差（mm）	检验频率		检验方法
		范围（m）	点数	
地道底部高程	±10	10	1	用水准仪测量
地道结构净高	±10	20	2	用钢尺量

项目	允许偏差（mm）	检验频率		检验方法
		范围（m）	点数	
地道净宽	±20	20	2	用钢尺量
中线偏位	≤10	20	2	用经纬仪定线、钢尺量
墙面垂直度	≤15	10	2	用垂线和钢尺量
墙面平整度	≤5	10	2	用2m直尺、塞尺量
现浇顶板平整度	≤5	10	2	用2m直尺、塞尺量
预制顶板两板底面错台	≤10	10	2	用钢板尺、塞尺量
顶板压墙长度	±10	10	2	查隐蔽验收记录

5.8 挡土墙施工质量检验标准

1. 现浇钢筋混凝土挡土墙质量检验规定

主控项目

（1）地基承载力应符合设计要求。

检查数量：每道墙基槽1组（3点）。

检验方法：查触（钎）探检测报告、隐蔽验收记录。

（2）钢筋品种和规格、加工、成型、安装与混凝土强度应符合《城镇道路工程施工与质量验收规范》第14.5.1条的有关规定。

一般项目

（3）混凝土表面应光洁、平整、密实，无蜂窝、麻面、露筋现象，泄水孔通畅。

检查数量：全部。

检验方法：观察。

（4）钢筋加工与安装偏差应符合《城镇道路工程施工与质量验收规范》表14.2.4-1、表14.2.4-2的规定。

（5）现浇混凝土挡土墙允许偏差应符合表5-33的规定。

现浇混凝土挡土墙允许偏差　　　　　　　　　　　　表5-33

项目		规定值或允许偏差	检验频率		检验方法
			范围	点数	
长度		±20mm	每座	1	用钢尺量
断面尺寸（mm）	厚	±5		1	用钢尺量
	高	±5			
垂直度		≤0.15%H且≤10mm	20m	1	用经纬仪或垂线检测
外露面平整度		≤5mm		1	用2m直尺、塞尺量取最大值
顶面高程		±5mm		1	用水准仪测量

注：表中H为挡土墙板高度。

（6）回填土压实度应符合设计规定。

检查数量：路外回填土每压实层1组（3点）。

检验方法：查检验报告（环刀法、灌砂法或灌水法）。

（7）预制混凝土栏杆允许偏差应符合表 5-34 的规定。

预制混凝土护栏允许偏差 表 5-34

项目	允许偏差	检验频率		检验方法
		范围	点数	
断面尺寸（mm）	符合设计规定	每件（每类型）抽查 10%，且不少于 5 件	1	观察、用钢尺量
柱高（mm）	0，+5		1	用钢尺量
侧向弯曲	≤L/750		1	沿构件全长拉线量最大矢高（L 为构件长度）
麻面	≤1%		1	用钢尺量麻面总面积

（8）栏杆安装允许偏差应符合表 5-35 的规定。

栏杆安装允许偏差 表 5-35

项目		允许偏差（mm）	检验频率		检验方法
			范围	点数	
直顺度	扶手	≤4	每跨侧	1	用 10m 线和钢尺量
垂直度	栏杆柱	≤3	每柱（抽查 10%）	2	用垂线和钢尺量，顺、横桥轴方向各 1 点
栏杆间距		±3	每柱（抽查 10%）		
相邻栏杆扶手高差	有柱	≤4	每处（抽查 10%）	1	用钢尺量
	无柱	≤2			
栏杆平面偏位		≤4	每 30m	1	用经纬仪和钢尺量

注：现场浇注的栏杆、扶手和钢结构栏杆、扶手的允许偏差可参照本款办理。

2. 装配式钢筋混凝土挡土墙质量检验规定

主控项目

（1）地基承载力应符合设计要求。

检查数量和检验方法应符合《城镇道路工程施工与质量验收规范》第 15.6.1 条第 1 款的规定。

（2）基础钢筋品种与规格、混凝土强度应符合设计要求。

检查数量和检验方法：应符合《城镇道路工程施工与质量验收规范》第 15.6.1 条第 2 款的规定。

（3）预制挡土墙板钢筋、混凝土强度应符合设计及规范规定。

检查数量：每检验批。

检验方法：出厂合格证或检验报告。

（4）挡土墙板应焊接牢固。焊缝长度、宽度、高度均应符合设计要求。且无夹渣、裂纹、咬肉现象。

检查数量：全数检查。

检验方法：查隐蔽验收记录。

（5）挡土墙板杯口混凝土强度应符合设计要求。

检查数量：每班 1 组（3 块）。

检验方法：查试验报告。

一般项目

(6) 预制挡土墙板安装应板缝均匀、灌缝密实，泄水孔通畅。帽石安装边缘顺畅、顶面平整、缝隙均匀密实。

检查数量：全数检查。

检验方法：观察。

(7) 挡土墙板安装允许偏差应符合表5-36的规定。

挡土墙板安装允许偏差 表 5-36

项目		允许偏差	检验频率		检验方法
			范围	点数	
墙面垂直度		≤0.15%H 且≤15mm		1	用垂线挂全高量测
直顺度（mm）		≤10	20m	1	用20m线和钢尺量
板间错台（mm）		≤5		1	用钢板尺和塞尺量
预埋件（mm）	高程	±5	每个	1	用水准仪测量
	偏位	±15			用钢尺量

注：表中 H 为挡土墙高度。

(8) 栏杆质量应符合《城镇道路工程施工与质量验收规范》第15.8.1条的有关规定。

3. 砌体挡土墙质量检验规定

主控项目

(1) 地基承载力应符合设计要求。

检查数量和检验方法应符合《城镇道路工程施工与质量验收规范》第15.6.1条第1款的规定。

(2) 砌块（砖）、石料强度应符合设计要求。

检查数量：每品种、每检验批1组（3块）。

检验方法：查试验报告。

(3) 砌筑砂浆质量应符合《城镇道路工程施工与质量验收规范》第14.5.3第6款的规定。

一般项目

(4) 挡土墙应牢固，外形美观，勾缝密实、均匀，泄水孔通畅。

(5) 砌筑挡土墙允许偏差应符合表5-37的规定。

砌筑挡土墙允许偏差 表 5-37

项目		允许偏差、规定值				检验频率		检验方法
		料石	块石、片石		预制块（砖）	范围	点数	
断面尺寸（mm）		0 +10	不小于设计规定				2	用钢尺量，上下各1点
基底高程（mm）	土方	±20	±20	±20	±20	20m	2	用水准仪测量
	石方	±100	±100	±100	±100			
顶面高程（mm）		±10	±15	±20	±10		2	

项目	允许偏差、规定值				检验频率		检验方法
	料石	块石、片石	预制块（砖）		范围	点数	
轴线偏位（mm）	≤10	≤15	≤15	≤10		2	用经纬仪测量
墙面垂直度	≤0.5%H 且≤20mm	≤0.5%H 且≤30mm	≤0.5%H 且≤30mm	≤0.5%H 且≤20mm		2	用垂线检测
平整度（mm）	≤5	≤30	≤30	≤5	20m	2	用2m直尺和塞尺量
水平缝平直度（mm）	≤10	—	—	≤10		2	用20m线和钢尺量
墙面坡度	不陡于设计规定					1	用坡度板检验

注：表中 H 为构筑物全高。

(6) 栏杆质量应符合《城镇道路工程施工与质量验收规范》第15.6.1条的有关规定。

4. 加筋挡土墙质量检验规定

主控项目

(1) 地基承载力应符合设计要求。

检查数量和检验方法应符合《城镇道路工程施工与质量验收规范》第15.6.1条第1款的规定。

(2) 基础混凝土强度应符合设计要求。

检查数量和检验方法应符合《城镇道路工程施工与质量验收规范》第15.6.1条第2款的规定。

(3) 预制挡墙板的质量应符合设计要求。

检查数量和检验方法应符合《城镇道路工程施工与质量验收规范》第15.6.2条的有关规定。

(4) 拉环、筋带材料应符合设计要求。

检查数量：每品种、每检验批。

检验方法：查检验报告。

(5) 拉环、筋带的数量、安装位置应符合设计要求，且粘接牢固。

检查数量：全部。

检验方法：观察、抽样，查试验记录。

(6) 填土土质应符合设计要求。

检查数量：全部。

检验方法：观察、土壤性能鉴定。

(7) 压实度应符合设计要求。

检查数量：每压实层、每500m²1点，不足500m²取1点。

检验方法：查检验报告（环刀法）。

一般项目

(8) 加筋土挡土墙板安装允许偏差应符合表5-38的规定。

加筋土挡土墙板安装允许偏差 表 5-38

项 目	允许偏差	检验频率		检验方法
		范围	点数	
每层顶面高程（mm）	± 10		4组板	用水准仪测量
轴线偏位（mm）	$\leqslant 10$	20m	3	用经纬仪测量
墙面板垂直度或坡度	$\leqslant -0.5\% H^{①}$，0		3	用垂线或坡度板量

① 表示垂直度"+"指向外、"－"指向内；
注：1. 墙面板安装以同层相邻两板为一组；
　　2. 表中 H 为挡土墙板高度。

（9）墙面板应光洁、平顺、美观无破损，板缝均匀，线形顺畅，沉降缝上下贯通顺直，泄水孔通畅。

检查数量：全数检查。

检验方法：观察。

（10）加筋土挡土墙总体允许偏差应符合表 5-39 的规定。

加筋土挡土墙总体允许偏差 表 5-39

项目		允许偏差	检验频率		检验方法
			范围（m）	点数	
墙顶线位	路堤式（mm）	-100，$+50$		3	用20m线和钢尺量①
	路肩式（mm）	± 50			
墙顶高程	路堤式（mm）	± 50		3	用水准仪测量
	路肩式（mm）	± 30			
墙面倾斜度		$\leqslant +0.5\% H$ 且 $\leqslant +50^{①}$mm $\leqslant -1.0\% H$ 且 $\geqslant -100^{①}$mm	20	2	用垂线或坡度板量
墙面板缝宽（mm）		± 10		5	用钢尺量
墙面平整度（mm）		$\leqslant 15$		3	用2m直尺、塞尺量

① 表示墙面倾斜度"+"指向外、"－"指向内；
注：表中 H 为挡墙板高度。

（11）栏杆质量应符合《城镇道路工程施工与质量验收规范》第 15.6.1 条的有关规定。

5.9 附属构筑物质量验收标准

1. 路缘石安砌质量检验规定

主控项目

（1）混凝土路缘石强度应符合设计要求。

检查数量：每种、每检验批 1 组（3 块）。

检验方法：查出厂检验报告。

（2）路缘石应砌筑稳固、砂浆饱满、勾缝密实，外露面清洁、线条顺畅，平缘石不阻水。

检查数量：全数检查。

检验方法：观察。

（3）立缘石、平缘石安砌允许偏差应符合表 5-40 的规定。

立缘石、平缘石安砌允许偏差　　　　　表 5-40

项目	允许偏差（mm）	检验频率		检验方法
		范围（m）	点数	
直顺度	≤10	100	1	用 20m 线和钢尺量①
相邻块高差	≤3	20	1	用钢板尺和塞尺量①
缝宽	±3	20	1	用钢尺量①
顶面高程	±10	20	1	用水准仪测量

① 表示随机抽样，量 3 点取最大值；

注：曲线段缘石安装的圆顺度允许偏差应结合工程具体制定。

2. 雨水支管与雨水口质量检验规定

一般项目

（1）管材应符合现行国家标准《混凝土和钢筋混凝土排水管》GB 11836 的有关规定。

检查数量：每种、每检验批。

检验方法：查合格证和出厂检验报告。

（2）基础混凝土强度应符合设计要求。

检查数量：每 100m³ 1 组（3 块，不足 100m³ 取 1 组）。

检验方法：查试验报告。

（3）砌筑砂浆强度应符合《城镇道路工程施工与质量验收规范》第 14.5.3 条第 6 款的规定。

（4）回填土应符合《城镇道路工程施工与质量验收规范》第 6.6.3 条压实度的有关规定。

检查数量：全部。

检验方法：查检验报告（环刀法、灌砂法或灌水法）。

一般项目

（5）雨水口内壁勾缝应直顺、坚实，无漏勾、脱落。井框、井箅应完整、配套，安装平稳、牢固。

检查数量：全数检查。

检验方法：观察。

（6）雨水支管安装应直顺，无错口、反坡、存水，管内清洁，接口处内壁无砂浆外露及破损现象。管端面应完整。

检查数量：全数检查。

检验方法：观察。

（7）雨水支管与雨水口允许偏差应符合表 5-41 的规定。

雨水支管与雨水口允许偏差　　　　　表 5-41

项目	允许偏差（mm）	检验频率		检验方法
		范围	点数	
井框与井壁吻合	≤10	每座	1	用钢尺量
井框与周边路面吻合	0 −10		1	用直尺靠量
雨水口与路边线间距	≤20		1	用钢尺量
井内尺寸	+20，0		1	用钢尺量，最大值

3. 排水沟或截水沟质量检验规定

主控项目

（1）预制砌块强度应符合设计要求。

检查数量：每种、每检验批 1 组。

检验方法：查试验报告。

（2）预制盖板的钢筋品种、规格、数量，混凝土的强度应符合设计要求。

检查数量：同类构件，抽查 1/10，且不少于 3 件。

检验方法：用钢尺量、查出厂检验报告。

（3）砂浆强度应符合《城镇道路工程施工与质量验收规范》第 14.5.3 条第 6 款的规定。

一般项目

（4）砌筑砂浆饱满度不得小于 80%。

检查数量：每 100m 或每班抽查不少于 3 点。

检验方法：观察。

（5）砌筑水沟沟底应平整、无反坡、凹兜，边墙应平整、直顺、勾缝密实。与排水构筑物衔接畅顺。

检查数量：全数检查。

检验方法：观察。

（6）砌筑排水沟或截水沟允许偏差应符合表 5-42 的规定。

砌筑排水沟或截水沟允许偏差　　　　　表 5-42

项目		允许偏差（mm）	检验频率		检验方法
			范围（m）	点数	
轴线偏位		≤30	100	2	用经纬仪和钢尺量
沟断面尺寸	砌石	±20	40	1	用钢尺量
	砌块	±10			
沟底高程	砌石	±20	20	1	用水准仪测量
	砌块	±10			

项目	允许偏差（mm）		检验频率		检验方法
			范围（m）	点数	
墙面垂直度	砌石	≤30		2	用垂线、钢尺量
	砌块	≤15			
墙面平整度	砌石	≤30	40	2	用2m直尺、塞尺量
	砌块	≤10			
边线直顺度	砌石	≤20		2	用20m小线和钢尺量
	砌块	≤10			
盖板压墙长度	±20			2	用钢尺量

（7）土沟断面应符合设计要求，沟底、边坡应坚实，无贴皮、反坡和积水现象。

检查数量：全数检查。

检验方法：观察。

4. 倒虹管及涵洞质量检验规定

主控项目

（1）地基承载力应符合设计要求。

检查数量：每个基础。

检验方法：查钎探记录。

（2）管材应符合《城镇道路工程施工与质量验收规范》第16.11.2条第1款的规定。

（3）混凝土强度应符合设计要求。

检查数量：每100m³取1组（3块）。

检验方法：查试验记录。

（4）砂浆强度应符合《城镇道路工程施工与质量验收规范》第14.5.3条第6款的规定。

（5）倒虹管闭水试验应符合《城镇道路工程施工与质量验收规范》第16.4.4条第4款的规定。

检查数量：每一条倒虹管。

检验方法：查闭水试验记录。

（6）回填土压实度应符合路基压实度要求。

检查数量：每压实层检查1组（3点）。

检验方法：查检验报告（环刀法、灌砂法、灌水法）。

（7）矩形涵洞应符合《城镇道路工程施工与质量验收规范》第14.5节的有关规定。

一般项目

（8）倒虹管允许偏差应符合表5-43的规定。

倒虹管允许偏差　　　　　　　　　　　　　　　　　　表5-43

项目	允许偏差（mm）	检验频率		检验方法
		范围	点数	
轴线偏位	≤30		2	用经纬仪和钢尺量
内底高程	±15	每座	2	用水准仪测量
倒虹管长度	不小于设计值		1	用钢尺量
相邻管错口	≤5	每井段	4	用钢板和塞尺量

（9）预制管材涵洞允许偏差应符合表 5-44 的规定。

预制管材涵洞允许偏差 表 5-44

项目	允许偏差（mm）		检验频率		检验方法
			范围	点数	
轴线位移	≤20			2	用经纬仪和钢尺量
内底高程	$D≤1000$	±10	每道	2	用水准仪测量
	$D>1000$	±15			
涵管长度	不小于设计值			1	用钢尺量
相邻管错口	$D≤1000$	≤3	每节	1	用钢板尺和塞尺量
	$D>1000$	≤5			

注：D 为管道内径。

（10）矩形涵洞应符合《城镇道路工程施工与质量验收规范》第 14.5 节的有关规定。

5. 护坡质量检验规定

一般项目

（1）预制砌块强度应符合设计要求。

检查数量：每种、每检验批 1 组（3 块）。

检验方法：查出厂检验报告。

（2）砂浆强度应符合《城镇道路工程施工与质量验收规范》第 14.5.3 条第 6 款的规定。

（3）基础混凝土强度应符合设计要求。

检查数量：每 $100m^3$ 1 组（3 块）。

检验方法：查试验报告。

（4）砌筑线型顺畅、表面平整、咬砌有序、无翘动。砌缝均匀、勾缝密实。护坡顶与坡面之间隙封堵密实。

检查数量：全数检查。

检验方法：观察。

（5）护坡允许偏差应符合表 5-45 的规定。

护坡允许偏差 表 5-45

项目		允许偏差（mm）			检验频率		检验方法
		浆砌块石	浆砌料石	混凝土砌块	范围	点数	
基底高程	土方	±20			20m	2	用水准仪测量
	石方	±100				2	
垫层厚度		±20			20m	2	用钢尺量
砌体厚度		不小于设计值			每沉降缝	2	用钢尺量顶、底各 1 处
坡度		不陡于设计值			每 20m	1	用坡度尺量
平整度		≤30	≤15	≤10	每座	1	用 2m 直尺、塞尺量
顶面高程		±50	±30	±30	每座	2	用水准仪测量两端部
顶边线型		≤30	≤10	≤10	100m	1	用 20m 线和钢尺量

注：H 为墙高。

6. 隔离墩质量检验规定

主控项目

（1）隔离墩混凝土强度应符合设计要求。

检查数量：每种、每批（2000 块）1 组。

检验方法：查出厂检验报告。

（2）隔离墩预埋件焊接应牢固，焊缝长度、宽度、高度均应符合设计要求，且无夹渣、裂纹、咬肉现象。

检查数量：全数检查。

检验方法：查隐蔽验收记录。

一般项目

（3）隔离墩安装应牢固、位置正确、线型美观，墩表面整洁。

检查数量：全数检查。

检验方法：观察。

（4）隔离墩安装允许偏差应符合表 5-46 的规定。

隔离墩安装允许偏差　　　　　　　　　　　　　　　　表 5-46

项目	允许偏差（mm）	检验频率		检验方法
		范围	点数	
直顺度	≤5	每 20m	1	用 20m 线和钢尺量
平面偏位	≤4	每 20m	1	用经纬仪和钢尺量测
预埋件位置	≤5	每件	2	用经纬仪和钢尺量测（发生时）
断面尺寸	±5	每 20m	1	用钢尺量
相邻高差	≤3	抽查 20%	1	用钢板尺和钢尺量
缝宽	±3	每 20m	1	用钢尺量

7. 隔离栅质量检验规定

一般项目

（1）隔离栅材质、规格、防腐处理均应符合设计要求。

检查数量：每种、每批（2000 件）1 次。

检验方法：查出厂检验报告。

（2）隔离栅柱（金属、混凝土）材质应符合设计要求。

检查数量：每种、每批（2000 根）1 次。

检验方法：查出厂检验报告或试验报告。

（3）隔离栅柱安装应牢固。

检查数量：全数检查。

检验方法：观察。

（4）隔离栅允许偏差应符合表 5-47 的规定。

隔离栅允许偏差　　　　　　　　　　　　　　　　表 5-47

项目	允许偏差	检验频率		检验方法
		范围（m）	点数	
顺直度（mm）	≤220	20	1	用 20m 线和钢尺量
立柱垂直度（mm/m）	≤8		1	用垂线和直尺量
柱顶高度（mm）	±20		1	用钢尺量
立柱中距（mm）	±30	40	1	用钢尺量
立柱埋深（mm）	不小于设计规定		1	用钢尺量

8. 护栏质量检验规定

主控项目

（1）护栏质量应符合设计要求。

检查数量：每种、每批 1 次。

检验方法：查出厂检验报告。

（2）护栏立柱质量应符合设计要求。

检查数量：每种、每批（2000 根）1 次。

检验方法：查检验报告。

（3）护栏柱基础混凝土强度应符合设计要求。

检查数量：每 100m³ 1 组（3 块）。

检验方法：查试验报告。

（4）护栏柱置入深度应符合设计规定。

检查数量：全数检查。

检验方法：观察、量测。

一般项目

（5）护栏安装应牢固、位置正确、线型美观。

检查数量：全数检查。

检验方法：观察。

（6）护栏安装允许偏差应符合表 5-48 的规定。

护栏安装允许偏差　　　　　　　　　　　　　表 5-48

项目	允许偏差	检验频率		检验方法
		范围	点数	
顺直度（mm/m）	≤5		1	用 20m 线和钢尺量
中线偏位（mm）	≤20		1	用经纬仪和钢尺量
立柱间距（mm）	±5	20m	1	用钢尺量
立柱垂直度（mm）	≤5		1	用垂线、钢尺量
横栏高度（mm）	±20		1	用钢尺量

9. 声屏障质量检验规定

主控项目

（1）降噪效果应符合设计要求。

检查数量：按环保部门规定。

检验方法：按环保部门规定。

一般项目

（2）声屏障所用材料与性能应符合设计要求。

检查数量：每检验批 1 次。

检验方法：查检验报告和合格证。

（3）砌筑砂浆强度应符合《城镇道路工程施工与质量验收规范》第 14.5.3 条第 6 款的规定。

（4）混凝土强度应符合设计要求。

检查数量：每 100m³ 1 组（3 块）。

检验方法：查试验报告。

（5）砌体声屏障应砌筑牢固，咬砌有序，砌缝均匀，勾缝密实。金属声屏障安装应牢固。

检查数量：全数检查。

检验方法：观察。

（6）砌体声屏障允许偏差应符合表 5-49 的规定。

砌体声屏障允许偏差 表 5-49

项目	允许偏差	检验频率		检验方法
		范围	点数	
中线偏位（mm）	≤10	20m	1	用经纬仪和钢尺量
垂直度	≤0.3%		1	用垂线和钢尺量
墙体断面尺寸（mm）	符合设计规定		1	用钢尺量
顺直度（mm）	≤10	100m	2	用 10m 线与钢尺量，不少于 5 处
水平灰缝平直度（mm）	≤7		2	用 10m 线与钢尺量，不少于 5 处
平整度（mm）	≤8	20m	2	用 2m 直尺和塞尺量

（7）金属声屏障安装允许偏差应符合表 5-50 的规定。

金属声屏障安装允许偏差 表 5-50

项目	允许偏差	检验频率		检验方法
		范围	点数	
基线偏位（mm）	≤10		1	用经纬仪和钢尺量
金属立柱中距（mm）	±10		1	用钢尺量
立柱垂直度（mm）	≤0.3%H	20m	2	用垂线和钢尺量，顺、横向各 1 点
屏体厚度（mm）	±2		1	用游标卡尺量
屏体宽度、高度（mm）	±10		1	用钢尺量
镀层厚度（μm）	≥设计值	20m 且不少于 5 处	1	用测厚仪量

10. 防眩板质量检验规定

一般项目

（1）防眩板材质应符合设计要求。

检查数量：每种、每批查 1 次。

检验方法：查出厂检验报告。

（2）防眩板安装应牢固、位置准确，板面无裂纹，涂层无气泡、缺损。

检查数量：全数检查。

检验方法：观察。

（3）防眩板安装允许偏差应符合表 5-51 的规定。

防眩板安装允许偏差 表 5-51

项目	允许偏差（mm）	检验频率		检验方法
		范围	点数	
防眩板直顺度	≤8	20m	1	用 10m 线和钢尺量
垂直度	≤5	20m 且不少于 5 处	2	用垂线和钢尺量，顺、横向各 1 点
板条间距	±10			用钢尺量
安装高度	±10		1	

5.10 工程质量与竣工验收

1. 构成建设项目的单位（子单位）工程、分部（子分部）工程、分项工程和检验批检验规定

开工前，施工单位应会同建设单位、监理工程师确认构成建设项目的单位（子单位）工程、分部（子分部）工程、分项工程和检验批，作为施工质量检验、验收的基础，并应符合下列规定：

（1）建设单位招标文件确定的每一个独立合同应为一个单位工程。

当合同文件包含的工程内涵较多，或工程规模较大、或由若干独立设计组成时，宜按工程部位或工程量、每一独立设计将单位工程分成若干子单位工程。

（2）单位（子单位）工程应按工程的结构部位或特点、功能、工程量划分分部工程。

分部工程的规模较大或工程复杂时宜按材料种类、工艺特点、施工工法等，将分部工程划为若干子分部工程。

（3）分部工程可由一个或若干个分项工程组成，应按主要工种、材料、施工工艺等划分分项工程。

（4）分项工程可由一个或若干检验批组成。检验批应根据施工、质量控制和专业验收需要划定。各地区应根据城镇道路建设实际需要，划定适应的检验批。

（5）各分部（子分部）工程相应的分项工程、检验批应按表 5-52 的规定执行。《城镇道路工程施工与质量验收规范》CJJ 1—2008 未规定时，施工单位应在开工前会同建设单位、监理工程师共同研究确定。

城镇道路分部（子分部）工程与相应的分项工程、检验批 表 5-52

分部工程	子分部工程	分项工程	检验批
路基	—	土方路基	每条路或路段
		石方路基	每条路或路段
		路基处理	每条处理段
		路肩	每条路肩
基层	—	石灰土基层	每条路或路段
		石灰粉煤灰稳定砂砾（碎石）基层	每条路或路段
		石灰粉煤灰钢渣基层	每条路或路段
		水泥稳定土类基层	每条路或路段

分部工程	子分部工程	分项工程	检验批
基层	—	级配砂砾（砾石）基层	每条路或路段
		级配碎石（碎砾石）基层	每条路或路段
		沥青碎石基层	每条路或路段
		沥青贯入式基层	每条路或路段
面层	沥青混合料面层	透层	每条路或路段
		粘层	每条路或路段
		封层	每条路或路段
		热拌沥青混合料面层	每条路或路段
		冷拌沥青混合料面层	每条路或路段
	沥青贯入式与沥青表面处治面层	沥青贯入式面层	每条路或路段
		沥青表面处治面层	每条路或路段
	水泥混凝土面层	水泥混凝土面层（模板、钢筋、混凝土）	每条路或路段
	铺砌式面层	料石面层	每条路或路段
		预制混凝土砌块面层	每条路或路段
广场与停车场	—	料石面层	每个广场或划分的区段
		预制混凝土砌块面层	每个广场或划分的区段
		沥青混合料面层	每个广场或划分的区段
		水泥混凝土面层	每个广场或划分的区段
人行道	—	料石人行道铺砌面层（含盲道砖）	每条路或路段
		混凝土预制块铺砌人行道面层（含盲道砖）	每条路或路段
		沥青混合料铺筑面层	每条路或路段
人行地道结构	现浇钢筋混凝土人行地道结构	地基	每座通道
		防水	每座通道
		基础（模板、钢筋、混凝土）	每座通道
		墙与顶板（模板、钢筋、混凝土）	每座通道
	预制安装钢筋混凝土人行地道结构	墙与顶部构件预制	每座通道
		地基	每座通道
		防水	每座通道
		基础（模板、钢筋、混凝土）	每座通道
		墙板、顶板安装	
	砌筑墙体、钢筋混凝土顶板人行地道结构	顶部构件预制	每座通道
		地基	每座通道
		防水	每座通道
		基础（模板、钢筋、混凝土）	
		墙体砌筑	每座通道
		顶部构件、顶板安装	每座通道
		顶部现浇（模板、钢筋、混凝土）	每座通道
挡土墙	现浇钢筋混凝土挡土墙	地基	每道挡土墙地基
		基础	每道挡土墙基础
		墙（模板、钢筋、混凝土）	每道墙体
		滤层、泄水孔	每道墙体

分部工程	子分部工程	分项工程	检验批
挡土墙	现浇钢筋混凝土挡土墙	回填土	每道墙体
		帽石	每道墙体
		栏杆	每道墙体
	装配式钢筋混凝土挡土墙	挡土墙板预制	每道墙体
		地基	每道挡土墙地基
		基础（模板、钢筋、混凝土）	每道基础
		墙板安装（含焊接）	每道墙体
		滤层、泄水孔	每道墙体
		回填土	每道墙体
		帽石	每道墙体
		栏杆	每道墙体
	砌筑挡土墙	地基	每道墙体
		基础（砌筑、混凝土）	每道墙体
		墙体砌筑	每道墙体
		滤层、泄水孔	每道墙体
		回填土	每道墙体
		帽石	每道墙体
	加筋土挡土墙	地基	每道挡土墙地基
		基础（模板、钢筋、混凝土）	每道基础
		加筋挡土墙砌块与筋带安装	每道墙体
		滤层、泄水孔	每道墙体
		回填土	每道墙体
		帽石	每道墙体
		栏杆	每道墙体
附属构筑物	—	路缘石	每条路或路段
		雨水支管与雨水口	每条路或路段
		排（截）水沟	每条路或路段
		倒虹管及涵洞	每座结构
		护坡	每条路或路段
		隔离墩	每条路或路段
		隔离栅	每条路或路段
		护栏	每条路或路段
		声屏障（砌体、金属）	每处声屏障墙
		防眩板	每条路或路段

2. 施工质量控制过程检验、验收规定

（1）工程采用的主要材料、半成品、成品、构配件、器具和设备应按相关专业质量标准进行进场检验和使用前复验。现场验收和复验结果应经监理工程师检查认可。凡涉及结构安全和使用功能的，监理工程师应按规定进行平行检测或见证取样检测，并确认合格。

（2）各分项工程应按《城镇道路工程施工与质量验收规范》CJJ 1—2008 进行质量控制，各分项工程完成后应进行自检、交接检验，并形成文件，经监理工程师检查签认后，方可进行下分项工程施工。

本条规定了道路工程施工过程控制是质量验收的前提。

3. 工程施工质量验收规定

(1) 工程施工质量应符合《城镇道路工程施工与质量验收规范》CJJ 1—2008 和相关专业验收规范的规定。

(2) 工程施工应符合工程勘察、设计文件的要求。

(3) 参加工程施工质量验收的各方人员应具备规定的资格。

(4) 工程质量的验收均应在施工单位自行检查评定合格的基础上进行。

(5) 隐蔽工程在隐蔽前,应由施工单位通知监理工程师和相关单位人员进行隐蔽验收,确认合格,并形成隐蔽验收文件。

(6) 监理工程师应按规定对涉及结构安全的试块、试件和现场检测项目,进行平行检测、见证取样检测并确认合格。

(7) 检验批的质量应按主控项目和一般项目进行验收。

(8) 对涉及结构安全和使用功能的分部工程应进行抽样检测。

(9) 承担复验或检测的单位应为具有相应资质的独立第三方。

(10) 工程的外观质量应由验收人员通过现场检查共同确认。

4. 检验批合格质量规定

(1) 主控项目的质量应经抽样检验合格。

(2) 一般项目的质量应经抽样检验合格;当采用计数检验时,除有专门要求外,一般项目的合格点率应达到 80% 及以上,且不合格点的最大偏差值不得大于规定允许偏差值的 1.5 倍。对于计数抽样的一般项目,正常检验一次、二次抽样可按《建筑工程施工质量验收统一标准》GB/T 50300—2013 相关规定判定。

(3) 具有完整的施工操作依据和质量检查记录。

5. 分项工程质量验收合格规定

(1) 分项工程所含检验批均应符合合格质量的规定。

(2) 分项工程所含检验批的质量验收记录应完整。

6. 分部工程质量验收合格规定

(1) 分部工程所含分项工程的质量均应验收合格。

(2) 质量控制资料应完整。

(3) 涉及结构安全和使用功能的质量应按规定验收合格。

(4) 观感质量验收应符合要求。

7. 单位工程质量验收合格规定

(1) 单位工程所含分部工程的质量均应验收合格。

(2) 质量控制资料应完整。

(3) 单位工程所含分部工程验收资料应完整。

(4) 影响道路安全使用和周围环境的参数指标应符合规定。

(5) 观感质量验收应符合要求。

8. 工程质量验收组织规定

(1) 检验批应由专业监理工程师组织施工单位项目专业质量检查员,专业工长等进行验收；分项工程应由专业监理工程师组织施工单位项目专业技术负责人等进行验收。

（2）分部工程应由总监理工程师组织施工单位项目负责人和技术质量负责人等进行验收。

（3）单位工程验收应符合下列要求：

1）施工单位应在自检合格基础上将竣工资料与自检结果，报监理工程师申请验收。

2）监理工程师应约请相关人员审核竣工资料进行预检，并据结果写出评估报告，报建设单位。

3）建设单位项目负责人应根据监理工程师的评估报告组织建设单位项目技术质量负责人、有关专业设计人员、总监理工程师和专业监理工程师、施工单位项目负责人参加工程验收。该工程的设施运行管理单位应派员参加工程验收。

9. 工程竣工验收规定

工程竣工验收，应由建设单位组织验收组进行。验收组应由勘察、设计、施工、监理、设施管理等单位的有关负责人组成。亦可邀请有关方面专家参加。验收组组长由建设单位担任。

工程竣工验收应在构成道路的各分项工程、分部工程、单位工程质量验收均合格后进行。当设计规定进行道路弯沉试验、荷载试验时，验收必须在试验完成后进行。道路工程竣工资料应于竣工验收前完成。

本条规定了建设单位（项目）负责人负责组织施工（含分包单位）、勘察、设计、监理等单位（项目）负责人进行单位工程竣工验收。

工程竣工验收规定：

（1）质量控制资料应符合《城镇道路工程施工与质量验收规范》CJJ 1—2008 相关的规定。

检查数量：全部工程。

检查方法：查质量验收、隐蔽验收、试验检验资料。

（2）安全和主要使用功能应符合设计要求。

检查数量：全部工程。

检查方法：查相关检测记录，并抽检。

（3）观感质量检验应符合《城镇道路工程施工与质量验收规范》CJJ 1—2008 要求。

检查数量：全部。

检查方法：目测并抽检。

竣工验收时，可对各单位工程的实体质量进行检查。

当参加验收各方对工程质量验收意见不一致时，应由政府行业行政主管部门或工程质量监督机构协调解决。

本条规定了参加验收各方对工程质量验收意见有分歧时的处理程序。

工程竣工验收合格后，建设单位应按规定将工程竣工验收报告和有关文件，报政府行政主管部门备案。

本条对道路工程竣工验收前工程资料编制组卷进行了规定，施工单位应承担施工资料部分的编制任务（含竣工图与竣工坐标控制测量）。监理单位应承担监理资料的编制。建设单位承担基建文件编制工作，单位工程竣工质量验收合格后，建设单位应在规定时间内将工程竣工验收报告和有关文件报建设行政主管部门备案。

第6章 城市桥梁工程质量验收标准

6.1 模板、支架和拱架质量验收标准

主控项目

（1）模板、支架与拱架制作及安装应符合施工设计图（施工方案）的规定，且稳固牢靠，接缝严密，立柱基础有足够的支撑面和排水、防冻融措施。

检查数量：全数检查。

检验方法：观察和钢尺量。

一般项目

（2）模板制作允许偏差应符合表6-1的规定。

模板制作允许偏差 表6-1

项 目		允许偏差（mm）	检验频率		检验方法
			范围	点数	
木模板	模板的长度和宽度	±5	每个构筑物或每个构件	4	用钢尺量
	不刨光模板相邻两板表面高低差	3			用钢尺和塞尺量
	刨光模板相邻两板表面高低差	1			
	平板模板表面最大的局部不平（刨光模板）	3			用2m直尺和塞尺量
	平板模板表面最大的局部不平（不刨光模板）	5			
钢模板	榫槽嵌接紧密度	2		2	用钢尺量
	模板的长度和宽度	0 −1		4	
	肋高	±5		2	
	面板端偏斜	0.5		2	用水平尺量
	连接配件（螺栓、卡子等）的孔眼位置	孔中心与板端的间距 ±0.3		4	用钢尺量
		板端孔中心与板端的间距 0 −0.5			
		沿板长宽方向的孔 ±0.6			
	板面局部不平	1.0			用2m直尺和塞尺量
	板面和板侧挠度	±1.0		1	用水准仪和拉线量

（3）模板、支架和拱架安装允许偏差应符合表6-2的规定。

项目		允许偏差（mm）	检验频率		检验方法
			范围	点数	
相邻两板表面高低差	清水模板	2	每个构筑物或每个构件	4	用钢尺和塞尺量
	混水模板	4			
	钢模板	2			
表面平整	清水模板	3		4	用 2m 直尺和塞尺量
	混水模板	5			
	钢模板	3			
垂直度	墙、柱	$H/1000$，且不大于 6		2	用经纬仪或垂线和钢尺量
	墩、台	$H/500$，且不大于 20			
	塔柱	$H/3000$，且不大于 30			
模内尺寸	基础	± 10		3	用钢尺量，长、宽、高各 1 点
	墩、台	$+5$ -8			
	梁、板、墙、柱、桩、拱	$+3$ -6			
轴线错位	基础	15		2	用经纬仪量，纵、横向各 1 点
	墩、台、墙	10			
	梁、柱、拱、塔柱	8			
	悬浇各梁段	8			
	横隔墙	5			
支承面高程		$+2$ -5	每支撑面	1	用水准仪测量
悬浇各梁段底面高程		$+10$ 0	每隔梁段	1	用水准仪测量
预埋件	支座板、锚垫板、连接板等 位置	5	每个预埋件	1	用钢尺量
	支座板、锚垫板、连接板等 平面高差	2		1	用水准仪测量
	螺栓、锚筋等 位置	3		1	用钢尺量
	螺栓、锚筋等 外露长度	$+5$		1	用钢尺量
预留洞口	预应力筋孔道位置（梁端）	5	每个预留孔洞	1	用钢尺量
	其他 位置	8		1	用钢尺量
	其他 孔径	$+10$ 0		1	用钢尺量
梁底模板		$+5$ -2	每根梁、每个构件、每个安装段	1	沿底模全长拉线，用钢尺量
对角线差	板	7		1	用钢尺量
	墙板	5			
	桩	3			
侧向弯曲	板、拱肋、桁架	$L/1500$		1	沿侧模全长拉线，用钢尺量
	柱、桩	$L/1000$，且不大于 10			
	梁	$L/2000$，且不大于 10			
支架、拱架	纵轴线的平面偏差	$L/2000$，且不大于 30		3	用经纬仪测量
拱架高程		$+20$ -10			用水准仪测量

注：1. H 为构筑物高度（mm），L 为计算长度（mm）；
　　2. 支承面高程系指模板底模上表面支撑混凝土面的高程。

（4）固定在模板上的预埋件、预留孔内模不得遗漏，且应安装牢固。

检查数量：全数检查。检验方法：观察。

6.2 钢筋质量验收标准

主控项目

（1）材料规定

1）钢筋、焊条的品种、牌号、规格和技术性能必须符合国家现行标准规定和设计要求。

检查数量：全数检查。检验方法：检查产品合格证、出厂检验报告。

2）钢筋进场时，必须按批抽取试件做力学性能和工艺性能试验，其质量必须符合国家现行标准的规定。

检查数量：以同牌号、同炉号、同规格、同交货状态的钢筋。每 60t 为一批，不足 60t 也按一批计，每批抽检 1 次。

检验方法：检查试件检验报告。

3）当钢筋出现脆断、焊接性能不良或力学性能显著不正常等现象时，应对该批钢筋进行化学成分检验或其他专项检验。

检查数量：该批钢筋全数检查。检验方法：检查专项检验报告。

（2）钢筋弯侧和末端弯钩均应符合设计要求和《城市桥梁工程施工与质量验收规范》第 6.2.3、8.2.4 条的规定。

检查数量：每工作班同一类型钢筋抽查不少于 3 件。检验方法：用钢尺量。

（3）受力钢筋连接规定

1）钢筋的连接形式必须符合设计要求；检查数量，全数检查。检验方法：观察。

2）钢筋接头位置、同一截面的接头数量、搭接长度应符合设计要求和《城市桥梁工程施工与质量验收规范》CJJ 2—2008 第 6.3.2 条和第 6.3.5 条的规定。

检查数量：全数检查。检验方法：观察、用钢尺量。

3）钢筋焊接接头质量应符合图家现行标准《钢筋焊接及验收规程》JGJ 18 的规定和设计要求。

检查数量：外观质量全数检查；力学性能检验按《城市桥梁工程施工与质量验收规范》CJJ 2—2008 第 6.3.4、6.3.5 条规定抽样做拉伸试验和冷弯试验。

检验方法：观察、用钢尺量、检查接头性能检验报告。

4）HRB335 和 HRB400 带肋钢筋机械连接接头质量应符合《钢筋机械连接技术规程》JGJ 107—2010 的规定和设计要求。检查数量：外观质量全数检查；力学性能检验按《城市桥梁工程施工与质量验收规范》CJJ 2—2008 的规定抽样做拉伸试验。检验方法：外观用卡尺或专用量具检查、检查合格证和出厂检验报告、检查进场验收记录和性能复验报告。

（4）钢筋安装时，其品种、规格、数量、形状，必须符合设计要求。

检查数量：全数检查。

检查方法：观察、用钢尺量。

一般项目

（5）预埋件的规格、数量、位置等必须符合设计要求。

检查数量：全数检查。检验方法：观察、用钢尺量。

（6）钢筋表面不得有裂纹、结疤、折叠、锈蚀和油污，钢筋焊接接头表面不得有夹渣、焊瘤。

检查数量：全数检查。检验方法：规察。

（7）钢筋加工允许偏差应符合表 6-3 的规定。

钢筋加工允许偏差 表 6-3

检查项目	允许偏差（mm）	检查频率		检查方法
		范围	点数	
受力钢筋顺长度方向全长的净尺寸	±10	按每工作日同一类型钢筋、统一加工设备抽查 3 件	3	用钢尺量
弯起钢筋的弯着	±20			
箍筋内净尺寸	±5			

（8）钢筋网允许偏差应符合表 6-4 的规定。

钢筋网允许偏差 表 6-4

检查项目	允许偏差（mm）	检查频率		检查方法
		范围	点数	
网的长宽	±10	每片钢筋网	3	用钢尺量两端和中间各 1 处
网眼尺寸	±10			用钢尺量任意 3 个网眼
网眼对角线差	±15			用钢尺量任意 3 个网眼

（9）钢筋成形和安装允许偏差成符合表 6-5 的规定。

钢筋成形和安装允许偏差 表 6-5

检查项目			允许偏差（mm）	检查频率		检查方法
				范围	点数	
受力钢筋间距	两排以上排距		±15		3	用钢尺量，梁端和中间各量 1 个断面，每个断面连续量取钢筋间（排）距，取其平均值 1 点
	同排	梁板、拱肋	±10			
		基础、墩台、柱	±20			
	灌注桩		±20			
箍筋、横向水平筋、螺旋筋间距			±10		3	连续两取 5 个间距，其平均值计 1 点
钢筋骨架尺寸	长		±10		3	用钢尺量，两端和中间各 1 点
	宽、高或直径		±5		3	
弯起钢筋位置			±20		30%	用钢尺量
钢筋保护层厚度	墩台、基础		±10		10	沿模板四周检查，用钢尺量
	梁、柱、桩		±5			
	板、梁		±3			

6.3 混凝土质量验收标准

主控项目

(1) 水泥进场除全数检验合格证和出场试验报告外，应对其强度、细度、安定性和凝固时间抽样复验。

检验数量：同生产厂家、同批号、同品种、同强度等级、同出厂日期且连续进场的水泥，散装水泥每 500t 为一批，袋装水泥每 200t 为一批，当不足上述数量时，也按一批计，每批抽样不少于 1 次。

检验方法：检查试验报告。

(2) 混凝土外加剂除全数检查合格证和出厂检验报告外，应对其减水率、凝结时间差、抗压强度比抽样检验。

检验数量：同生产厂家、同批号、同品种、同出厂日期且连续进场的外加剂，每 50t 为一批，不足 50t 时，也按一批计，每批至少抽查 1 次。检验方法：检查试验报告。

(3) 混凝土配合比设计应符合《城市桥梁工程施工与质量验收规范》第 7.3 节规定。

检查数量：同强度等级，同性能混凝土的配合比设计应各检查 1 次。检验方法：检查配合比设计选定单、试配试验报告和经审批后的配合比报告单。

(4) 当使用具有潜在碱活性集料时，混凝土中的总碱含量应符合《城市桥梁工程施工与质量验收规范》第 7.1.2 条的规定和设计要求。

检验数量：每一混凝土配合比进行 1 次总碱含量计算。检验方法：检查核算单。

(5) 混凝土强度等级应按现行国家标准《混凝土强度检验评定标准》GB/T 50107—2010 的规定检验评定，其结果必须符合设计要求。用于检查凝土强度的试件，应在混凝土浇筑地点随机抽取。取样与试件留置应符合下列规定：

1) 每拌制 100 盘且不超过 100m³ 的同配比的混凝土，取样不得少于 1 次；

2) 每工作班拌制的同一配合比的混凝土不足 100 盘时，取样不得少于 1 次；

3) 每次取样应至少留置 1 组标准养护试件，同条件养护试件的留置组数应根据实际需要确定。

检验数量：全数检查。检验方法：检查试验报告。

(6) 抗冻混凝土应进行抗冻性能试验，抗渗混凝土应进行抗渗性能试验，试验方法应符合现行国家标准《普通混凝土长期性能和耐久性能试验方法标准》GB/T 50082 的规定。

检查数量：混凝土数量小于 250m³，应制作抗冻或抗渗试件 1 组（6 个）；250～500m³ 应制作 2 组。检验方法：检查试验报告。

一般项目

(7) 混凝土掺用的矿物掺和料除全数检验合格证和出厂检验报告外，应对其细度、含水率，抗压强度比等项目抽样检验。

检验数量：同品种、同等级且连续进场的矿物掺合料，每 200t 为一批，当不足 200t 时，也按一批计，每批至少抽检 1 次。

检验方法：检查试验报告。

(8) 对细集料，应抽样检验其颗粒级配、细度模数、含泥量及规定要求的检验项，并应符合《普通混凝土用砂、石质量及检验方法标准》JGJ 52 的规定。

检验数量：同产地、同品种、同规格且连续进场的细集料，每 400m³ 或 600t 为一批，不足 400m³ 或 600t 也按一批计，每批至少抽检 1 次。

检验方法：检查试验报告。

（9）对粗集料，应抽样检验其颗粒级配，压碎值指标、针片状颗粒含量及规定要求的检验项，并应符合《普通混凝土用砂、石质量及检验方法标准》JGJ 52 的规定。

检验数量：同产地、同品种、同规格且连续进杨的粗集料，机械生产的每 400m³ 或 600t 为一批，不足 400m³ 成 600t 也接一批计；人工生产的每 200m³ 或 300t 为一批，不足 200mm³ 或 300t 也按为一批计，每批至少抽检 1 次。

检验方法：检查试验报告。

（10）当拌制混凝土用水采用非饮用水源时，应进行水质检测，并应符合国家现行标准《混凝土用水标准》JGJ 63 的规定。

检验数量：同水源检查不少于 1 次。检验方法：检查水质分析报告。

（11）混凝土拌合物的坍落度应符合设计配合比要求。

检验数量：每工作班不少于 1 次。检验方法：用坍落度仪检测。

（12）混凝土原材料每盘称量允许偏差应符合表 6-6 的规定。

混凝土原材料每盘称量允许偏差 　　　　　表 6-6

材料名称	允许偏差	
	工地	工厂或搅拌站
水泥和干燥状态的掺合料	±2%	±1%
粗、细集料	±3%	±2%
水、外加剂	±2%	±1%

注：1. 各种衡器应定期检定，每次使用前应进行零点校核，保证计量准确；
　　2. 当遇雨天或含水率有显著变化时，应增加含水率检测次数，并及时调整水和骨料的用量。

检验数量：每工作班抽查不少 1 次。

检验方法：复称。

6.4　预应力混凝土质量验收标准

主控项目

（1）混凝土质量检验应符合《城市桥梁工程施工与质量验收规范》第 7.13 节有关规定。

（2）预应力筋进场检验应符合《城市桥梁工程施工与质量验收规范》第 8.1.2 条规定。

检查数量：按进场的批次抽样检验。检验方法：检查产品合格证、出厂检验报告和进场试验报告。

（3）预应力筋用锚具、夹具和连接器进场检验应符合《城市桥梁工程施工与质量验收规范》第 8.1.3 条规定。

检查数量按进场的批次抽样检验。检验方法：检查产品合格证，出厂检验报告和进场试验报告。

（4）预应力筋的品种、规格、数量必须符合设计要求。

检查数量：全数检查。检验方法：观察或用钢尺量、检查施工记录。

（5）预应力筋张拉和放张时。混凝土强度必须符合设计规定；设计无规定时，不得低于设计强度的75%。

检查数量：全数检查。检验方法：检查同条件养护试件试验报告。

（6）预应力筋张拉允许偏差应分别符合表6-7、表6-8的规定。

钢丝、钢绞线先张法允许偏差 表6-7

项　目		允许偏差（mm）	检查频率	检验方法
镦头钢丝同束长度相对差	束长＞20m	$L/5000$，且不大于5	每批抽查2束	用钢尺量
	束长6～20m	$L/3000$，且不大于4		
	束长＜20m	2		
张拉应力值		符合设计要求	全数	查张拉记录
张拉伸长率		±6%		
断丝数		不超过总数的1%		

注：L为束长（mm）。

钢筋先张法允许偏差 表6-8

项　目		允许偏差（mm）	检查频率	检验方法
管道坐标	梁长方向	30	抽查30%，每根抽查10个点	用钢尺量
	梁高方向	10		
管道间距	同排	10	抽查30%，每根抽查5个点	用钢尺量
	上下排	10		
张拉伸长值		符合设计要求	全数	查张拉记录
张拉伸长率		±6%		
断丝滑丝数	钢束	不超过总数的1%		
	钢筋	不允许		

（7）孔道压浆的水泥浆强度必须符合设计规定，压浆时排气孔、排水孔应有水泥浓浆溢出。

检查数量：全数检查。检验方法：观察、检查压浆记录和水泥浆试件强度试验报告。

（8）锚具的封闭保护应符合《城市桥梁工程施工与质量验收规范》第8.4.8条第8款的规定。检查数量：全数检查。检验方法：观察、用钢尺量、检查施工记录。

一般项目

（9）预应力筋使用前应进行外观质量检查，不得有弯折，表面不得有裂纹、毛刺、机械损伤，氧化铁锈、油污等。

检查数量：全数检查。检验方法：观察。

（10）预应力筋用锚具、夹具和连接器使用前应进行外观质量检查，表面不得有裂纹、机械损伤、锈蚀、油污等。

检查数量：全数检查。检验方法：观察。

（11）预应力混凝土用金属螺旋管使用前应按现行行业标准《顶应力混凝土用金属波纹管》JG 225 的规定进行检验。

检查数量：按进场的批次抽样复验。检验方法：检查产品合格证、出厂检验报告和进场复验报告。

（12）锚固阶段张拉端预应力筋的内缩量，应符合《城市桥梁工程施工与质量验收规范》第 8.4.6 条规定。

检查数量：每工作日抽查预应力筋总数的 3‰，且不少于 3 束。

检验方法：用钢尺量、检查施工记录。

6.5 基础质量验收标准

1. 基础施工涉及的模板与支架、钢筋、混凝土、预应力混凝土、砌体质量检验规定

基础施工涉及的模板与支架、钢筋、混凝土、预应力混凝土、砌体质量检验应符合《城市桥梁工程施工与质量验收规范》第 5.4、6.5、7.13、8.5、9.6 节的规定。

2. 扩大基础质量检验规定

（1）基坑开挖允许偏差应符合表 6-9 的规定。

一般项目

基坑开挖允许偏差 表 6-9

项 目		允许偏差（mm）	检验频率		检查方法
			范围	点数	
基底高程	土方	0 −20	每座基坑	5	用水准仪测量四角和中心
	石方	+50 −200		5	
轴线偏移		50		4	用经纬仪测量，纵横各 2 点
基坑尺寸		不小于设计规定		4	用钢尺量每边 1 点

（2）地基检验应符合下列要求：

主控项目

1）地基承载力应按《城市桥梁工程施工与质量验收规范》第 10.1.7 条规定进行检验，确认符合设计要求。

检查数量：全数检查。

检验方法：检查地基承载力报告。

2）地基处理应符合专项处理方案要求，处理后的地基必须满足设计要求。

检查数量：全数检查。

检验方法：观察、检查地基记录。

（3）回填土方应符合下列要求：

主控项目

1）当年筑路和管线上填土的压实度标准应符合表 6-10 的要求。

当年筑路和管线上填方的压实度标准 表 6-10

项　目	允许偏差（mm）	检验频率		检查方法
		范围	点数	
填土上当年筑路	符合现行行业标准《城镇道路工程施工与质量验收规范》CJJ 1 的有关规定	每个基坑	每层 4 点	用环刀或灌砂法
管线填土	符合相差管线施工标准的规定	每条管线	每层 1 点	

一般项目

2）除当年筑路和管线上回填土方以外，填方压实度不应小于 87%（轻型击实）。检查频率与检验方法同表 6-10 第 1 项。

3）填料应符合设计要求，不得含有影响填筑质量的杂物。基坑填筑应分层同填、分层夯实。

检查数量：全数检查。检验方法：观察、检查回填压实度报告和施工记录。

（4）现浇混凝土基础的质量检验应符合《城市桥梁工程施工与质量验收规范》第 10.7.1 条规定，且应符合下列要求：

一般项目

1）现浇混凝土基础允许偏差应符合表 6-11 的要求。

现浇混凝土基础允许偏差 表 6-11

项　目		允许偏差（mm）	检验频率		检查方法
			范围	点数	
断面尺寸	长、宽	±20		4	用钢尺量，长、宽各 2 点
顶面高程		±10		4	用水准仪测量
基础厚度		+10 / 0	每座基础	4	用钢尺量，长、宽各 2 点
轴线偏移		15		4	用经纬仪测量，纵、横各 2 点

2）基础表面不得有孔洞、露筋。

检查数量：全数检查。检查方法：观察。

（5）砌体基础的质量检验应符合《城市桥梁工程施工与质量验收规范》第 10.7.1 条规定，砌体基础允许偏差应符合表 6-12 的要求。

一般项目

砌体基础允许偏差 表 6-12

项　目		允许偏差（mm）	检验频率		检查方法
			范围	点数	
顶面高程		±25		4	用水准仪测量
基础厚度	片石	+30 / 0	每座基础	4	用钢尺量，长、宽各 2 点
	料石、砌块	+15 / 0			
轴线偏位		15		4	用经纬仪测量，纵、横各 2 点

3. 沉入桩质量检验规定

（1）预制桩质量检验应符合《城市桥梁工程施工与质量验收规范》第10.7.1条规定，且应符合下列要求：

主控项目

1）桩表面不得出现孔洞、露筋和受力裂缝。检查数量：全数检查。

检验方法：观察。

一般项目

2）钢筋混凝土和预应力混凝土桩的预制允许偏差应符合表6-13的规定。

钢筋混凝土和预应力混凝土桩的预制允许偏差 表6-13

项　目		允许偏差（mm）	检验频率		检查方法
			范围	点数	
实心桩	横截面边长	±5		3	用钢尺量相邻两边
	长度	±50	每批抽查10%	2	用钢尺量
	桩尖对中轴线的倾斜	10		1	用钢尺量
	桩轴线的弯曲矢高	≤0.1%桩长，且不大于20	全数	1	沿构件全长拉线，用钢尺量
	桩顶平面对桩纵轴的倾斜	≤1%桩径（边长），且不大于3	每批抽查10%	1	用垂线和钢尺量
	接桩的接头平面与桩轴平面垂直度	0.5%	每批抽查20%	4	用钢尺量
空心桩	内径	不小于设计		2	用钢尺量
	壁厚	0 −3	每批抽查10%	2	用钢尺量
	桩轴线的弯曲矢高	0.2%	全数	1	沿管节全长拉线，用钢尺量

3）桩身表面无蜂窝、麻面和超过0.15mm的收缩裂缝。小于0.15mm的横向裂缝长度，方桩不得大于边长或短边长的1/3，管桩或多边形桩不得大于直径或对角线的1/3；小于0.15mm的纵向裂缝长度，方桩不得大于边长或短边长的1.5倍，管桩或多边形桩不得大于直径或对角线的1.5倍。

检查数量：全数检查。检验方法：观察、用读数放大镜量测。

（2）沉桩质量检验应符合下列要求：

主控项目

1）沉入桩的入土深度、最终贯入度或停打标准应符合设计要求。

检查数量：全数检查。检验方法：观察、测量、检查沉桩记录。

一般项目

2）沉桩允许偏差应符合表6-14的规定。

沉桩允许偏差

表 6-14

项　　目			允许偏差（mm）	检验频率		检查方法
				范围	点数	
桩位	群桩	中间桩	≤d/2，且不大于 250	每排桩	20%	用经纬仪测量
		外缘桩	d/4			
	排架桩	顺桥方向	40			
		垂直桥方向	50			
桩间高程			不高于设计高程	每根桩	全数	用水准仪测量
斜桩倾斜度			±15%tanθ			用垂线和钢尺量尚未沉入部分
直桩垂直度			1%			

注：1. d 为桩的直径或短边尺寸（mm）；
　　2. θ 为斜桩设计纵轴线与铅垂线间夹角（°）。

3）接桩焊缝外观质量应符合表 6-15 的规定。

接桩外观允许偏差

表 6-15

项　　目		允许偏差（mm）	检验频率		检查方法
			范围	点数	
咬边深度（焊缝）		0.5	每条焊缝	1	用焊缝量规、钢尺量
加强层高度（焊缝）		+3 0			
加强层宽度（焊缝）		3			
钢管桩上下错台	公称直径≥700mm	2			用钢板尺和塞尺量
	公称直径<700mm				

4. 混凝土灌注桩质量检验规定

主控项目

（1）钻孔达到设计深度后，必须核实地质情况，确认符合设计要求。

检查数量：全数检查。检验方法：观察、检查施工记录。

（2）孔径、孔深应符合设计要求。检查数量：全数检查。检验方法：观察、检查施工记录。

（3）混凝土抗压强度应符合设计要求。检验数量：每根桩在浇筑地点制作混凝土试件不得少于 2 组。检验方法：检查试验报告。

（4）桩身不得出现断桩、缩径。检查数量：全数检查。检验方法：检查桩基无损检测报告。

一般项目

（5）钢筋笼制作和安装质量检验应符合《城市桥梁工程施工与质量验收规范》第10.7.1 条规定，且钢筋笼底端高程偏差不得大于±50mm。

检查数量：全数检查。

检验方法：用水准仪测量。

（6）混凝土灌注桩允许偏差应符合表 6-16 的规定。

混凝土灌注桩允许偏差　　　　　　表 6-16

项　目		允许偏差（mm）	检验频率		检查方法
			范围	点数	
桩位	群桩	100	每根桩	1	用全站仪检查
	排架桩	50		1	
沉渣厚度	摩擦桩	符合设计要求		1	沉淀盒或标准测锤，查灌注前记录
	支承桩	不大于设计要求		1	
垂直度	钻孔桩	≤1%桩长，且不大于 500		1	用测壁仪或钻杆垂线和钢尺量
	挖孔桩	≤0.5%桩长，且不大于 200		1	

注：此表适用于钻孔和挖孔。

5. 沉井基础质量检查规定

（1）沉井制作质量检验应符合《城市桥梁工程施工与质量验收规范》第 10.7.1 条规定，且应符合下列要求：

主控项目

1）钢壳沉井的钢材及其焊接质量应符合设计要求和相关标准规定。

检查数量：全数检查。检验方法：检查钢材出厂合格证、检验报告、复验报告和焊接检验报告。

2）钢壳沉井气筒必须按照压容器的有关规定制造，并经水压（不得低于工作压力的 1.5 倍）试验合格后方可投入使用。

检查数量：全数检查。检验方法：检查制作记录，检查试验报告。

一般项目

3）混凝土沉井制作允许偏差应符合表 6-17 的规定。

4）混凝土沉井壁表面直无孔洞、露筋、蜂窝、麻面和宽度超过 0.15mm 的收缩裂缝。

检查数量：全数检查。

检验方法：观察。

混凝土沉井制作允许偏差　　　　　　表 6-17

项　目		允许偏差（mm）	检验频率		检查方法
			范围	点数	
沉井尺寸	长、宽	±0.5%边长，大于 24m 时±120	每座	2	用钢尺量长、宽各 1 点
	半径	±0.5%半径，大于 12m 时±60		4	用钢尺量，每侧 1 点
	对角线长度差	1%理论值，且不大于 80		2	用钢尺量，圆井量两个直径
径壁厚度	混凝土	+40 −30		4	用钢尺量，每侧 1 点
	钢壳和钢筋混凝土	±15			
	平整度	8		4	用 2m 直尺、塞尺量

（2）沉井下沉要求

主控项目

1）就地浇筑沉井首节下沉应在井壁混凝土达到设计强度后进行，其上各节达到设计强度的 75% 后方可下沉。

检查数量：全数检查。

检验方法：每节沉井下沉前检查同条件养护试件试验报告。

一般项目

2）就地制作沉井下沉就位允许偏差应符合表6-18的规定。

就地制作沉井下沉就位允许偏差　　　　　　　　　　表6-18

项　目	允许偏差（mm）	检验频率		检查方法
		范围	点数	
底面、顶面中心位置	$H/50$		4	用经纬仪测量纵横各2点
垂直度	$H/50$	每座	4	用经纬仪测量
平面扭角	1°		2	经纬仪检验纵横轴线交点

注：H 为沉井高度（mm）。

3）浮式沉井下沉就位允许偏差应符合表6-19的规定。

浮式沉井下沉就位允许偏差　　　　　　　　　　表6-19

项　目	允许偏差（mm）	检验频率		检查方法
		范围	点数	
底面、顶面中心位置	$H/50+250$		4	用经纬仪测量纵横各2点
垂直度	$H/50$	每座	4	用经纬仪测量
平面扭角	2°		2	经纬仪检验纵横轴线交点

注：H 为沉井高度（mm）。

4）下沉后内壁不得渗漏。检查数量：全数检查。检验方法：观察。

（3）清基后基底地质条件检验应符合《城市桥梁工程施工与质量验收规范》第10.7.2条第2条款的规定。

（4）封底填充混凝土应符合《城市桥梁工程施工与质量验收规范》第10.7.1条规定，且应符合下列要求：

一般项目

1）沉井在软土中沉至设计高程并清基后，待8h内累计下沉小于10mm时，方可封底。

检查数量：全数检查。

检验方法：水准仪测量。

2）沉井应在封底混凝土强度达到设计要求后方可进行抽水填充。

检查数量：全数检查。检验方法：抽水前检查同条件养护试件强度试验报告。

6. 地下连续墙质量检验规定

主控项目

（1）成槽的深度应符合设计要求。

检查数量：全数检查。检验方法：用重锤检查。

（2）水下混凝土质量检验应符合《城市桥梁工程施工与质量验收规范》第10.7.1条规定，且应符合下列要求：

1）墙身不得有夹层，局部凹进。

检查数量：全数检查。检验方法：检查无损检测报告。

2）接头处理应符合施工设计要求。

检查数量：全数检查。检验方法：观察、检查施工记录。

一般项目

3）地下连续墙允许偏差应符合表 6-20 的规定。

地下连接墙允许偏差　　　　　　　表 6-20

项　目	允许偏差（mm）	检验频率		检查方法
		范围	点数	
轴线位置	30	每单元段或每槽段	2	用经纬仪测量
外形尺寸	+30 0		1	用钢尺量一个断面
垂直度	5%墙高		1	用超声波测槽仪检测
顶面高程	+10		2	用水准仪测量
沉渣厚度	符合设计要求		1	用重锤或沉积物测定仪（沉淀盒）

7. 现浇混凝土承台质量检验规定

现浇混凝土承台质量检验，应符合《城市桥梁工程施工与质量验收规范》第 10.7.1 条规定，且应符合下列规定：

一般项目

（1）混凝土承台允许偏差应符合表 6-21 的规定。

混凝土承台允许偏差　　　　　　　表 6-21

项　目		允许偏差（mm）	检验频率		检查方法
			范围	点数	
断面尺寸	长、宽	±20	每座	4	用钢尺量，长宽各2点
承台厚度		0 +10		4	用钢尺量
顶面高程		±10		4	用水准仪测量测量四角
轴线偏移		15		4	用经纬仪测量，纵、横各2点
预埋件位置		10	每件	2	经纬仪放线，用钢尺量

（2）承台表面应无孔洞，露筋、缺棱掉角、蜂窝、麻面和宽度超过 0.15mm 的收缩裂缝。

检查数量：取数检查。

检验方法：观察、用读数放大镜观测。

6.6　墩台质量验收标准

1. 墩台施工涉及的模板与支架、钢筋、混凝土、预应力混凝土、砌体质量检验规定

墩台施工涉及的模板与支架、钢筋、混凝土、预应力混凝土、砌体质量检验应符合《城市桥梁工程施工与质量验收规范》第 5.4，6.5、7.13、8.5、9.6 节的规定。

2. 现浇混凝土墩台质量检验规定

现浇混凝土墩台质量检验应符合《城市桥梁工程施工与质量验收规范》CJJ 2—2008 第 11.5.1 条规定，且应符合下列规定：

一般项目

（1）现浇混凝土墩台允许偏差应符合表 6-22 的规定。

现浇混凝土墩台允许偏差　　　　　　　　表 6-22

项　目		允许偏差（mm）	检验频率		检查方法
			范围	点数	
墩台尺寸	长	+15 0	每个墩台 或每个阶段	2	用钢尺量
	厚	+10 −8		4	用钢尺量，每侧上、下各 1 点
顶面高程		±10		4	用水准仪测量
轴线偏移		10		4	用经纬仪测量，纵、横各 2 点
墙面垂直度		≤0.25%H 且不大于 25		2	用经纬仪测量或垂线和钢尺量
墙面平整度		8		4	用 2m 直尺、塞尺量
节段间错台		5		4	用钢尺和塞尺量
预埋件位置		5	每件	4	经纬仪放线，用钢尺量

注：H 为墩台高度（mm）。

（2）现浇混凝土柱允许偏差应符合表 6-23 的规定。

现浇混凝土柱允许偏差　　　　　　　　表 6-23

项　目		允许偏差（mm）	检验频率		检查方法
			范围	点数	
断面尺寸	长宽（直径）	±5	每根柱	2	用钢尺量，长宽各 1 点，圆柱量 2 点
顶面高程		±10		1	用水准仪测量
垂直度		≤0.2%H，且不大于 15		2	用经纬仪测量或垂线和钢尺量
轴线偏位		8		2	用经纬仪测量
平整度		5		2	用 2m 直尺、塞尺量
节段间错台		3		4	用钢板尺和塞尺量

注：H 为柱高（mm）。

（3）现浇混凝土挡土墙允许偏差应符合表 6-24 的规定。

现浇混凝土挡墙允许偏差　　　　　　　　表 6-24

项　目		允许偏差（mm）	检验频率		检查方法
			范围	点数	
墙身尺寸	长	±5	每 10m 墙长度	3	用钢尺量
	厚	±5		3	用钢尺量
顶面高程		±5		3	用水准仪测量
垂直度		0.15%H，且不大于 10		3	用经纬仪测量或垂线和钢尺量
轴线偏位		10		1	用经纬仪测量
直顺度		10		1	用 10m 小线，钢尺量
平整度		8		3	用 2m 直尺、塞尺量

注：H 为挡墙高度（mm）。

（4）混凝土表面应无孔洞、露筋、蜂窝、麻面。

检查数量：全数检查。

检验方法：观察。

3. 预制安装混凝土柱质量检验规定

预制安装混凝土柱质量检验应符合《城市桥梁工程施工与质量验收规范》第 11.5.1 条规定，且应符合下列规定。

主控项目

（1）柱与基础连接处必须接触严密，焊接牢固，混凝土灌注密实，混凝土强度符合设计要求。

检查数量：全数检查。检验方法：观察、检查施工记录、用焊缝量规量测，检查试件试验报告。

一般项目

（2）预制混凝土柱制作允许偏差应符合表 6-25 的规定。

预制混凝土柱制作允许偏差　　　　　　　　　　　　　　表 6-25

项　目		允许偏差（mm）	检验频率		检查方法
			范围	点数	
断面尺寸	长宽（直径）	±5	每个柱	4	用钢尺量，厚、宽各 2 点（圆断面量直径）
高度		±10		2	用钢尺量
预应力筋孔道位置		10	每个孔道	1	
侧向弯曲		$H/750$	每个柱	1	沿构件全高拉线，用钢尺量
平整度		3		2	2m 直尺，塞尺量

注：H 为柱高（mm）。

（3）预制柱安装允许偏差应符合表 6-26 规定。

预制柱安装允许偏差　　　　　　　　　　　　　　表 6-26

项　目	允许偏差（mm）	检验频率		检查方法
		范围	点数	
平面位置	10		2	用经纬仪测量，纵、横向各 1 点
埋入基础深度	不小于设计要求		1	用钢尺量
相邻间距	±10		1	用钢尺量
垂直度	≤0.5%H 且不大于 20	每个柱	2	用经纬仪测量或用垂线和钢尺量，纵横向各 1 点
墩、柱顶高程	±10		1	用水准仪测量
节段间错台	3		4	用钢板尺和塞尺量

注：H 为柱高（mm）。

（4）混凝土柱表面应无孔洞、露筋、蜂窝、麻面和缺棱掉角现象。

检查数量：全数检查。

检验方法：观察。

4. 现浇混凝土盖梁质量检验规定

现浇混凝土盖梁质量检验应符合《城市桥梁工程施工与质量验收规范》第 11.5.1 条规定，且应符合下列规定：

主控项目

（1）现浇混凝土盖梁不得出现超过设计规定的受力裂缝。

检查数量：全数检查。

检验方法：观察。

一般项目

（2）现浇混凝土盖梁允许偏差应符合表 6-27 的规定。

表 6-27

现浇混凝土盖梁允许偏差

项　目		允许偏差（mm）	检验频率		检查方法
			范围	点数	
盖梁尺寸	长	+20 −10	每个盖梁	2	用钢尺量，两侧各 1 点
	宽	+10 0		3	用钢尺量，两端及中间各 1 点
	高	±5		3	
盖梁轴线偏位		8		4	用经纬仪测量，纵横各 2 点
盖梁顶面高程		0 −5		3	用水准仪测量，两端及中间各 1 点
平整度		5		2	用 2m 直尺，塞尺量
支座垫石预留位置		10		4	用钢尺量，纵横各 2 点
预埋件位置	高程	±2	每个	1	用水准仪测量
	轴线	5	每件	1	用经纬仪放线，用钢尺量

（3）盖梁表面应无孔洞、露筋，蜂窝，麻面。

检查数量：全数检查。检验方法：观察。

5. 台背填土质量检验规定

台背填土质量检验应符合现行行业标准《城镇道路工程施工与质量验收规范》CJJ 1 有关规定，且应符合下列规定：

主控项目

（1）台身、挡墙混凝土强度达到设计强度的 75％ 以上时，方可回填土。检查数量：全数检查。检验方法：观察、检查同条件养护试件试验报告。

（2）拱桥台背填土应在承受拱圈水平推力前完成。

检查数量：全数检查。检验方法：观察。

一般项目

（3）台背填土的长度，台身顶面处不应小于桥台高度加 2m，底面不应小于 2m，拱桥台背填土长度不应小于台高的 3～4 倍。

检查数量：全数检查。检验方法：观察、用钢尺量，检查施工记录。

6.7　支座质量验收标准

主控项目

（1）支座应进行进场检验。

检查数量：全数检查。

检验方法：检查合格证、出厂性能试验报告。

（2）支座安装前，应检查跨距、支座栓孔位置和支座垫石顶面高程、平整度、坡度、坡向，确认符合设计要求。

检查数量：全数检查。检验方法：用经纬仪和水准仪与钢尺量测。

（3）支座与梁底及垫石之间必须密贴，间隙不得大于 0.3mm。垫层材料和强度应符合设计要求。

检查数量：全数检查。检验方法：观察或用塞尺检查、检查垫层材料产品合格证。

（4）支座锚栓的埋置深度和外露长度应符合设计要求。支座锚栓应在其位置调整准确后固结，锚栓与孔之间隙必须填捣密实。

检查数量：全数检查。检验方法：观察。

（5）支座的粘结灌浆和润滑材料应符合设计要求。

检查数量：全数检查。检验方法：检查粘结灌浆材料的配合比通知单、检查润滑材料的产品合格证、进场验收记录。

一般项目

（6）支座安装允许偏差应符合表 6-28 的规定。

支座安装允许偏差　　　　　　　　　　　　　　表 6-28

项　目	允许偏差（mm）	检验频率		检查方法
		范围	点数	
支座高程	±5	每个支座	1	用水准仪测量
支座偏位	3		2	用经纬仪、钢尺量

6.8　混凝土梁板质量验收标准

1. 混凝土梁（板）施工中涉及模板与支架、钢筋、混凝土、预应力混凝土的质量检验规定

混凝土梁（板）施工中涉及模板与支架、钢筋、混凝土、预应力混凝土的质量检验应符合《城市桥梁工程施工与质量验收规范》第 5.4、6.5、7.13，8.5 节的有关规定。

2. 支架上浇筑梁（板）质量检验规定

支架上浇筑梁（板）质量检验应符合《城市桥梁工程施工与质量验收规范》第 10.7.1 条规定，且应符合下列规定：

主控项目

（1）结构表面不得出现超过设计规定的受力裂缝。检查数量：全数检查。检验方法：观察或读数放大镜观测。

一般项目

（2）整体浇筑钢筋混凝土梁、板允许偏差应符合表 6-29 的规定。

整体浇筑钢筋混凝土梁、板允许偏差 表 6-29

项 目		允许偏差（mm）	检验频率		检查方法
			范围	点数	
轴线位置		10		3	用经纬仪测量
梁板顶面高程		±10		3～5	用水准仪测量
断面尺寸（mm）	高	+5 −10	每跨	1～3 个断面	用钢尺量
	宽	±30			
	顶、底、腹板厚	+10 0			
长度		+5 −10		2	用钢尺量
横坡（%）		±0.15		1～3	用水准仪测量
平整度		8		顺桥向每断面每10m测1点	用 2m 直尺、塞尺量

(3) 结构表面应无孔洞、露筋、蜂窝，麻面和宽度超过 0.15mm 的收缩裂缝。

检查数量：全数检查。检验方法：观察、用读数放大镜观测。

3. 预制安装梁（板）质量检验规定

预制安装梁（板）质量检验应符合《城市桥梁工程施工与质量验收规范》第 13.7.1 条规定，且应符合下列规定：

主控项目

(1) 结构表面不得出现超过设计规定的受力裂缝。

检查数量：全数检查。

检验方法：观察或用读数放大镜观测。

(2) 安装时结构强度及预应力孔道砂浆强度必须符合设计要求，设计未要求时，必须达到设计强度的 75%。

检查数量：全数检查。检验方法：检查试验强度试验报告。

一般项目

(3) 预制梁、板允许偏差应符合表 6-30 的规定。

预制梁、板允许偏差 表 6-30

项 目		允许偏差（mm）		检验频率		检查方法
		梁	板	范围	点数	
断面尺寸	高	0 −10	0 −10	每个构件	5	用钢尺量，端部、L/4 处和中间各 1 点
	宽	±5	—		5	
	顶、底、腹板厚	±5	±5		5	
长度		0 −10	0 −10		4	用钢尺量，两侧上、下各 1 点
侧向弯曲		L/1000 且不大于 10	L/1000 且不大于 10		2	沿构件全长拉线，用钢尺量，左右各 1 点
对角线长度差		15	15		1	用钢尺量
平整度		8			2	用 2m 直尺，塞尺量

注：L 为构件长度（mm）。

(4) 架、板安装允许偏差应符合表 6-31 的规定。

梁、板安装允许偏差　　　　　　　　　　　**表 6-31**

项　目		允许偏差（mm）	检验频率		检查方法
			范围	点数	
平面位置	顺桥纵轴线方向	10	每个构件	1	用经纬仪测量
	垂直桥纵轴线方向	5		1	
焊接横隔梁相对位置		10	每处	1	用钢尺量
湿接横隔梁相对位置		20		1	
伸缩缝宽度		+10 −5	每个构件	1	
支座板	每块位置	5		2	用钢尺亮，纵、横各1点
	每块边缘高差	1		2	用钢尺亮，纵、横各1点
焊缝长度		不小于设计要求每处	每处	1	抽查焊缝的10%
相邻两构件支点处顶面高差		10		2	
块体拼装立缝宽度		+10 −5	每个构件	1	用钢尺量
垂直度		1.2%	每孔2片梁	2	用垂线和钢尺量

（5）混凝土表面应无孔洞、露筋、蜂窝、麻面和宽度超过 0.15mm 的收缩裂缝。

检查数量：全数检查。

检验方法：观察、读数放大镜观测。

4. 悬臂浇筑预应力混凝土梁质量检验规定

悬臂浇筑预应力混凝土梁质量检验应符合《城市桥梁工程施工与质量验收规范》第13.7.1 条规定，且应符合下列规定：

主控项目

（1）悬臂浇筑必须对称进行，桥墩两侧平衡偏差不得大于设计规定，轴线挠度必须在设计规定范围内。

检查数量：全数检查。检验方法：检查监控量测记录。

（2）梁体表面不得出现超过设计规定的受力裂缝。

检查数量：全数检查。检验方法：观察或用读数放大镜观测。

（3）悬臂合龙时，两侧梁体的高差必须在设计允许范围内。检查数量：全数检查。检验方法：用水准仪测量、检查测量记录。

一般项目

（4）悬臂浇筑预应力混凝土梁允许偏差应符合表 6-32 的规定。

悬臂浇筑预应力混凝土梁允许偏差　　　　　　　　　　**表 6-32**

项　目		允许偏差（mm）	检验频率		检查方法
			范围	点数	
轴线偏移	$L \leqslant 100m$	10	节段	2	用全站仪/经纬仪测量
	$L > 100m$	$L/10000$			
顶面高程	$L \leqslant 100m$	±20	节段	2	用水准仪测量
	$L > 100m$	$±L/5000$			
	相邻接段高差	10			用钢尺量

项　目		允许偏差（mm）	检验频率		检查方法
			范围	点数	
断面尺寸	高	+5 −10	节段	1个断面	用钢尺量
	宽	±30			
	顶、底、腹板厚	+10 0			
合拢后同跨对 称点高程差	L≤100m	20	每跨	5～7	用水准仪测量
	L>100m	L/5000			
横坡（%）		±0.15	节段	1～2	用水准仪测量
平整度		8	检查竖直、水平两个方 向，每侧面每10m梁长	1	用2m直尺、塞尺量

注：L为桥梁跨度（mm）。

（5）梁体线形平顺。相邻梁段接缝处无明显折弯和错台。梁体表面无孔洞、露筋、蜂窝、麻面和宽度超过0.15m的收缩裂缝。

检查数量：全数检查。检验方法：观察、用读数放大镜观测。

6.9　桥面系质量验收标准

1. 排水设施质量检验规定

主控项目

（1）桥面排水设施的设置应符合设计要求，泄水管应畅通无阻。

检查数量：全数检查。

检验方法：观察。

一般项目

（2）桥面泄水口应低于桥面铺装层10～15mm。

检查数量：全数检查。

检验方法：观察。

（3）泄水管安装应牢固可靠，与铺装层及防水层之间应结合密实，无渗漏现象；金属泄水管应进行防腐处理。

检查数量：全数检查。检验方法：观察。

（4）桥面泄水口位置允许偏差应符合表6-33的规定。

桥面泄水口位置允许偏差　　　　　　　　　　　表6-33

项　目	允许偏差（mm）	检验频率		检验方法
		范围	点数	
高程	0 −10	每孔	1	用水准仪测量
间距	±100		1	用钢尺量

2. 桥面防水层质量检验规定

主控项目

（1）防水材料的品种、规格、性能、质量应符合设计要求和相关标准规定。

检查数量：全数检查。检验方法：检查材料合格证、进场验收记录和质量检验报告。

（2）防水层、粘结层与基层之间应密贴，结合牢固。

检查数量：全数检查。检验方法：观察、检查施工记录。

一般项目

（3）混凝土桥面防水层粘结质量和施工允许偏差应符合表 6-34 的规定。

混凝土桥面防水层粘结质量和施工允许偏差　　　　　表 6-34

项　目	允许偏差（mm）	检验频率		检验方法
		范围	点数	
卷材接槎搭接宽度	不小于规定	每 20 延米	1	用钢尺量
防水涂膜厚度	符合设计要求；设计未规定时 ±0.1	每 200m²	4	用测厚仪检测
粘结强度（MPa）	不小于设计要求，且≥0.3（常温），≥0.2（气温≥35℃）	每 200m²	4	拉拔仪（拉拔速度：10mm/min）
抗剪强度（MPa）	不小于设计要求，且≥0.4（常温），≥0.3（气温≥35℃）	1组	3个	剪切仪（剪切速度：10mm/min）
剥离强度（N/mm）	不小于设计要求，且≥0.3（常温），≥0.2（气温≥35℃）	1组	3个	90°剥离仪（剪切速度：100mm/min）

（4）钢桥面防水粘结层质量应符合表 6-35 的规定。

钢桥面防水粘结层质量　　　　　表 6-35

项　目	允许偏差（mm）	检验频率		检验方法
		范围	点数	
钢桥面清洁度	符合设计要求	全部		GB 8923 规定标准图片对照检查
粘结层厚度	符合设计要求	每洒布段	6	用测厚仪检测
粘结层与基层结合力（MPa）	不小于设计要求	每洒布段	6	用拉拔仪检测
防水层总厚度	不小于设计要求	每洒布段	6	用测厚仪检测

（5）防水材料铺装或涂刷外观质量和细部做法应符合下列要求：

1）卷材防水层表面平整，不得有空鼓、脱层、裂缝、翘边、油包、气泡和皱褶等现象；

2）涂料防水层的厚度应均匀一致，不得有漏涂处；

3）防水层与泄水口、汇水槽接合部位应密封，不得有漏封处。

检查数量：全数检查。

检验方法：观察。

3. 桥面铺装层质量检验规定

主控项目

（1）桥面铺装层材料的品种、规格、性能、质量应符合设计要求和相关标准规定。

检查数量：全数检查。检验方法：检查材料合格证、进场验收记录和质量检验报告。

（2）水泥混凝土桥面铺装层的强度和沥青混凝土桥面铺装层的压实度应符合设计要求。

检查数量和检验方法应符合现行行业标准《城镇道路工程施工与质量验收规范》CJJ 1 的有关规定。

一般项目

（3）桥面铺装面层允许偏差应符合表 6-36、表 6-37 的规定。

水泥混凝土桥面铺装面层允许偏差 表 6-36

项　目	允许偏差	检验频率		检验方法
		范围	点数	
厚度	±5mm	每 20 延米	3	用水准仪对比浇筑前后标高
横坡	±0.15%		1	用水准仪测量 1 个断面
平整度	符合城市道路面层标准			按城市道路工程检测规定执行
抗滑构造深度	符合设计要求	每 200m	3	铺砂法

注：跨度小于 20m 时，检验频率按 20m 计算。

沥青混凝土桥面铺装面层允许偏差 表 6-37

项　目	允许偏差	检验频率		检验方法
		范围	点数	
厚度	±5mm	每 20 延米	3	用水准仪对比浇筑前后标高
横坡	±0.3%		1	用水准仪测量 1 个断面
平整度	符合道路面层标准			按城市道路工程检测规定执行
抗滑构造深度	符合设计要求	每 200m	3	铺砂法

注：跨度小于 20m 时，检验频率按 20m 计算。

（4）外观检查应符合下列要求：

1）水泥混凝土桥面铺装面层表面应坚实、平整，无裂缝，并应有足够的粗糙度；面层伸缩缝应直顺，灌缝应密实；

2）沥青混凝土桥面铺装层表面应坚实、平整，无裂纹、松散、油包、麻面；

3）桥面铺装层与桥头路接槎应紧密、平顺。检查数量：全数检查。检验方法：观察。

4. 伸缩装置质量检验规定

主控项目

（1）伸缩装置的形式和规格必须符合设计要求，缝宽应根据设计规定和安装时的气温进行调整。

检查数量：全数检查。检验方法：观察、钢尺量测。

（2）伸缩装置安装时焊接质量和焊缝长度应符合设计要求和规范规定，焊缝必须牢固，严禁用点焊连接。大型伸缩装置与钢梁连接处的焊缝应做超声波检测。

检查数量：全数检查。检验方法：观察、检查焊缝检测报告。

（3）伸缩装置锚固部位的混凝土强度应符合设计要求，表面应平整，与路面衔接应平顺。

检查数量：全数检查。检验方法：观察、检查同条件养护试件强度试验报告。

（4）伸缩装置安装允许偏差应符合表 6-38 的规定。

伸缩装置安装允许偏差 表 6-38

项 目	允许偏差（mm）	检验频率		检验方法
		范围	点数	
顺桥平整度	符合道路标准			按道路检验标准检测
相邻板差	2	每条缝	每车道1点	用钢板尺和塞尺量
缝宽	符合设计要求			用钢尺量，任意选点
与桥面高差	2			用钢板尺和塞尺量
长度	符合设计要求		2	用钢尺量

（5）伸缩装置应无渗漏、无变形，伸缩缝应无阻塞。

检查数量：全数检查。检验方法：观察。

5. 地袱、缘石、挂板质量检验规定

主控项目

（1）地袱、缘石、挂板混凝土的强度必须符合设计要求。检查数量和检验方法，均应符合《城市桥梁工程施工与质量验收规范》第 7.13 节有关规定。对于构件厂生产的定型产品进场时，应检验出厂合格证和试件强度试验报告。

（2）预制地袱、缘石、挂板安装必须牢固，焊接连接应符合设计要求；现浇地袱钢筋的锚固长度应符合设计要求。

检查数量：全数检查。检验方法：观察。

一般项目

（3）预制地袱、缘石、挂板允许偏差应符合表 6-39 的规定；安装允许偏差应符合表 6-40 的规定。

预制地袱、缘石、挂板允许偏差 表 6-39

项 目		允许偏差（mm）	检验频率		检验方法
			范围	点数	
断面尺寸	宽	±3		1	用钢尺量
	高			1	
长度		0 −10	每件（抽查10%，且不少于5件）	1	用钢尺量
侧向弯曲		$L/750$		1	沿构件全长拉线用钢尺量（L 为构件长度）

地袱、缘石、挂板安装允许偏差 表 6-40

项 目	允许偏差（mm）	检验频率		检验方法
		范围	点数	
直顺度	5	每跨侧	1	用10m线和钢尺量
相邻板块高差	3	每接缝（抽查10%）	1	用钢板尺和塞尺量

注：两个伸缩缝之间的为一个验收批。

211

（4）伸缩缝必须全部贯通，并与主梁伸缩缝相对应。

检查数量：全数检查。检验方法：观察。

（5）地袱、缘石、挂板等水泥混凝土构件不得有孔洞、露筋、蜂窝、麻面、缺棱、掉角等缺陷；安装的线形应流畅平顺。

检查数量：全数检查。检验方法：观察。

6. 防护设施质量检验规定

主控项目

（1）混凝土栏杆、防撞护栏、防撞墩、隔离墩的强度应符合设计要求，安装必须牢固、稳定。

检查数量：全数检查。检查方法：观察、检查混凝土试件强度试验报告。

（2）金属栏杆、防护网的品种、规格应符合设计要求，安装必须牢固。检验数量：全数检查。检查方法：观察、用钢尺量、检查产品合格证、检查进场检验记录、用焊缝量规检查。

一般项目

（3）预制混凝土栏杆允许偏差应符合表 6-41 的规定。栏杆安装允许偏差应符合表 6-42 的规定。

预制混凝土栏杆允许偏差 表 6-41

项目		允许偏差（mm）	检验频率		检验方法
			范围	点数	
断面尺寸	宽	±4	每件（抽查 10%，且不少于 5 件）	1	用钢尺量
	高			1	
长度		0 −10		1	用钢尺量
侧向弯曲		L/750		1	沿构件全长拉线，用钢尺量（L 为构件长度）

栏杆安装允许偏差 表 6-42

项目		允许偏差（mm）	检验频率		检验方法
			范围	点数	
直顺度	扶手	4	每跨侧	1	用 10m 线和钢尺量
垂直度	栏杆柱	3	每柱（抽查 10%）	2	用垂线和钢尺量，顺、横桥轴方向各 1 点
栏杆间距		±3	每柱（抽查 10%）		用钢尺量
相邻栏杆扶手高差	有柱	4	每柱（抽查 10%）		用钢尺量
	无柱	2			
栏杆平面偏位		4	每 30m		用经纬仪和钢尺量

注：现场浇筑的栏杆、扶手和钢结构栏杆、扶手的允许偏差可按本款执行。

（4）金属栏杆、防护网必须按设计要求作防护处理，不得漏涂、剥落。

检查数量：抽查 5%。检验方法：观察、用涂层测厚检查。

（5）防撞护栏、防撞墩、隔离墩允许偏差应符合表 6-43 的规定。

防撞护栏、防撞墩、隔离墩允许偏差 表6-43

项 目	允许偏差（mm）	检验频率		检验方法
		范围	点数	
直顺度	5	每20m	1	用20m线和钢尺量
平面偏位	4	每20m	1	经纬仪放线，用钢尺最
预埋件位置	5	每件	2	经纬仪放线，用钢尺量
断面尺寸	±5	每20m	1	用钢尺量
相邻高差	3	抽查20%	1	用钢板尺和钢尺量
顶面高程	±10	每20m	1	用水准仪测量

（6）防护网安装允许偏差应符合表6-44的规定。

防护网安装允许偏差 表6-44

项 目	允许偏差（mm）	检验频率		检验方法
		范围	点数	
防护网直顺度	5	每10m	1	用10m线和钢尺量
立柱垂直度	5	每柱（抽查20%）	2	用垂线和钢尺量，顺、横桥轴方向各1点
立柱中距	±10	每处（抽查20%）	1	用钢尺量
高度	±5			

（7）防护网安装后，网面应平整，无明显翘曲、凹凸现象。

检查数量：全数检查。检验方法：观察。

（8）混凝土结构表面不得有孔洞、露筋、蜂窝、麻面、缺棱、掉角等缺陷，线形应流畅平顺。

检查数量：全数检查。检验方法：观察。

（9）防护设施伸缩缝必须全部贯通，并与主梁伸缩缝相对应。

检查数量：全数检查。检验方法：观察。

7. 人行道质量检验应符合下列规定：

主控项目

（1）人行道结构材质和强度应符合设计要求。

检查数量：全数检查。检验方法：检查产品合格证和试件强度试验报告。

一般项目

（2）人行道铺装允许偏差应符合表6-45的规定。

人行道铺装允许偏差 表6-45

项 目	允许偏差（mm）	检验频率		检验方法
		范围	点数	
人行道边缘平面偏位	5		2	用20m线和钢尺量
纵向高程	+10 0		2	
接缝两侧高差	2	每20m一个断面	2	用水准仪测量
横坡	±0.3%		3	
平整度	5		3	用3m直尺、塞尺量

6.10 附属结构质量验收标准

1. 附属结构施工中涉及模板与支架、钢筋、混凝土、砌体和钢结构质量检验规定

附属结构施工中涉及模板与支架、钢筋、混凝土、砌体和钢结构质量检验应符合《城市桥梁工程施工与质量验收规范》第5.4、6.5、7.13、9.6、14.3节有关规定。

2. 隔声与防眩装置质量检验规定

主控项目

(1) 声屏障的降噪效果应符合设计要求。

检查数量和检验方法：按环保或设计要求方法检测。

(2) 隔声与防眩装置安装应符合设计要求，安装必须牢固、可靠。

检查数量：全数检查。检验方法：观察、用钢尺量、用焊缝量规检查、手扳检查、检查施工记录。

一般项目

(3) 隔声与防眩装置防护涂层厚度应符合设计要求，不得漏涂、剥落，表面不得有气泡、起皱、裂纹、毛刺和翘曲等缺陷。

检查数量：抽查20%，且同类构件不少于3件。

检验方法：观察、涂层测厚仪检查。

(4) 防眩板安装应与桥梁线形一致，板间距、遮光角应符合设计要求。

检查数量：全数检查。

检验方法：观察、用角度尺检查。

(5) 声屏障安装允许偏差应符合表6-46的规定。

声屏障安装允许偏差 表6-46

项 目	允许偏差（mm）	检验频率		检验方法
		范围	点数	
中线偏位	10	每柱（抽查30%）	1	用经纬仪和钢尺量
顶面高程	±20	每柱（抽查30%）	1	用水准仪测量
金属立柱中距	±10	每处（抽查30%）		用钢尺量
金属直柱垂直度	3	每柱（抽查30%）	2	用垂线和钢尺量，顺、横桥各1点
屏体厚度	±2	每处（抽查15%）	1	用游标卡尺量
屏体宽度、高度	±10	每处（抽查15%）	1	用钢尺量

(6) 防眩板安装允许偏差应符合表6-47的规定。

防眩板安装允许偏差 表6-47

项 目	允许偏差（mm）	检验频率		检验方法
		范围	点数	
防眩板直顺度	8	每跨侧	1	用10m线和钢尺量
垂直度	5	每柱（抽查10%）	2	用垂线和钢尺量，顺、横桥各1点
立柱中距 高度	±10	每处（抽查10%）	1	用钢尺量

3. 梯道质量检验规定

梯道质量检验应符合《城市桥梁工程施工与质量验收规范》第 21.6.1 条规定，且应符合下列规定：

一般项目

（1）混凝土梯道抗磨、防滑设施应符合设计要求。抹面、贴面面层与底层应粘结牢固。

检查数量：检查梯道数量的 20%。检验方法：观察、小锤敲击。

（2）混凝土梯道允许偏差应符合表 6-48 的规定。

混凝土梯道允许偏差　　表 6-48

项　目	允许偏差（mm）	检验频率		检验方法
		范围	点数	
踏步高度	±5		2	用钢尺量
踏面宽度	±5	每跑台阶抽查 10%	2	用钢尺量
防滑条位置	5		2	用钢尺量
防滑条高度	±3		2	用钢尺量
台阶平台尺寸	±5	每个	2	用钢尺量
坡道坡度	±2%	每跑	2	用坡度尺量

注：应保证平台不积水，雨水可由上向下自流出。

（3）钢梯道梁制作允许偏差应符合表 6-49 的规定。

钢梯道梁制作允许偏差　　表 6-49

项　目	允许偏差（mm）	检验频率		检验方法
		范围	点数	
梁高	±2		2	
梁宽	±3		2	
梁长	±5		2	
梯道梁安装孔位置	±3	每件	2	用钢尺量
对角线长度差	4		2	
梯道梁踏步间距	±5		2	
梯道梁纵向挠曲	≤L/1000，且不大于 10		2	
踏步板不平直度	1/100		2	沿全长拉线，用钢尺量

注：L 为梁长（mm）。

（4）钢梯道安装允许偏差应符合表 6-50 的规定。

钢梯道安装允许偏差　　表 6-50

项　目	允许偏差（mm）	检验频率		检验方法
		范围	点数	
梯道平台高程	±15			用水准仪测量
梯道平台水平度	15			
梯道侧向弯曲	10	每件	2	沿全长拉线，用钢尺量
梯道轴线对定位轴线的偏位	5			用经纬仪测量
梯道栏杆高度和立杆间距	±3	每道		用钢尺量
无障碍 C 形坡道和螺旋梯道高程	±15			用水准仪测量

注：梯道平台水平度应保证梯道平台不积水，雨水可由上向下流出梯道。

4. 桥头搭板质量检验规定

桥头搭板质量检验应符合《城市桥梁工程施工与质量验收规范》第 21.6.1 条规定，

且应符合下列规定：

一般项目

（1）桥头搭板允许偏差应符合表 6-51 的规定。

混凝土桥头搭板（预制或现浇）允许偏差　　　　　　表 6-51

项　目	允许偏差（mm）	检验频率		检验方法
		范围	点数	
宽度	±10	每块	2	用钢尺量
厚度	±5		2	
长度	±10		2	
顶面高程	±2		3	用水准仪测量，每端 3 点
轴线偏位	10		2	用经纬仪测量
板顶纵坡	±0.3%		3	用水准仪测量，每端 3 点

（2）混凝土搭板、枕梁不得有蜂窝、露筋，板的表面应平整，板边缘应直顺。

检查数量：全数检查。检验方法：观察。

（3）搭板、枕梁支承处接触严密、稳固，相邻板之间的缝隙应嵌填密实。

检查数量：全数检查。检验方法：观察。

5. 防冲刷结构质量检验规定

防冲刷结构质量检验应符合《城市桥梁工程施工与质量验收规范》第 21.6.1 条规定，且应符合下列规定：

一般项目

（1）锥坡、护坡、护岸允许偏差应符合表 6-52 的规定。

锥坡、护坡、护岸允许偏差　　　　　　表 6-52

项　目	允许偏差（mm）	检验频率		检验方法
		范围	点数	
顶面高程	±50	每个，50m	3	用水准仪测量
表面平整度	30	每个，50m	3	用 2m 直尺、钢尺量
坡度	不陡于设计	每个，50m	3	用钢尺量
厚度	不小于设计	每个，50m	3	用钢尺量

注：1. 不足 50m 部分，取 1～2 点；
　　2. 海堤结构允许偏差可按本表 1、2、4 项执行。

（2）导流结构允许偏差应符合表 6-53 的规定。

导流结构允许偏差　　　　　　表 6-53

项　目		允许偏差（mm）	检验频率		检验方法
			范围	点数	
平面位置		30	每个	2	用经纬仪测量
长度		0 -100		1	用钢尺量
断面尺寸		不小于设计		5	用钢尺量
高程	基底	不高于设计		5	用水准仪测量
	顶面	±30			

216

6. 照明系统质量检验规定

照明系统质量检验应符合《城市桥梁工程施工与质量验收规范》第 21.6.1 条规定，且应符合下列规定：

主控项目

（1）电缆、灯具等的型号、规格、材质和性能等应符合设计要求。

检查数量：全数检查。检查方法：检查产品出厂合格证和进场验收记录。

（2）电缆接线应正确，接头应作绝缘保护处理，严禁漏电。接地电阻必须符合设计要求。

检查数量：全数检查。

检查方法：观察、用电气仪表检测。

一般项目

（3）电缆铺设位置正确，并应符合国家现行标准的规定。

检查数量：全数检查。检查方法：观察、检查施工记录。

（4）灯杆（柱）金属构件必须作防腐处理，涂层厚度应符合设计要求。

检查数量：抽查 10%，且同类构件不少于 3 件。检查方法：观察、用干膜测厚仪检查。

（5）灯杆、灯具安装位置应准确、牢固。

检查数量：全数检查。检查方法：观察、螺栓用扳手检查、焊缝用量规量测。

（6）照明设施安装允许偏差应符合表 6-54 的规定。

照明设施安装允许偏差　　　　　　　　　　　表 6-54

项　　目		允许偏差（mm）	检验频率		检验方法
			范围	点数	
灯杆地面以上高度		±40	每杆（柱）	1	用钢尺量
灯杆（柱）竖直度		$H/500$			用经纬仪测量
平面位置	纵向	20			经纬仪放线，用钢尺量
	横向	10			

注：表中 H 为灯杆高度。

第7章 城市管道工程质量验收标准

7.1 土石方与地基处理质量验收标准

主控项目

(1) 原状地基土不得扰动、受水浸泡或受冻；

检查方法：观察，检查施工记录。

(2) 地基承载力应满足设计要求；

检查方法：观察，检查地基承载力试验报告。

(3) 进行地基处理时，压实度、厚度满足设计要求；

检查方法：按设计要求进行检查，检查检测记录、试验报告。

一般项目

(4) 沟槽开挖允许偏差应符合表 7-1 的规定；

沟槽开挖允许偏差   表 7-1

序号	检查项目	允许偏差（mm）		检查数量		检查方法
				范围	点数	
1	槽底高程	土方	±20	两井之间	3	用水准仪测量
		石方	+20、-200			
2	槽底中线每侧宽度	不小于规定		两井之间	6	挂中线用钢尺量测，每侧计3点
3	沟槽边坡	不陡于规定		两井之间	6	用坡度尺量测，每侧计3点

(1) 沟槽支护应符合现行国家标准《建筑地基基础工程施工质量验收规范》GB 50202 的相关规定，对于撑板、钢板桩支撑还应符合下列规定：

主控项目

1) 支撑方式、支撑材料符合设计要求；

检查方法：观察，检查施工方案。

2) 支护结构强度、刚度、稳定性符合设计要求；

检查方法：观察，检查施工方案、施工记录。

一般项目

3) 横撑不得妨碍下管和稳管；

检查方法：观察。

4) 支撑构件安装应牢固、安全可靠，位置正确；

检查方法：观察。

5）支撑后，沟槽中心线每侧的净宽不应小于施工方案设计要求；

检查方法：观察，用钢尺量测。

6）钢板桩的轴线位移不得大于50mm；垂直度不得大于1.5%；

检查方法：观察，用小线、垂球量测。

（2）沟槽回填应符合下列规定：

主控项目

1）回填材料符合设计要求；

检查方法：观察；按国家有关规范规定和设计要求进行检查，检查检测报告。

检查数量：条件相同的回填材料，每铺筑1000m²，应取样一次，每次取样至少应做两组测试；回填材料条件变化或来源变化时，应分别取样检测。

2）沟槽不得带水回填，回填应密实；

检查方法：观察，检查施工记录。

3）柔性管道的变形率不得超过设计要求或《给水排水管道工程施工及验收规范》第4.5.12条规定，管壁不得出现纵向隆起、环向扁平和其他变形情况；

检查方法：观察，方便时用钢尺直接量测，不方便时用圆度测试板或芯轴仪管内拖拉量测管道变形率；检查记录，检查技术处理资料；

检查数量：试验段（或初始50m）不少于3处，每100m正常作业段（取起点、中间点、终点近处各一点），每处平行测量3个断面，取其平均值。

4）回填土压实度应符合设计要求，当设计无要求时，应符合表7-2、表7-3的规定。柔性管道沟槽回填部位与压实度见图7-1；

刚性管道沟槽回填土压实度   表7-2

序号	项目			最低压实度（%）		检查数量		检查方法
				重型击实标准	轻型击实标准	范围	点数	
1	石灰土类垫层			93	95	100m		
2	沟槽在路基范围外	胸腔部分	管侧	87	90			用环刀法检查或采用现行国家标准《土工试验方法标准》（GB/T 50123）中其他方法
			管顶以上500mm	87±2%（轻型）				
			其余部分	≥90（轻型）或按设计要求				
		农田或绿地范围表层500mm范围内		不宜压实，预留沉降量，表面整平				
3	沟槽在路基范围内	胸腔部分	管侧	87	90	两井之间或1000m²	每层每侧一组（每组3点）	
			管顶以上250mm	87±2%（轻型）				
		由路槽底算起的深度范围（mm）	≤800	快速路及主干路	95	98			
				次干路	93	95			
				支路	90	92			
			>800~1500	快速路及主干路	93	95			
				次干路	90	92			
				支路	87	90			
			>1500	快速路及主干路	87	90			
				次干路	87	90			
				支路	87	90			

注：表中重型击实标准的压实度和轻型击实标准的压实度，分别以相应的标准击实试验法求得的最大干密度为100%。

槽内部位		压实度(%)	回填材料	检查数量		检查方法
				范围	点数	
管道基础	管底基础	≥90	中、粗砂	每 100m		用环刀法检查或采用现行国家标准《土工试验方法标准》GB/T 50123 中其他方法
	管道有效支撑角范围	≥95				
	管道两侧	≥95	中、粗砂、碎石屑，最大粒径小于40mm 的砂砾或符合要求的原土	两井之间或每 1000m²	每层每侧一组（每组 3 点）	
管顶以上500mm	管道两侧	≥90				
	管道上部	≥85				
管顶 500mm 以上		≤90	原土回填			

注：回填土的压实度，除设计要求用重型击实标准外，其他皆以轻型击实标准试验获得最大干密度为 100%。

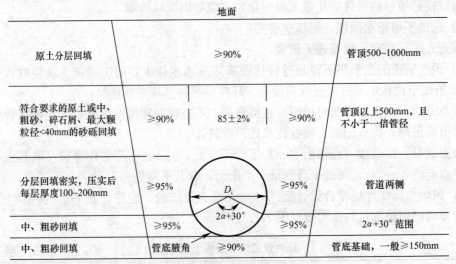

图 7-1　柔性管道沟槽回填部位与压实度示意图

一般项目

5）回填应达到设计高程，表面应平整；

检查方法：观察；有疑问处用水准仪测量。

6）回填时管道及附属构筑物无损伤、沉降、位移；

检查方法：观察，有疑问处用水准仪测量。

7.2　开槽施工管道主体结构质量验收标准

1. 管道基础规定

主控项目

（1）原状地基的承载力符合设计要求；

检查方法：观察，检查地基处理强度或承载力检验报告、复合地基承载力检验报告。

（2）混凝土基础的强度符合设计要求；

检验数量：混凝土验收批与试块留置按照现行国家标准《给水排水构筑物工程施工及

验收规范》GB 50141—2008 第 6.2.8 条第 2 款执行；

检查方法：混凝土基础的混凝土强度验收应符合现行国家标准《混凝土强度检验评定标准》GB/T 50107—2010 的有关规定。

（3）砂石基础的压实度符合设计要求或《给水排水管道工程施工及验收规范》GB 50268—2008规定；

检查方法：检查砂石材料的质量保证资料、压实度试验报告。

一般项目

（4）原状地基、砂石基础与管道外壁间接触均匀，无空隙；

检查方法：观察，检查施工记录。

（5）混凝土基础外光内实，无严重缺陷；混凝土基础的钢筋数量、位置正确；

检查方法：观察，检查钢筋质量保证资料，检查施工记录。

（6）管道基础的允许偏差应符合表7-4的规定。

管道基础的允许偏差 表 7-4

序号	检查项目			允许偏差（mm）	检查数量		检查方法
					范围	点数	
1	垫层	中线每侧宽度		不小于设计要求	每个验收批	每10m测1点，且不少于3点	挂中心线钢尺检查，每侧一点
		高程	压力管道	±30			水准仪测量
			无压管道	0，−15			
		厚度		不小于设计要求			钢尺量测
2	混凝土基础、管座	平基	中线每侧宽度	+10，0			挂中心线钢尺量测，每侧一点
			高程	0，−15			水准仪测量
			厚度	不小于设计要求			钢尺量测
		管座	肩宽	+10，−5			钢尺量测，挂高程线
			肩高	±20			钢尺量测，每侧一点
3	土（砂及砂砾）基础	高程	压力管道	±30			水准仪测量
			无压管道	0，−15			
		平基厚度		不小于设计要求			钢尺量测
		土弧基础腋角高度		不小于设计要求			钢尺量测

本条第 2 款规定混凝土基础的混凝土验收批及试块的留置应符合现行国家标准《给水排水构筑物工程施工及验收规范》GB 50141—2008 第 6.2.8 条第 2 款混凝土抗压强度试块的留置规定：

1）标准试块：每构筑物的同一配合比的混凝土，每工作班、每拌制 100m³ 混凝土为一个验收批，应留置一组，每组三块；当同一部位、同一配合比的混凝土一次连续浇筑超过 1000m³ 时，每拌制 200m³ 混凝土为一个验收批，应留置一组，每组三块；

2）与结构同条件养护的试块：根据施工设计要求，按拆模、施加预应力和施工期间临时荷载等需要的数量留置；

本条第 6 款规定了开槽施工管道垫层和土基高程的允许偏差，对此国外相应的施工标准中都没有具体规定；按实际施工情况，同样的管材，同样的基础，无压管和压力管应是相同的；表 7-4 中分为无压管道和压力管道采用了不同的标准，主要是考虑到无压管道重力流对高程控制的要求较高一些；相对而言采用混凝土基础，管道的高程比较好掌握；弧形土基类的高程较难掌握。

2. 钢管接口连接规定

主控项目

（1）管节及管件、焊接材料等的质量应符合《给水排水管道工程施工及验收规范》第5.3.2条的规定；

检查方法：检查产品质量保证资料；检查成品管进场验收记录，检查现场制作管的加工记录。

（2）接口焊缝坡口应符合《给水排水管道工程施工及验收规范》第5.3.7条的规定；

检查方法：逐口检查，用量规量测；检查坡口记录。

（3）焊口错边符合《给水排水管道工程施工及验收规范》第5.3.8条的规定，焊口无十字形焊缝；

检查方法：逐口检查，用长300mm的直尺在接口内壁周围顺序贴靠量测错边量。

（4）焊口焊接质量应符合《给水排水管道工程施工及验收规范》GB 50268—2008第5.3.17条的规定和设计要求；

检查方法：逐口观察，按设计要求进行抽检；检查焊缝质量检测报告。

（5）法兰接口的法兰应与管道同心，螺栓自由穿入，高强度螺栓的终拧扭矩应符合设计要求和有关标准的规定；

检查方法：逐口检查；用扭矩扳手等检查；检查螺栓拧紧记录。

一般项目

（6）接口组对时纵、环缝位置应符合《给水排水管道工程施工及验收规范》第5.3.9条的规定；

检查方法：逐口检查；检查组对检验记录；用钢尺量测。

（7）管节组对前，坡口及内外侧焊接影响范围内表面应无油、漆、垢、锈、毛刺等污物；

检查方法：观察；检查管道组对检验记录。

（8）不同壁厚的管节对接应符合《给水排水管道工程施工及验收规范》第5.3.10条的规定；

检查方法：逐口检查，用焊缝量规、钢尺量测；检查管道组对检验记录。

（9）焊缝层次有明确规定时，焊接层数、每层厚度及层间温度应符合焊接作业指导书的规定，且层间焊缝质量均应合格；

检查方法：逐个检查；对照设计文件、焊接作业指导书检查每层焊缝检验记录。

（10）法兰中轴线与管道中轴线允许偏差应符合：D_i 小于或等于300mm时，小于或等于1mm；D_i 大于300mm时，小于或等于2mm；

检查方法：逐个接口检查；用钢尺、角尺等量测。

（11）连接的法兰之间应保持平行，其允许偏差不大于法兰外径的1.5‰，且不大于2mm；螺孔中心允许偏差应为孔径的5%。

检查方法：逐口检查；用钢尺、塞尺等量测。

《给水排水管道工程施工及验收规范》GB 50268—2008将施工质量标准要求多列入有

关条文，质量验收标准中仅列出检验项目及其质量验收的检验方法和检验数量；本条中所指量规或扭矩扳手等检查专用工具的要求见相关规范标准。

3. 钢管内防腐层规定

主控项目

（1）内防腐层材料应符合国家相关标准的规定和设计要求；给水管道内防腐层材料的卫生性能应符合国家相关标准的规定；

检查方法：对照产品标准和设计文件，检查产品质量保证资料；检查成品管进场验收记录。

（2）水泥砂浆抗压强度符合设计要求，且不低于30；

检查方法：检查砂浆配合比、抗压强度试块报告。

（3）液体环氧涂料内防腐层表面应平整、光滑，无气泡、无划痕等，湿膜应无流淌现象；

检查方法：观察、检查施工记录。

一般项目

（4）水泥砂浆防腐层的厚度及表面缺陷的允许偏差应符合表7-5条的规定；

检查方法：观察；检查施工记录。

水泥砂浆防腐层厚度及表面缺陷的允许偏差 表 7-5

	检查项目	允许偏差		检查数量	检查方法
			范围	点数	
1	裂缝宽度	≤0.8		每处	用裂缝观测仪测量
2	裂缝沿管道纵向长度	≤管道的周长，且≤2.0m			钢尺测量
3	平整度	<2			用300mm长的直尺量测
4	防腐层厚度	D_i≤1000	±2	取两个截面，每个截面测2点，取偏差值最大1点	用测厚仪测量
		1000<D_i≤1800	±3		
		D_i>1800	+4，−3		
5	麻点、空窝等表面缺陷的深度	D_i≤1000	2		用直钢丝或探尺量测
		1000<D_i≤1800	3		
		D_i>1800	4		
6	缺陷面积	≤500mm^2		每处	用钢尺量测
7	空鼓面积	不得超过2处，且每处≤10000mm^2		每平方米	用小锤轻击砂浆表面，用钢尺量测

注：1. 表中单位除注明者外，均为 mm；
2. 工厂涂覆管节，每批抽查 20%；施工现场涂覆管节，逐根检查。

（5）液体环氧涂料内防腐层的厚度、电火花试验应符合表7-6条的规定。

液体环氧涂料内防腐层厚度及电火花试验规定 表 7-6

	检查项目	允许偏差（mm）		检查数量	检查方法
				范围	点数	
1	干膜厚度（μm）	普通级	≥200	每根（节）管	两个断面，各4点	用测厚仪测量
		加强级	≥250			
		特加强级	≥300			

检查项目		允许偏差（mm）	检查数量		检查方法
			范围	点数	
2	电火花试验漏点数	普通级　3 加强级　1 特加强级　0	个/m²	连续监测	用电火花检漏仪测量，检漏电压值根据涂层厚度按 5V/μm 计算，检漏仪探头移动速度不大于 0.3m/s

注：1. 焊缝处的防腐层厚度不得低于管节防腐层规定厚度的 80%；
2. 凡漏点监测不合格的防腐层都应补涂，直至合格。

4. 钢管外防腐层规定

主控项目

（1）外防腐层材料（包括补口、修补材料）、结构等应符合国家相关标准的规定和设计要求；

检查方法：对照产品标准和设计文件，检查产品质量保证资料；检查成品管进场验收记录。

（2）外防腐层的厚度、电火花检漏、粘结力应符合表 7-7 的规定；

外绝缘防腐层厚度、电火花检漏、粘结力验收标准　　　表 7-7

检查项目		允许偏差	检查数量			检查方法
			防腐成品管	补口	补伤	
1	厚度		每20根1组（不足20根按1组），每组抽查1根。测管两端和中间共3个截面，每截面测互相垂直的4点	逐个检测，每个随机抽查1个截面，每个截面测互相垂直的4点	逐个检测，每处随机测1点	用测厚仪测量
2	电火花检漏	符合《给水排水管道工程施工及验收规范》GB 50268—2008 第 5.4.9 条的相关规定	全数检查	全数检查	全数检查	用电火花检漏仪逐根连续测量
3	粘附力		每20根为1组（不足20根按1组），每组抽1根，每根1处	每 20 个补口抽1处	—	按《给水排水管道工程施工及验收规范》GB 50268—2008 表 5.4.9 规定，用小刀切割观察

注：按组抽检时，若被检测点不合格，则该组应加倍抽检；若加倍抽检仍不合格，则该组为不合格。

一般项目

（3）钢管表面除锈质量等级应符合设计要求；

检查方法：观察；检查防腐管生产厂提供的除锈等级报告，对照典型样板照片检查每个补口处的除锈质量，检查补口处除锈施工方案。

（4）管道外防腐层（包括补口、补伤）的外观质量应符合《给水排水管道工程施工及验收规范》第 5.4.9 条的相关规定；

检查方法：观察；检查施工记录。

（5）管体外防腐材料搭接、补口搭接、补伤搭接应符合要求。

检查方法：观察；检查施工记录。

将钢管外防腐层的厚度、电火花检漏、粘结力均列为主控项目，表 7-7 为《给水排水管道工程施工及验收规范》技术要求的相应验收质量标准。《给水排水管道工程施工及验收规范》GB 50268—2008 中产品质量保证资料应包括产品的质量合格证明书、各项性能检验报告，产品制造原材料质量检测鉴定等资料。

5. 钢管阴极保护工程质量规定

主控项目

（1）钢管阴极保护所用的材料、设备等应符合国家有关标准的规定和设计要求；

检查方法：对照产品相关标准和设计文件，检查产品质量保证资料；检查成品管进场验收记录。

（2）管道系统的电绝缘性、电连续性经检测满足阴极保护的要求；

检查方法：阴极保护施工前应全线检查；检查绝缘部位的绝缘测试记录、跨接线的连接记录；用电火花检漏仪、高阻电压表、兆欧表测电绝缘性，万用表测跨线等的电连续性。

（3）阴极保护的系数参数测试应符合下列规定：

1）设计无要求时，在施加阴极电流的情况下，测得管/地电位应小于或等于 -850mV（相对于铜—饱和硫酸铜参比电极）；

2）管道表面与土壤接触的稳定的参比电极之间阴极极化电位值最小为 100mV；

3）土壤或水中含有硫酸盐还原菌，且硫酸根含量大于 0.5% 时，通过保护电位应小于或等于 -950mV（相对于铜—饱和硫酸铜参比电极）；

4）被保护体埋置于干燥的或充气的高电阻率（大于 500Ω·m）土壤中时，测得的极化电位小于或等于 -750mV（相对于铜—饱和硫酸铜参比电极）；

检查方法：按国家现行标准《埋地钢制管道阴极保护参数测试方法》SY/T 0023 的规定测试；检查阴极保护系统运行参数测试记录。

一般项目

（4）管道系统中阳极、辅助阳极的安装应符合《给水排水管道工程施工及验收规范》第 5.4.13、5.4.14 条的规定；

检查方法：逐个检查；用钢尺或经纬仪、水准仪测量。

（5）所有连接点应按规定做好防腐处理，与管道连接处的防腐材料应与管道相同；

检查方法：逐个检查；检查防腐材料合格证明、性能检验报告；检查施工记录、施工测试记录。

（6）阴极保护系统的测试装置及附属设施的安装应符合下列规定：

1）测试桩埋设位置应符合设计要求，顶面高出地面 400mm 以上；

2）电缆、引线铺设应符合设计要求，所有引线应保持一定松弛度，并连接可靠牢固；

3）接线盒内各类电缆应接线准确，测试桩的舱门应启闭灵活、密封良好；

4）检查片的材质应与被保护管道的材质相同，其制作尺寸、设置数量、埋设位置应符合设计要求，且埋深与管道底部相同，距管道外壁不小于 300mm；

5）参比电极的选用、埋设深度应符合设计要求；

检查方法：逐个观察（用钢尺量测辅助检查）；检查测试记录和测试报告。

6. 球墨铸铁管接口连接规定

主控项目

（1）管节及管件的产品质量应符合《给水排水管道工程施工及验收规范》第5.5.1条的规定；

检查方法：检查产品质量保证资料；检查成品管进场验收记录。

（2）承插口连接时，两管节中轴线应保持同心，承口、插口部位无破损、变形、开裂；插口推入深度应符合要求；

检查方法：逐个检查，检查施工记录。

（3）法兰接口连接时，插口与承口法兰压盖的纵向轴线一致，连接螺栓终拧扭矩应符合设计或产品使用说明要求；接口连接后，连接部位及连接件应无变形、破损；

检查方法：逐口接口检查，用扭矩扳手检查；检查螺栓拧紧记录。

（4）橡胶圈安装位置应准确，不得扭曲、外露；沿圆周各点应与承口端面等距，其允许偏差应为±3mm；

检查方法：观察，用探尺检查；检查施工记录。

一般项目

（5）连接后管节间平顺，接口无突起、弯突、轴向位移现象；

检查方法：观察；检查施工记录。

（6）接口的环向间隙应均匀，承插口间的纵向间隙不应小于3mm；

检查方法：观察；用塞尺、钢尺检查。

（7）法兰接口的法兰、螺栓和螺母等连接件应规格型号一致，采用钢制螺栓和螺母时，防腐处理应符合设计要求；

检查方法：逐个接口检查；检查螺栓和螺母质量合格证明书、性能检验报告。

（8）管道沿曲线安装时，接口转角应符合《给水排水管道工程施工及验收规范》第5.5.8条的相关规定。

检查方法：用直尺测量曲线段接口。

7. 钢筋混凝土管、预（自）应力混凝土管、预应力钢筒混凝土管接口连接规定

主控项目

（1）管及管件、橡胶圈的产品质量应符合《给水排水管道工程施工及验收规范》第5.6.1、5.6.2、5.6.5和5.7.1条的规定；

检查方法：检查产品质量保证资料；检查成品管进场验收记录。

（2）柔性接口的橡胶圈位置正确，无扭曲、外露现象；承口、插口无破损、开裂；双道橡胶圈的单口水压试验合格；

检查方法：观察，用探尺检查；检查单口水压试验记录。

（3）刚性接口的强度符合设计要求，不得有开裂、空鼓、脱落现象；

检查方法：观察；检查水泥砂浆、混凝土试块的抗压强度试验报告。

一般项目

（4）柔性接口的安装位置正确，其纵向间隙符合《给水排水管道工程施工及验收规范》第5.6.9、5.7.2条的相关规定；

检查方法：逐个检查，用钢尺量测；检查施工记录。

（5）刚性接口的宽度、厚度符合设计要求；其相邻管接口错口允许偏差：D_i 小于 700mm 时，应在施工中自检；D_i 大于 700mm，小于或等于 1000mm 时，应不大于 3mm；D_i 大于 1000mm 时，应不大于 5mm；

检查方法：两井之间取 3 点，用钢尺、塞尺测量；检查施工记录。

（6）管道沿曲线安装时，接口转角应符合《给水排水管道工程施工及验收规范》第 5.6.9、5.7.5 条的相关规定；

检查方法：用直尺测量曲线段接口。

（7）管道接口的填缝应符合设计要求，密实、光洁、平整。

检查方法：观察，检查填缝材料质量保证资料、配合比记录。

8. 化学建材管接口连接规定

主控项目

（1）管节及管件、橡胶圈等的产品质量应符合《给水排水管道工程施工及验收规范》第 5.8.1、5.9.1 条的规定；

检查方法：检查产品质量保证资料；检查成品管进场验收记录。

（2）承插、套筒式连接时，承口、插口部位及套筒连接紧密，无破损、变形、开裂等现象；插入后胶圈应位置正确，无扭曲等现象；双道橡胶圈的单口水压试验合格；

检查方法：逐个接口检查；检查施工方案及施工记录，单口水压试验记录；用钢尺、探尺量测。

（3）聚乙烯管接口熔焊连接应符合下列规定：

1）焊缝应完整，无缺损和变形现象；焊缝连接应紧密，无气孔、鼓泡和裂缝；电熔连接的电阻丝不裸露；

2）熔焊焊缝焊接力学性能不低于母材；

3）热熔对接连接后应形成凸缘，且凸缘形状大小均匀一致，无气孔、鼓泡和裂缝；接头处有沿管节圆周平滑对称的外翻边，外翻边最低处的深度不低于管节外表面；管内壁翻边铲平；对接错边量不大于管材壁厚的 10%，且不大于 3mm；

检查方法：观察；检查熔焊连接工艺试验报告和焊接作业指导书，检查熔焊连接施工记录、熔焊外观质量检验记录、焊接力学性能检测报告；

检查数量：外观质量全数检查；熔焊焊缝焊接力学性能试验每 200 个接头不少于 1 组；现场进行破坏性检验或翻边切除检验（可任选一种）时，现场破坏性检验每 50 个接头不少于 1 个，现场翻边切除检验每 50 个接头不少于 3 个；单位工程中接头数量不足 50 个，仅做熔焊焊缝焊接力学性能试验，可不做现场检验。

（4）卡箍连接、法兰连接、钢塑过渡接头连接时，应连接件齐全、位置正确、安装牢固，连接部位无扭曲、变形；

检查方法：逐个检查。

一般项目

（5）承插、套筒式接口的插入深度应符合要求，相邻管口的纵向间隙应不小于 10mm；环向间隙应均匀一致；

检查方法：逐口检查，用钢尺量测；检查施工记录。

（6）承插式管道沿曲线安装时接口转角，玻璃钢管的不应大于《给水排水管道工程施工及验收规范》第 5.8.3 条的规定；聚乙烯管应不大于 1.5°；硬聚氯乙烯管应不大于 1.0°；

检查方法：用直尺量测曲线段接口；检查施工记录。

（7）熔焊连接设备的控制参数满足焊接工艺要求；设备与待连接管的接触面无污物，设备及组合件组装正确、牢固、吻合；焊后冷却期间接口未受外力影响；

检查方法：观察，检查专用熔焊设备质量合格证明书、校检报告，检查熔焊记录。

（8）卡箍连接、法兰连接、钢塑过渡连接件的钢制部分以及钢制螺栓、螺母、垫圈的防腐要求应符合设计要求。

检查方法：逐个检查；检查产品质量合格证明书、检验报告。

化学建材管连接质量验收标准主控项目中，特别规定了熔焊连接的质量检验与验收标准，现场破坏性检验或翻边切除检验具体要求如下：

1）现场破坏性检验：将焊接区从管道上切割下来，并锯成三条等分试件，焊接断面应无气孔和脱焊；然后分别将三条试件的切除面弯曲成 180°，焊接断面应无裂缝；

2）翻边切除检验：使用专用工具切除翻边突起部分，翻边应实心和圆滑，根部较宽，翻边底面无杂质、气孔、扭曲和损坏；弯曲后不应有裂纹，焊接处不应有连接线；

3）上述检验中若有不合格的则应加倍抽检，加倍检验仍不合格时应停止焊接，查明原因进行整改后方可施焊。

9. 管道铺设规定

主控项目

（1）管道埋设深度、轴线位置应符合设计要求，无压力管道严禁倒坡；

检查方法：检查施工记录、测量记录。

（2）刚性管道无结构贯通裂缝和明显缺损情况；

检查方法：观察，检查技术资料。

（3）柔性管道的管壁不得出现纵向隆起、环向扁平和其他变形情况；

检查方法：观察，检查施工记录、测量记录。

（4）管道铺设安装必须稳固，管道应线性平直；

检查方法：观察，检查测量记录。

一般项目

（5）管道内应光洁平整，无杂物、油污；管道无明显渗水和水珠现象；

检查方法：观察，渗漏水程度检查按《给水排水管道工程施工及验收规范》附录 F 第 F.0.3 条执行。

（6）管道与井室洞口之间无渗漏水；

检查方法：逐井观察，检查施工记录。

（7）管道内外防腐层完整，无破损现象；

检查方法：观察，检查施工记录。

（8）钢管管道开孔应符合《给水排水管道工程施工及验收规范》第 5.3.11 条的规定；

检查方法：逐个观察，检查施工记录。

（9）闸阀安装应牢固、严密，启闭灵活，与管道轴线垂直；

检查方法：观察检查，检查施工记录。

（10）管道铺设的允许偏差应符合表 7-8 的规定。

管道铺设的允许偏差（mm）　　　　　　表 7-8

	检查项目		允许偏差	检查数量		检查方法
				范围	点数	
1	水平轴线	无压管道	15	每节管	1 点	经纬仪测量或挂中线用钢尺量测
		压力管道	30			
2	管底高程	$D_i \leqslant 1000$ 无压管道	±10			水准仪测量
		$D_i \leqslant 1000$ 压力管道	±30			
		$D_i > 1000$ 无压管道	±15			
		$D_i > 1000$ 压力管道	±30			

　　管道铺设反映了开槽施工管道的整体质量，不论何种管材，除接口作为重点控制外，均对其轴线、高程和外观质量做出规定，并作为隐检项目进行验收记录。

　　本条将无压管道严禁倒坡作为主控质量项目，严于国外相关规范的规定。

7.3　不开槽施工管道主体结构质量验收标准

1. 工作井的围护结构、井内结构施工质量验收规定

　　工作井的围护结构、井内结构施工质量验收标准应按现行国家标准《建筑地基基础工程施工质量验收规范》GB 50202、《给水排水构筑物工程施工及验收规范》GB 50141 的相关规定执行。

2. 工作井规定

主控项目

（1）工程原材料、成品、半成品的产品质量应符合国家相关标准规定和设计要求；

　　检查方法：检查产品质量合格证、出厂检验报告和进场复验报告。

（2）工作井结构的强度、刚度和尺寸应满足设计要求，结构无滴漏和线流现象；

　　检查方法：按《给水排水管道工程施工及验收规范》附录 F 第 F.0.3 条的规定逐座进行检查。

（3）混凝土结构的抗压强度等级、抗渗等级符合设计要求；

　　检查数量：每根钻孔灌柱桩、每幅地下连续墙混凝土为一个验收批，抗压强度、抗渗试块应各留置一组；沉井及其他现浇结构的同一配合比混凝土，每工作班且每浇筑 100m³ 为一个验收批，抗压强度试块留置不应少于 1 组；每浇筑 500m³ 混凝土抗渗试块留置不应少于 1 组；

　　检查方法：检查混凝土浇筑记录，检查试块的抗压强度、抗渗试验报告。

一般项目

（4）结构无明显渗水和水珠现象；

　　检查方法：按《给水排水管道工程施工及验收规范》附录 F 第 F.0.3 条的规定逐座观察。

（5）顶管顶进工作井、盾构始发工作井的后背墙以及定向钻入土工作井应坚实、平整；盾构后座与井壁后背墙联系紧密；

检查方法：逐个观察；检查相关施工记录。

（6）两导轨应顺直、平行、等高，盾构基座及导轨的夹角符合规定；导轨与基座连接应牢固可靠，不得在使用中产生位移；

检查方法：逐个观察、量测。

（7）允许偏差应符合表 7-9 的规定。

工作井施工允许偏差　　　　　　　　表 7-9

检查项目			允许偏差（mm）	检查数量		检查方法
				范围	点数	
1	井内导轨安装	顶面高程 顶管、夯管	+3，0	每座	每根导轨2点	用水准仪测量水平尺量测
		盾构	+5，0			
		中心水平位置 顶管、夯管	3		每根导轨2点	用经纬仪测量
		盾构	5			
		两轨间距 顶管、夯管	±2		2个断面	用钢尺量测
		盾构	±5			
2	盾构后座管片	高程	±10	每环底部	1点	用水准仪测量
		水平轴线	±10		1点	
3	井尺寸	矩形 每侧长、宽	不小于设计要求	每座	2点	挂中线用尺量测
		圆形 半径				
4	进、出井预留洞口	中心位置	20	每个	竖、水平各1点	用经纬仪测量
		内径尺寸	±20		垂直向各1点	用钢尺量测
5	井底板高程		±30	每座	4点	用水准仪测量
6	顶管、盾构工作井后背墙	垂直度	0.1%H	每座	1点	用垂线、角尺量测
		水平扭转度	0.1%L			

注：H 为后背墙的高度（mm）；L 为后背墙的长度（mm）。

3. 顶管施工规定

主控项目

（1）管节及附件等工程材料的产品质量应符合国家有关标准规定和设计要求；

检查方法：检查产品质量合格证明书、各项性能检验报告，检查产品制造原材料质量保证资料；检查产品进场验收记录。

（2）接口橡胶圈安装位置正确，无位移、脱落现象；钢管的接口焊接质量应符合《给水排水管道工程施工及验收规范》GB 50268—2008 第 5 章的相关规定，焊缝无损探伤检验符合设计要求；

检查方法：逐个接口观察；检查钢管接口焊接检验报告。

（3）无压管道的管底坡度无明显倒落水现象；曲线顶管的实际曲率半径符合设计要求；

检查方法：观察；检查顶进施工记录、测量记录。

（4）管道接口端部应无破损、顶裂现象，接口处无滴漏；

检查方法：逐节观察，其中渗漏水程度检查按《给水排水管道工程施工及验收规范》附录 F 第 F.0.3 条执行。

（5）管道内应线形平顺、无突变、变形现象；一般缺陷部位，应修补密实、表面光洁；管道无明显渗水和水珠现象；

检查方法：按《给水排水管道工程施工及验收规范》附录 G、附录 F 第 F.0.3 条的规定逐节观察。

（6）管道与工作井出、进洞口的间隙连接牢固，洞口无渗漏水；

检查方法：观察每个洞口。

（7）钢管防腐层及焊缝处的外防腐层及内防腐层质量验收合格；

检查方法：观察；按《给水排水管道工程施工及验收规范》第 5 章的相关规定进行检查。

（8）有内防腐层的钢筋混凝土管道，防腐层应完整、附着紧密；

检查方法：观察。

（9）管道内应清洁，无杂物、油污；

检查方法：观察。

（10）贯通后管道的允许偏差应符合表 7-10 的规定。

顶管施工贯通后管道的允许偏差 表 7-10

	检查项目		允许偏差（mm）	检查数量		检查方法
				范围	点数	
1	直线顶管水平轴线	顶进长度＜300m	50			用经纬仪测量或挂中线用尺量测
		300m≤顶进长度＜1000m	100			
		顶进长度≥1000m	$L/10$			
2	直线顶管内底高程	顶进长度＜300m D_i＜1500	＋30，－40			用水准仪或水平仪测量
		D_i≥1500	＋40，－50			
		300m≤顶进长度＜1000m	＋60，－80			用水准仪测量
		顶进长度≥1000m	＋80，－100			
3	曲线顶管水平轴线	$R≤150D_i$ 水平曲线	150			用经纬仪测量
		竖曲线	150			
		复合曲线	200			
		$R＞150D_i$ 水平曲线	150	每管节	1点	
		竖曲线	150			
		复合曲线	150			
4	曲线顶管内底高程	$R≤150D_i$ 水平曲线	＋100，－150			用水准仪测量
		竖曲线	＋150，－200			
		复合曲线	±200			
		$R＞150D_i$ 水平曲线	＋100，－150			
		竖曲线	＋100，－150			
		复合曲线	±200			
5	相邻管间错口	钢管、玻璃钢管	≤2			用钢尺量测，见《给水排水管道工程施工及验收规范》GB 50268—2008 第4.6.3有关规定
		钢筋混凝土管	15%壁厚，且≤20			
6	钢筋混凝土管曲线顶管相邻管间接口的最大间隙与最小间隙之差		≤ΔS			
7	钢管、玻璃钢管道竖向变形		≤0.03D_i			
8	对顶时两端错口		50			

注：D_i 为管道内径（mm）；L 为顶进长度（m）；ΔS 为曲线顶管相邻管节接口允许的最大间隙与最小间隙之差（mm）；R 为曲线顶管的设计曲率半径（mm）。

4. 垂直顶升规定

主控项目

（1）管节及附件的产品质量应符合国家相关标准规定和设计要求；

检查方法：检查产品质量合格证明书、各项性能检验报告，检查产品制造原材料质量保证资料；检查产品进场验收记录。

（2）管道直顺，无破损现象；水平特殊管节及相邻管节无变形、破损现象；顶升管道底座与水平特殊管节的连接符合设计要求；

检查方法：逐个观察，检查施工记录。

（3）管道防水、防腐蚀处理符合设计要求；无滴漏和线流现象；

检查方法：逐个观察；检查施工记录，渗漏水程度检查按《给水排水管道工程施工及验收规范》附录F第F.0.3条执行。

一般项目

（4）管节接口连接件安装正确、完整；

检查方法：逐个观察；检查施工记录。

（5）防水、防腐层完整，阴极保护装置符合设计要求；

检查方法：逐个观察，检查防水、防腐材料技术资料、施工记录。

（6）管道无明显渗水和水珠现象；

检查方法：按《给水排水管道工程施工及验收规范》附录F第F.0.3条的规定逐节观察。

（7）允许偏差应符合表7-11的规定。

水平管道内垂直顶升施工的允许偏差　　　　表7-11

	检查项目		允许偏差（mm）	检查数量		检查方法
				范围	点数	
1	顶升管帽盖顶面高程		±20	每根	1点	用水准仪测量
2	顶升管管节安装	管节垂直度	≤1.5‰H	每节	各1点	用垂线量
		管节连接端面平行度	≤1.5‰D_0，且≤2			用钢尺、角尺等量测
3	顶升管节间错口		≤20			用钢尺量测
4	顶升管道垂直度		0.5‰H	每根	1点	用垂线量
5	顶升管的中心轴线	沿水平管纵向	30	顶头、底座管节	各1点	用经纬仪测量或钢尺量测
		沿水平管横向	20			
6	开口管顶升口中心轴线	沿水平管纵向	40	每处	1点	
		沿水平管横向	30			

注：H为垂直顶升管总长度（mm）；D_0为垂直顶升管外径（mm）。

5. 盾构管片制作规定

主控项目

（1）工厂预制管片的产品质量应符合国家相关标准规定和设计要求；

检查方法：检查产品质量合格证明书、各项性能检验报告，检查制造产品的原材料质量保证资料。

（2）现场制作的管片应符合下列规定：

1）原材料的产品应符合国家相关标准规定和设计要求；

2）钢模制作允许偏差应符合表 7-12 的规定；

管片的钢模制作允许偏差   表 7-12

检查项目		允许偏差（mm）	检查数量		检查方法
			范围	点数	
1	宽度	±0.4	每块钢模	6 点	用专用量轨、卡尺及钢尺等量测
2	弧弦长	±0.4		2 点	
3	底座夹角	±1°		4 点	
4	纵环向芯棒中心距	±0.5		全检	
5	内腔高度	±1		3 点	

检查方法：检查产品质量合格证明书、各项性能检验报告、进场复验报告；管片的钢模制作允许偏差按表 7-13 规定执行。

（3）管片的混凝土强度等级、抗渗等级符合设计要求；

检查方法：检查混凝土抗压强度、抗渗试块报告。

检查数量：同一配合比当天同一班组或每浇筑 5 环管片混凝土为一个验收批，留置抗压强度试块 1 组；每生产 10 环管片混凝土应留置抗渗试块 1 组。

（4）管片表面应平整，外观质量无严重缺陷、且无裂缝；铸铁管片或钢制管片无影响结构和拼装的质量缺陷；

检查方法：逐个观察；检查产品进场验收记录。

（5）单块管片尺寸的允许偏差应符合表 7-13 的规定；

单块管片尺寸的允许偏差   表 7-13

检查项目		允许偏差（mm）	检查数量		检查方法
			范围	点数	
1	宽度	±1	每块	内、外侧各 3 点	用卡尺、钢尺、直尺、角尺、专用弧形板量测
2	弧弦长	±1		两端面各 1 点	
3	管片的厚度	+3，−1		3 点	
4	环面平整度	0.2		2 点	
5	内、外环面与端面垂直度	1		4 点	
6	螺栓孔位置	±1		3 点	
7	螺栓孔直径	±1		3 点	

（6）钢筋混凝土管片抗渗试验应符合设计要求；

检查方法：将单块管片放置在专用试验架上，按设计要求水压恒压 2h，渗水深度不得超过管片厚度的 1/5 为合格；

检查数量：工厂预制管片，每生产 50 环应抽查 1 块管片做抗渗试验；当连续三次合格时则改为每生产 100 环抽查 1 块管片，若再连续三次合格则最终改为 200 环抽查 1 块管片做抗渗试验；如出现一次不合格，则恢复每 50 环抽查 1 块管片，并按上述抽查要求进行试验；

现场生产管片，当天同一班组或每浇筑 5 环管片，应抽查 1 块管片做抗渗试验。

（7）管片进行水平组合拼装检验时应符合表 7-14 的规定。

管片水平拼装检验允许偏差　　　　　表 7-14

	检查项目	允许偏差（mm）	检查数量		检查方法
			范围	点数	
1	环缝间隙	≤2	每条缝	6点	插片检查
2	纵缝间隙	≤2		6点	插片检查
3	成环后内径（不放衬垫）	±2	每环	4点	用钢尺量测
4	成环后外径（不放衬垫）	+4，-2		4点	用钢尺量测
5	纵、环向螺栓穿进后，螺栓杆与螺孔的间隙	$(D_1-D_2)<2$	每处	各1点	插钢丝检查

注：D_1 为螺孔直径；D_2 为螺栓杆直径。

检查数量：每套钢模（或铸铁、钢制管片）先生产3环进行水平拼装检验，合格后试生产100环再抽查3环进行水平拼装检验；合格后正式生产时，每生产200环应抽查3环进行水平拼装检验；管片正式生产后若出现一次不合格，则应加倍检验。

一般项目

（8）钢筋混凝土管片无缺棱、掉边、麻面和露筋，表面无明显气泡和一般质量缺陷；铸铁管片或钢制管片防腐层完整；

检查方法：逐个观察；检查产品进场验收记录。

（9）管片预埋件齐全，预埋孔完整、位置正确；

检查方法：观察；检查产品进场验收记录。

（10）防水密封条安装凹槽表面光洁，线形直顺；

检查方法：逐个观察。

（11）管片的钢筋骨架制作允许偏差应符合表 7-15 的规定。

钢筋混凝土管片的钢筋骨架制作允许偏差　　　　　表 7-15

	检查项目	允许偏差（mm）	检查数量		检查方法
			范围	点数	
1	主筋间距	±10		4点	
2	骨架长、宽、高	+5，-10		各2点	
3	环、纵向螺栓孔	畅通、内圆面平整		每处1点	
4	主筋保护层	±3	每榀	4点	用卡尺、钢尺量测
5	分布筋长度	±10		4点	
6	分布筋间距	±5		4点	
7	箍筋间距	±10		4点	
8	预埋件位置	±5		每处1点	

6. 盾构掘进和管片拼装规定

主控项目

（1）管片防水密封条性能符合设计要求，粘贴牢固、平整、无缺损，防水垫圈无遗漏；

检查方法：逐个观察，检查防水密封条质量保证资料。

（2）环、纵向螺栓及连接件的力学性能符合设计要求，螺栓应全部穿入，拧紧力矩应符合设计要求；

检查方法：逐个观察；检查螺栓及连接件的材料质量保证资料、复试报告，检查拼装拧紧记录。

（3）钢筋混凝土管片拼装无内外贯穿裂缝，表面无大于 0.2mm 的推顶裂缝以及混凝土剥落和露筋现象；铸铁、钢制管片无变形、破损；

检查方法：逐片观察，用裂缝观察仪检查裂缝宽度。

（4）管道无线漏、滴漏水现象；

检查方法：按《给水排水管道工程施工及验收规范》附录 F 第 F.0.3 条的规定，全数观察。

（5）管道线形平顺，无突变现象；圆环无明显变形；

检查方法：观察。

一般项目

（6）管道无明显渗水；

检查方法：按《给水排水管道工程施工及验收规范》附录 F 第 F.0.3 条的规定全数观察。

（7）钢筋混凝土管片表面不宜有一般质量缺陷；铸铁、钢制管片防腐层完好；

检查方法：全数观察，其中一般质量缺陷判定按《给水排水管道工程施工及验收规范》GB 50268—2008 附录 G 的规定执行。

（8）钢筋混凝土管片的螺栓手孔封堵时不得有剥落现象，且封堵混凝土强度符合设计要求；

检查方法：观察；检查封堵混凝土的抗压强度试块试验报告。

（9）管片在盾尾内管片拼装成环的允许偏差应符合表 7-16 的规定。

在盾尾内管片拼装成环的允许偏差 表 7-16

检查项目		允许偏差（mm）	检查数量		检查方法
			范围	点数	
1	环缝张开	≤2	每环	1	插片检查
2	纵缝张开	≤2			插片检查
3	衬砌环直径圆度	5‰D_i		4	用钢尺量测
4	相邻管片间的高差 环向	5			用钢尺量测
	纵向	6			
5	成环环底高程	±100		1	用水准仪测量
6	成环中心水平轴线	±100			用经纬仪测量

注：环缝、纵缝张开的允许偏差仅指直线段。

（10）管道贯通后的允许偏差应符合表 7-17 的规定。

管道贯通后的允许偏差 表 7-17

检查项目		允许偏差（mm）	检查数量		检查方法
			范围	点数	
1	相邻管片间的高差 环向	15	每5环	4	用钢尺量测
	纵向	20			
2	环缝张开	2		1	插片检查
3	纵缝张开	2			
4	衬砌环直径圆度	8‰D_i		4	用钢尺量测
5	管底高程 输水管道	±150		1	用水准仪测量
	套管或管廊	±100			
6	管道中心水平轴线	±150			用经纬仪测量

注：环缝、纵缝张开的允许偏差仅指直线段。

7. 盾构施工管道的钢筋混凝土二次衬砌规定

主控项目

（1）钢筋数量、规格应符合设计要求；

检查方法：检查每批钢筋的质量保证资料和进场复验报告。

（2）混凝土强度等级、抗渗等级符合设计要求；

检查方法：检查混凝土抗压强度、抗渗试块报告；

检查数量：同一配合比，每连续浇筑一次混凝土为一验收批，应留置抗压强度、抗渗试块各1组。

（3）混凝土外观质量无严重缺陷；

检查方法：按《给水排水管道工程施工及验收规范》附录G的规定逐段观察；检查施工技术资料。

（4）防水处理符合设计要求，管道无滴漏、线漏现象；

检查方法：按《给水排水管道工程施工及验收规范》附录F第F.0.3条的规定观察；检查防水材料质量保证资料、施工记录、施工技术资料。

一般项目

（5）变形缝位置符合设计要求，且通缝、垂直；

检查方法：逐个观察。

（6）拆模后无隐筋现象，混凝土不宜有一般质量缺陷；

检查方法：按《给水排水管道工程施工及验收规范》附录G的规定逐段观察；检查施工技术资料。

（7）管道线形平顺，表面平整、光洁；管道无明显渗水现象；

检查方法：全数观察。

（8）允许偏差应符合表7-18的规定。

钢筋混凝土衬砌施工质量允许偏差　　　　　　　　　表7-18

	检查项目	允许偏差（mm）	检查数量		检查方法
			范围	点数	
1	内径	±20	每榀	不少于1点	用钢尺量测
2	内衬壁厚	±15		不少于2点	
3	主钢筋保护层厚度	±5		不少于4点	
4	变形缝相邻高差	10		不少于1点	
5	管底高程	±100		不少于1点	用水准仪测量
6	管道中心水平轴线	±100			用经纬仪测量
7	表面平整度	10			沿管道轴向用2m直尺量测
8	管道直顺度	15	每20m	1点	沿管道轴向用20m小线测

8. 浅埋暗挖管道的土层开挖规定

主控项目

（1）开挖方法必须符合施工方案要求，开挖土层稳定；

检查方法：全过程检查；检查施工方案、施工技术资料、施工和监测记录。

（2）开挖断面尺寸不得小于设计要求，且轮廓圆顺；若出现超挖，其超挖允许值不得超出现行国家标准《地下铁道工程施工及验收规范》GB 50299 的规定；

检查方法：检查每个开挖断面；检查设计文件、施工方案、施工技术资料、施工记录。

一般项目

（3）土层开挖允许偏差应符合表 7-19 的规定。

土层开挖允许偏差 表 7-19

序号	检查项目	允许偏差（mm）	检查数量		检查方法
			范围	点数	
1	轴线偏差	±30	每榀	4	挂中心线用尺量每侧 2 点
2	高程	±30	每榀	1	用水准仪测量

注：管道高度大于 3m 时，轴线偏差每侧测量 3 点。

（4）小导管注浆加固质量符合设计要求；

检查方法：全过程检查，检查施工技术资料、施工记录。

9. 浅埋暗挖管道的初期衬砌规定

主控项目

（1）支护钢格栅、钢架的加工、安装应符合下列规定：

1）每批钢筋、型钢材料规格、尺寸、焊接质量必须符合设计要求；

2）每榀钢格栅、钢架的结构形式，以及部件拼装的整体结构尺寸必须符合设计要求，且无变形；

检查方法：观察；检查材料质量保证资料，检查加工记录。

（2）钢筋网安装应符合下列规定：

1）每批钢筋材料规格、尺寸必须符合设计要求；

2）每片钢筋网加工、制作尺寸必须符合设计要求，且无变形；

检查方法：观察；检查材料质量保证资料。

（3）初期衬砌喷射混凝土应符合下列规定：

1）每批水泥、集料、水、外加剂等原材料，其产品质量应符合国家标准规定和设计要求；

2）混凝土抗压强度等级必须符合设计要求；

检查方法：检查材料质量保证资料、混凝土试件抗压和抗渗试验报告。

检查数量：混凝土标准养护试块，同一配合比，管道拱部和侧墙每 20m 混凝土为一验收批，抗压强度试块各留置一组；同一配合比，每 40m 管道混凝土留置抗渗试块一组。

一般项目

（4）初期支护钢格栅、钢架的加工、安装应符合下列规定：

1）每榀钢格栅各节点连接必须牢固，表面无焊渣；

2）每榀钢格栅与壁面必须楔紧，底脚支垫稳固，相邻格栅的纵向连接必须筋格牢固；

3）钢格栅、钢架的加工与安装允许偏差符合表 7-20 的规定；

237

钢格栅、钢架的加工与安装允许偏差　　　　　表 7-20

	检查项目		允许偏差（mm）	检查数量		检查方法
				范围	点数	
1	加工	拱架（顶拱、墙拱）	矢高及弧长	+200	2	用钢尺量测
			墙架长度	±20	1	
			拱、墙架横断面（高、宽）	+100	2	
		格栅组装后外轮廓尺寸	高度	±30	1	
			宽度	±20	2	
			扭曲度	≤20	3	
2	安装		横向和纵向位置	横向±30，纵向±50	2	
			垂直度	5‰	2	用垂球及钢尺量测
			高程	±30	2	用水准仪测量
			与管道中线倾角	≤2°	1	用经纬仪测量
		间距	格栅	±100	每处 1	用钢尺量测
			钢架	±50	每处 1	

注：首榀钢格栅应经检验合格后，方可投入批量生产。

检查方法：观察；检查制造、加工记录，按表 7-20 的规定检查允许偏差。

（5）钢筋网安装应符合下列规定：

1）钢筋网必须与钢筋格栅、钢架或锚杆连接牢固；

2）钢筋网铺设允许偏差应符合表 7-21 的规定；

钢筋网加工、铺设允许偏差　　　　　表 7-21

	检查项目		允许偏差（mm）	检查数量		检查方法
				范围	点数	
1	钢筋网加工	钢筋间距	±10	片	2	用钢尺量测
		钢筋搭接长	±15			
2	钢筋网铺设	搭接长度	≥200	一榀钢拱架长度	4	用钢尺量测
		保护层	符合设计要求		2	用垂球及尺量测

检查方法：观察；按表 7-21 的规定检查允许偏差。

（6）初期衬砌喷射混凝土

1）喷射混凝土层表面应保持平顺、密实，且无裂缝、无脱落、无漏喷、无露筋、无空鼓、无渗漏水等现象；

2）初期衬砌喷射混凝土质量允许偏差符合表 7-22 的规定。

初期衬砌喷射混凝土质量允许偏差　　　　　表 7-22

	检查项目	允许偏差（mm）	检查数量		检查方法
			范围	点数	
1	平整度	≤30	20m	2	用 2m 靠尺和塞尺量测
2	矢、弦比	≤1/6	20m	1 个断面	用尺量测
3	喷射混凝土层厚度	见注[1]	20m	1 个断面	钻孔法或其他有效方法，并见表注[2]

注：1. 喷射混凝土层厚度允许偏差，60％以上检查点厚度不小于设计厚度，其余点处的最小厚度不小于设计厚度的 1/2；厚度总平均值不小于设计厚度；

2. 每 20m 管道检查一个断面，每断面以拱部中线开始，每间隔 2～3m 设一个点，但每一检查断面的拱部不应少于 3 个点，总计不应少于 5 个点。

检查方法：观察；按表 7-22 的规定检查允许偏差。

10. 浅埋暗挖管道的防水层规定

主控项目

（1）每批的防水层及衬垫材料品种、规格必须符合设计要求；

检查方法：观察；检查产品质量合格证明、性能检验报告等。

一般项目

（2）双焊缝焊接，焊缝宽度不小于 10mm，且均匀连续，不得有漏焊、假焊、焊焦、焊穿等现象；

检查方法：观察；检查施工记录。

（3）防水层铺设质量允许偏差符合表 7-23 的规定。

防水层铺设质量允许偏差 表 7-23

检查项目		允许偏差（mm）	检查数量		检查方法
			范围	点数	
1	基面平整度	≤50			用 2m 直尺量取最大值
2	卷材环向与纵向搭接宽度	≥100	5m	2	用钢尺量测
3	衬垫搭接宽度	≥50			

注：本表防水层系低密度聚乙烯（LDPE）卷材。

11. 浅埋暗挖管道的二次衬砌规定

主控项目

（1）原材料的产品质量保证资料应齐全，每生产批次的出厂质量合格证明书及各项性能检验报告应符合国家相关标准规定和设计要求；

检查方法：检查产品质量合格证明书、各项性能检验报告、进场复验报告。

（2）伸缩缝的设置必须根据设计要求，并应与初期支护变形缝位置重合；

检查方法：逐缝观察；对照设计文件检查。

（3）混凝土抗压、抗渗等级必须符合设计要求；

检查数量：

1）同一配比，每浇筑一次垫层混凝土为一验收批，抗压强度试块各留置一组；同一配比，每浇筑管道每 30m 混凝土为一验收批，抗压强度试块留置 2 组（其中 1 组作为 28 天强度）；如需要与结构同条件养护的试块，其留置组数可根据需要确定；

2）同一配比，每浇筑管道每 30m 混凝土为一验收批，留置抗渗试块 1 组。

检查方法：检查混凝土抗压、抗渗试件的试验报告。

一般项目

（4）模板和支架的强度、刚度和稳定性，外观尺寸、中线、标高、预埋件必须满足设计要求；模板接缝应拼接严密，不得漏浆；

检查方法：检查施工记录、测量记录。

（5）止水带安装牢固，浇筑混凝土时，不得产生移动、卷边、漏灰现象；

检查方法：逐个观察。

（6）混凝土表面光洁、密实，防水层完整不漏水；

检查方法：逐段观察。

（7）二次衬砌模板安装、混凝土施工的允许偏差应分别符合表 7-24、表 7-25 的规定。

二次衬砌模板安装质量允许偏差 表 7-24

	检查项目	允许偏差（mm）	检查数量		检查方法
			范围	点数	
1	拱部高程（设计标高加预留沉降量）	±10	20m	1	用水准仪测量
2	横向（以中线为准）	±10	20m	2	用钢尺量测
3	侧模垂直度	≤3‰	每截面	2	垂球及钢尺量测
4	相邻两块模板表面高低差	≤2	5m	2	用尺量测取较大值

注：本表项目只作分项工程检验，不参加分部及单位工程质量检验。

二次衬砌混凝土的允许偏差 表 7-25

序号	检查项目	允许偏差（mm）	检查数量		检查方法
			范围	点数	
1	中线	≤30	5m	2	用经纬仪测量，每侧计 1 点
2	高程	+20，−30	20m	1	用水准仪测量

12. 定向钻施工管道规定

主控项目

（1）管节、防腐层等工程材料的产品质量应符合国家相关标准规定和设计要求；

检查方法：检查产品质量保证资料；检查产品进场验收记录。

（2）管节组对拼接、钢管外防腐层（包括焊口补口）的质量经检验（验收）合格；

检查方法：管节及接口全数观察；按《给水排水管道工程施工及验收规范》第 5 章的相关规定进行检查。

（3）钢管接口焊接、聚乙烯管接口熔焊检验符合设计要求，管道预水压试验合格；

检查方法：接口逐个观察；检查焊接检验报告和管道预水压试验记录，其中管道预水压试验应按《给水排水管道工程施工及验收规范》第 7.1.7 条第 7 款的规定执行。

（4）管节回拖后的线形应平顺、无突变、变形现象，实际曲率半径符合设计要求；

检查方法：观察；检查钻进、扩孔、回拖施工记录、探测记录。

一般项目

（5）导向孔钻进、扩孔、管道回拖及钻进泥浆（液）等符合施工方案要求；

检查方法：检查施工方案，检查相关施工记录和泥浆（液）性能检验记录。

（6）管节回拖力、扭矩、回拖速度等应符合施工方案要求，回拖力无突升或突降现象；

检查方法：观察；检查施工方案，检查回拖记录。

（7）布管和发送管道时，钢管防腐层无损伤，管节无变形；回拖后拉出暴露的管节防腐层结构应完整、附着紧密；

检查方法：观察。

（8）管道允许偏差应符合表 7-26 的规定。

	检查项目		允许偏差（mm）	检查数量		检查方法
				范围	点数	
1	入土点位置	平面轴向、平面横向	20	每入、出土点	各1点	用经纬仪、水准仪测量、用钢尺量测
		垂直向高程	±20			
2	出土点位置	平面轴向	500			
		平面横向	1/2 倍 D_i			
		垂直向高程　压力管道	±1/2 倍 D_i			
		无压管道	±20			
3	管道位置	水平轴线	1/2 倍 D_i	每节管	不少于1点	用导向探测仪检查
		管道内底高程　压力管道	±1/2 倍 D_i			
		无压管道	+20，-30			
4	控制井	井中心轴向、横向位置	20	每座	各1点	用经纬仪、水准仪测量、钢尺量测
		井内洞口中心位置	20			

注：D_i 为管道内径（mm）。

13. 夯管施工管道规定

主控项目

（1）管节、焊材、防腐层等工程材料的产品应符合国家相关标准规定和设计要求；

检查方法：检查产品质量合格证明书、各项性能检验报告，检查产品制造原材料质量保证资料；检查产品进场验收记录。

（2）钢管组对拼接、外防腐层（包括焊口补口）的质量经检验（验收）合格；钢管接口焊接检验符合设计要求；

检查方法：全数观察；按《给水排水管道工程施工及验收规范》第5章的相关规定进行检查，检查焊接检验报告。

（3）管道线形应平顺、无变形、裂缝、突起、突弯、破损现象；管道无明显渗水现象；

检查方法：观察，其中渗漏水程度按《给水排水管道工程施工及验收规范》附录F第F.0.3条的规定观察。

一般项目

（4）管内应清理干净，无杂物、余土、污泥、油污等；内防腐层的质量经检验（验收）合格；

检查方法：观察；按《给水排水管道工程施工及验收规范》GB 50268—2008第5章的相关规定进行内防腐层检查。

（5）夯出的管节外防腐结构层完整、附着紧密，无明显划伤、破损等现象；

检查方法：观察；检查施工记录。

（6）夯入的起始管节，其轴向水平位置、管中心高程的允许偏差应控制在±20mm范围内；

检查方法：用经纬仪、水准仪测量；检查施工记录。

（7）夯锤的锤击力、夯进速度应符合施工方案要求；承受锤击的管端部无变形、开裂、残缺等现象，并满足接口组对焊接的要求；

检查方法：逐节检查；用钢尺、卡尺、焊缝量规等测量管端部；检查施工技术方案，检查夯进施工记录。

（8）贯通后的管道的允许偏差应符合表 7-27 的规定。

夯管贯通后的管道允许偏差　　　　表 7-27

	检查项目	允许偏差（mm）		检查数量		检查方法
				范围	点数	
1	轴线水平位移	80		每管节	1 点	用经纬仪测量或挂中线用钢尺量测
2	管道内底高程	$D_i<1500$	40			用水准仪测量
		$D_i\geqslant1500$	60			
3	相邻管间错口	≤2				用钢尺量测
4	钢管环向变形	≤0.03 D_i				见《给水排水管道工程施工及验收规范》GB 50268—2008 第 4.6.3 有关规定

7.4　沉管和桥管施工主体结构质量验收标准

1. 沉管基槽浚挖及管基处理规定

主控项目

（1）沉管基槽中心位置和浚挖深度符合设计要求；

检查方法：检查施工测量记录、浚挖记录。

（2）沉管基槽处理、管基结构形式应符合设计要求；

检查方法：可由潜水员水下检查；检查施工记录、施工资料。

一般项目

（3）浚挖成槽后基槽应稳定，沉管前基底回淤量不大于设计和施工方案要求，基槽边坡不陡于《给水排水管道工程施工及验收规范》GB 50268—2008 规定；

检查方法：检查施工记录、施工技术资料；必要时水下检查。

（4）管基处理所用的工程材料规格、数量等符合设计要求；

检查方法：检查施工记录、施工技术资料。

（5）允许偏差应符合表 7-28 的规定。

沉管基槽浚挖及管基处理允许偏差　　　　表 7-28

	检查项目	允许偏差（mm）	检查数量		检查方法
			范围	点数	
1	基槽底部高程	土：0，—300	每 5～10m 取一个断面	基槽宽度不大于 5m 时测 1 点；基槽宽度大于 5m 时测不少于 2 点	用回声测深仪、多波束仪、测深图检查；或用水准仪、经纬仪测量、钢尺量测定位标志，潜水员检查
		石：0，—500			
2	整平后基础顶面高程	压力管道：0，—200			
		无压管道：0，—100			
3	基槽底部宽度	不小于规定		1 点	
4	基槽水平轴线	100			
5	基础宽度	不小于设计要求			
6	整平后基础平整度	砂基础：50			潜水员检查，用刮平尺量测
		砾石基础：150			

2. 组对拼装管道（段）的沉放规定

主控项目

（1）管节、防腐层等工程材料的产品质量保证资料齐全，各项性能检验报告应符合相关国家相关标准规定和设计要求；

检查方法：检查产品质量合格证明书、各项性能检验报告，检查产品制造原材料质量保证资料；检查产品进场验收记录。

（2）陆上组对拼装管道（段）的接口连接和钢管防腐层（包括焊口、补口）的质量经验收合格；钢管接口焊接、聚乙烯管接口熔焊检验符合设计要求，管道预水压试验合格；

检查方法：管道（段）及接口全数观察，按《给水排水管道工程施工及验收规范》GB 50268—2008 第 5 章的相关规定进行检查；检查焊接检验报告和管道预水压试验记录，其中管道预水压试验应按《给水排水管道工程施工及验收规范》GB 50268—2008 第 7.1.7 条第 7 款的规定执行。

（3）管道（段）下沉均匀、平稳，无轴向扭曲、环向变形和明显轴向突弯等现象；水上、水下的接口连接质量经检验符合设计要求；

检查方法：观察；检查沉放施工记录及相关检测记录；检查水上、水下的接口连接检验报告等。

一般项目

（4）沉放前管道（段）及防腐层无损伤，管道无变形；

检查方法：观察，检查施工记录。

（5）对于分段沉放管道，其水上、水下的接口防腐质量检验合格；

检查方法：逐个检查接口连接及防腐的施工记录、检验记录。

（6）沉放后管底与沟底接触均匀和紧密；

检查方法：检查沉放记录；必要时由潜水员检查。

（7）允许偏差应符合表 7-29 的规定。

沉管下沉铺设允许偏差（mm） 表 7-29

	检查项目	允许偏差	检查数量		检查方法
			范围	点数	
1	管道高程	压力管道 0，—200	每 10m	1 点	用回声测深仪、多波束仪、测深图检查；或用水准仪、经纬仪测量、钢尺量测定位标志
		无压管道 0，—100			
2	管道水平轴线位置	50	每 10m	1 点	

3. 预制钢筋混凝土沉放的管节制作应符合下列规定

主控项目

（1）原材料的产品质量保证资料齐全，各项性能检验报告应符合国家相关标准规定和设计要求；

检查方法：检查产品质量合格证明书、各项性能检验报告、进场复验报告。

（2）钢筋混凝土管节制作中的钢筋、模板、混凝土质量经验收合格；

检查方法：按国家有关规范的规定和设计要求进行检查。

（3）混凝土强度、抗渗等级符合设计要求。

检查方法：检查混凝土浇筑记录，检查试块的抗压强度、抗渗试验报告。

检查数量：底板、侧墙、顶板、后浇带等每部位的混凝土，每工作班不应少于1组、且每浇筑100m³为一验收批，抗压强度试块留置不应少于1组；每浇筑500m³混凝土及每后浇带为一验收批，抗渗试块留置不应少于1组。

（4）管节混凝土无严重质量缺陷；

检查方法：按《给水排水管道工程施工及验收规范》附录G的规定进行观察，对可见的裂缝用裂缝观察仪检测；检查技术处理方案。

（5）管节检漏时无线流、滴漏和明显渗水现象；经检测平均渗漏量满足设计要求；

检查方法：逐节检查；进行预水压检漏试验；检查检漏记录。

一般项目

（6）混凝土重度应符合设计要求，其允许偏差为：$+0.01t/m^3$，$-0.02t/m^3$；

检查方法：检查混凝土试块重度检测报告，检查原材料质量保证资料、施工记录等。

（7）预制结构的外观质量不宜有一般缺陷，防水层结构符合设计要求；

检查方法：观察；按《给水排水管道工程施工及验收规范》附录G的规定检查。

（8）允许偏差应符合表7-30的规定。

钢筋混凝土管节预制允许偏差（mm）　　　　　　表7-30

检查项目		允许偏差	检查数量		检查方法
			范围	点数	
1　外包尺寸	长	±10	每10m	各4点	用钢尺量测
	宽	±10			
	高	±5			
2　结构厚度	底板、顶板	±5	每部位	各4点	
	侧墙	±5			
3　断面对角线尺寸差		0.5%	两端面	各2点	
4　管节内净空尺寸	净宽	±10	每10m	各4点	
	净高	±10			
5　顶板、底板、外侧墙的主钢筋保护层厚度		±5	每10m	各4点	
6　平整度		5	每10m	2点	用2m直尺量测
7　垂直度		10	每10m	2点	用垂线测

4. 沉放的预制钢筋混凝土管节接口预制加工（水力压接法）规定

主控项目

（1）端部钢壳材质、焊缝质量等级应符合设计要求；

检查方法：检查钢壳制造材料的质量保证资料、焊缝质量检验报告。

（2）端部钢壳端面加工成型的允许偏差应符合表7-31的规定；

端部钢壳端面加工成型的允许偏差

表 7-31

检查项目		允许偏差（mm）	检查数量		检查方法
			范围	点数	
1	不平整度	<5，且每延米内<1	每个钢壳的钢板面、端面	每2m各1点	用2m直尺量测
2	垂直度	<5		两侧、中间各1点	用垂线吊测全高
3	端面竖向倾斜度	<5	每个钢壳	两侧、中间各2点	全站仪测量或吊垂线测端面上下外缘两点之差

（3）柔性接口橡胶圈材质及相关性能应符合设计要求，其外观质量应符合表 7-32 的规定；

橡胶圈质量外观质量

表 7-32

缺陷名称	中间部分	边翼部分
气泡	直径≤1mm 气泡，不超过 3 处/m	直径≤2mm 气泡，不超过 3 处/m
杂质	面积≤4mm² 气泡，不超过 3 处/m	面积≤8mm² 气泡，不超过 3 处/m
凹痕	不允许	允许有深度不超过 0.5mm、面积不大于 10mm² 的凹痕，不超过 2 处/m
接缝	不允许有裂口及"海绵"现象；高度≤1.5mm 的凸起，不超过 2 处/m	
中心偏心	中心孔周边对称部位厚度差不超过 1mm	

检查方法：观察；检查每批橡胶圈的质量合格证明、性能检验报告。

一般项目

（4）按设计要求进行端部钢壳的制作与安装；

检查方法：逐个观察；检查钢壳的制作与安装记录。

（5）钢壳防腐处理符合设计要求；

检查方法：观察；检查钢壳防腐材料的质量保证资料，检查除锈、涂装记录。

（6）柔性接口橡胶圈安装位置正确，安装完成后处于松弛状态，并完整地附着在钢端面上。

检查方法：逐个观察。

5. 预制钢筋混凝土管的沉放规定

主控项目

（1）沉放前、后管道无变形、受损；沉放及接口连接后管道无滴漏、线漏和明显渗水现象；

检查方法：观察，按《给水排水管道工程施工及验收规范》附录 F 第 F.0.3 条的规定检查渗漏水程度；检查管道沉放、接口连接施工记录。

（2）沉放后，对于无裂缝设计的沉管严禁有任何裂缝；对于有裂缝设计的沉管，其表面裂缝宽度、深度应符合设计要求；

检查方法：观察，对可见的裂缝用裂缝观察仪检测；检查技术处理方案。

（3）接口连接形式符合设计文件要求；柔性接口无渗水现象；混凝土刚性接口密实、无裂缝，无滴漏、线漏和明显渗水现象；

检查方法：逐个观察；检查技术处理方案。

一般项目

（4）管道及接口防水处理符合设计要求；

检查方法：观察；检查防水处理施工记录。

（5）管节下沉均匀、平稳，无轴向扭曲、环向变形、纵向弯曲等现象；

检查方法：观察；检查沉放施工记录。

（6）管道与沟底接触均匀和紧密；

检查方法：潜水员检查；检查沉放施工及测量记录。

（7）允许偏差应符合表7-33的规定。

钢筋混凝土管沉放允许偏差　　　　　表7-33

检查项目		允许偏差（mm）	检查数量		检查方法
			范围	点数	
1	管道高程	压力管道：0，-200	每10m	1点	用水准仪、经纬仪、测深仪测量或全站仪测量
		无压管道：0，-100			
2	沉放后管节四角高差	50	每管节	4点	
3	管道水平轴线位置	50	每10m	1点	
4	接口连接的对接错口	20	每接口每面	各1点	用钢尺量测

6. 沉管的稳管及回填规定

主控项目

（1）稳管、管基二次处理、回填时所用的材料应符合设计要求；

检查方法：观察；检查材料相关的质量保证资料。

（2）稳管、管基二次处理、回填应符合设计要求，管道未发生漂浮和位移现象；

检查方法：观察；检查稳管、管基二次处理、回填施工记录。

一般项目

（3）管道未受外力影响而发生变形、破损；

检查方法：观察。

（4）二次处理后管基承载力符合设计要求；

检查方法：检查二次处理检验报告及记录。

（5）基槽回填应两侧均匀，管顶回填高度符合设计要求。

检查方法：观察，用水准仪或探深仪每10m测1点检测回填高度；检查回填施工、检测记录。

7. 桥管管道的基础、下部结构工程的施工质量的验收标准应按现行作业标准《城市桥梁工程施工及验收规范》CJJ 2 的相关规定和设计要求执行

8. 桥管管道规定

主控项目

（1）管材、防腐层等工程材料的产品质量保证资料齐全，各项性能检验报告应符合相关国家标准规定和设计要求；

检查方法：检查产品质量合格证明书、各项性能检验报告，检查产品制造原材料质量保证资料；检查产品进场验收记录。

（2）钢管组对拼装和防腐层（包括焊口补口）的质量经验收合格；钢管接口焊接检验符合设计要求；

检查方法：管节及接口全数观察；按《给水排水管道工程施工及验收规范》第5章的相关规定进行检查，检查焊接检验报告。

（3）钢管预拼装允许偏差应符合表7-34的规定；

钢管预拼装尺寸的允许偏差 表7-34

检查项目	允许偏差（mm）	检查数量		检查方法
		范围	点数	
长度	±3	每件	2点	用钢尺量测
管口端面圆度	$D_0/500$，且≤5	每端面	1点	
管口端面与管道轴线的垂直度	$D_0/500$，且≤3	每端面	1点	用焊缝量规测量
侧弯曲矢高	$L/1500$，且≤5	每件	1点	用拉线、吊线和钢尺量测
跨中起拱度	$±L/5000$	每件	1点	
对口错边	$t/10$，且≤2	每件	3点	用焊缝量规、游标卡尺测量

注：L 为管道长度，单位为 m；t 为管道壁厚，单位为 mm。

（4）桥管位置应符合设计要求，安装方式正确，且安装牢固、结构可靠、管道无变形和裂缝等现象；

检查方法：观察，检查相关施工记录。

一般项目

（5）桥管的基础、下部结构工程的施工质量经验收合格；

检查方法：按国家有关规范的规定和设计要求进行检查，检查其施工验收记录。

（6）管道安装条件经检查验收合格，满足安装要求；

检查方法：观察；检查施工方案、管道安装条件交接验收记录。

（7）桥管钢管分段拼装焊接时，接口的坡口加工、焊缝质量等级应符合焊接工艺和设计要求；

检查方法：观察，检查接口的坡口加工记录、焊缝质量检验报告。

（8）管道支架规格、尺寸等，应符合设计要求；支架应安装牢固、位置正确，工作状况及性能符合设计文件和产品安装说明的要求；

检查方法：观察；检查相关质量保证及技术资料、安装记录、检验报告等。

（9）桥管管道安装的允许偏差应符合表7-35的规定；

桥管管道安装的允许偏差 表7-35

	检查项目		允许偏差（mm）	检查数量		检查方法
				范围	点数	
1	支架	顶面高程	±5	每件	1点	用水准仪测量
		中心位置（轴向、横向）	10		各1点	用经纬仪测量，或挂中线用钢尺量测
		水平度	$L/1500$		2点	用水准仪测量

检查项目		允许偏差（mm）	检查数量		检查方法
			范围	点数	
2	管道水平轴线位置	10	每跨	2点	用经纬仪测量
3	管道中部垂直上拱矢高	10		1点	用水准仪测量，或拉线和钢尺量测
4	支架地脚螺栓（锚栓）中心位移	5			用经纬仪测量，或挂中线用钢尺量测
5	活动支架的偏移量	符合设计	每件	1点	用钢尺量测
6	弹簧支架 工作圈数	≤半圈			观察检查
	在自由状态下，弹簧各圈节距	≤平均节距10%			用钢尺量测
	两端支承面与弹簧轴线垂直度	≤自由高度10%			挂中线用钢尺量测
7	支架处的管道顶部高程	±10			用水准仪测量

注：L 为支架底座的边长，单位为 m。

（10）钢管涂装材料、涂层厚度及附着力符合设计要求；涂层外观应均匀，无褶皱、空泡、凝块、透底等现象，与钢管表面附着紧密，色标符合规定；

检查方法：观察；用5～10的放大镜检查；用测厚仪量测厚度。

检查数量：涂层干膜厚度每5m测1个断面，每个断面测相互垂直的4个点；其实测厚度平均值不得低于设计要求，且小于设计要求厚度的点数不应大于10%，最小实测厚度不应低于设计要求的90%。

7.5 管道附属构筑物质量验收标准

1. 井室要求

主控项目

（1）所用的原材料、预制构件的质量应符合国家有关标准规定和设计要求。

检查方法：检查产品质量合格证明书、各项性能检验报告，进场验收记录。

（2）砌筑水泥砂浆强度等级、结构混凝土强度等级符合设计要求。

检查方法：检查水泥砂浆强度、混凝土抗压强度试块试验报告。

检查数量：每50m³砌体或混凝土每浇筑1个台班一组试块。

（3）砌筑结构应灰浆饱满、灰缝平直，不得有通缝、瞎缝；预制装配式结构应坐浆、灌浆饱满密实，无裂缝；混凝土结构无严重质量缺陷；井室无渗水、水珠现象。

检查方法：逐个观察。

一般项目

（4）井壁抹面应密实平整，不得有空鼓、裂缝等现象；混凝土无明显一般质量缺陷；井室无明显湿渍现象。

检查方法：逐个观察。

（5）井内部构造符合设计和水力工艺要求，且部位位置及尺寸正确，无建筑垃圾等杂物；检查井流槽应平顺、圆滑、光洁。

检查方法：逐个观察。

（6）井室内踏步位置正确、牢固。

检查方法：逐个观察，用钢尺量测。

（7）井盖、座规格符合设计要求，安装稳固。

检查方法：逐个观察。

（8）允许偏差应符合表7-36的规定。

井室允许偏差 表7-36

检查项目			允许偏差（mm）	检查数量		检查方法
				范围	点数	
1	平面轴线位置（轴向、垂直轴向）		15	每座	2	用钢尺量测、经纬仪测量
2	结构断面尺寸		+10，0		2	用钢尺量测
3	井室尺寸	长、宽	±20		2	用钢尺量测
		直径				
4	井口高程	农田或绿地	+20		1	
		路面	与道路规定一致			
5	井底高程	开槽法管道铺设 $D_i \leqslant 1000$	±10		2	用水准仪测量
		开槽法管道铺设 $D_i > 1000$	±15			
		不开槽法管道铺设 $D_i < 1500$	+10，−20			
		不开槽法管道铺设 $D_i \geqslant 1500$	+20，−40			
6	踏步安装	水平及垂直间距、外露长度	±10			
7	脚窝	高、宽、深	±10		1	用尺量测偏差较大值
8	流槽宽度		+10			

2. 雨水口及支、连管要求

主控项目

（1）所用的原材料、预制构件的质量应符合国家有关标准规定和设计要求。

检查方法：检查产品质量合格证明书、各项性能检验报告，进场验收记录。

（2）雨水口位置正确，深度符合设计要求，安装不得歪扭；

检查方法：逐个检查，用水准仪、钢尺量测。

（3）井框、井箅应完整、无损、安装平稳、牢固；支、连管应直顺，无倒坡、错口等破损现象；

检查数量：全数观察。

（4）井内、连接管道内无线漏、滴漏现象；

检查数量：全数观察。

一般项目

（5）雨水口砌筑勾缝应直顺、坚实，不得漏勾、脱落；内外壁抹面平整光洁；

检查数量：全数观察。

（6）支、连管内清洁、流水畅通，无明显渗水现象；

检查数量：全数观察。

（7）雨水口、支管的允许偏差应符合表7-37的规定。

	检查项目	允许偏差（mm）	检查数量		检查方法
			范围	点数	
1	井框、井箅吻合	≤10	每座	1	用钢尺量测较大值（高度、深度亦可用水准仪测量）
2	井口与路面高差	−5，0			
3	雨水口位置与道路边线平行	≤10			
4	井室尺寸	长、宽：+20，0			
		深：0，−20			
5	井内支、连管管口底高度	0，20			

3. 支墩要求

主控项目

（1）所用的原材料质量应符合国家有关标准规定和设计要求。

检查方法：检查产品质量合格证明书、各项性能检验报告，进场验收记录。

（2）支墩地基承载力、位置符合设计要求；支墩无位移、沉降；

检查方法：全数观察；检查施工记录、施工测量记录、地基处理技术资料。

（3）砌筑水泥砂浆强度，结构混凝土强度符合设计要求；

检查方法：检查水泥砂浆强度、混凝土抗压强度试块试验报告。

检查数量：每 50m³ 砌体或混凝土每浇筑 1 个台班一组试块。

一般项目

（4）混凝土支墩应表面平整、密实；砖砌支墩应灰缝饱满，无通缝现象，其表面抹灰应平整、密实；

检查方法：逐个观察。

（5）支墩支承面与管道外壁接触紧密，无松动、滑移现象；

检查数量：全数观察。

（6）管道支墩的允许偏差应符合表 7-38 的规定。

管道支墩的允许偏差 表 7-38

	检查项目	允许偏差（mm）	检查数量		检查方法
			范围	点数	
1	平面轴线位置（轴向、垂直轴向）	15	每座	2	用钢尺量测或经纬仪测量
2	支撑面中心高程	±15		1	用水准仪测量
3	结构断面尺寸（长、宽、厚）	+10，0		3	用钢尺量测

第8章　城市轨道交通与隧道工程质量验收标准

8.1　明挖法隧道质量验收标准

8.1.1　桩基础质量检查

1. 检查内容

资料检查：预制桩的产品合格证和记录；预制桩接桩材料合格证、复检报告；灌注桩原材料合格证、进场记录和复试报告；材料进场记录；桩基施工方案；钻进记录、浇桩记录、打（压）桩记录、隐蔽记录等。

实体检查：预制桩外观质量，表面缺陷情况；桩基桩长、截面、桩顶高程、贯入度及混凝土强度；灌注桩孔径、孔深、沉渣厚度、泥浆比重、黏度；钢筋笼制作成型质量，钢筋间距、垫块设置数量、保护层控制情况，焊接有无漏焊、脱焊、过焊、咬肉等缺陷等。

2. 现场检查

沉入桩现场检查项目一览表　　　　　　　　　　　　　　　　　　　表 8-1

序号	项目	允许偏差（mm）	检查方法
1	桩尖标高	±100	用水准仪测量桩顶高程后计算

灌注桩现场检查项目一览表　　　　　　　　　　　　　　　　　　　表 8-2

序号	项目	允许偏差（mm）	检查方法
1	混凝土抗压强度	必须符合《混凝土强度检验评定标准》GB/T 50107—2010	现场抽取试块，委托检测机构检测
2	孔径	不小于设计规定	用探孔器检验
3	孔深	+500，0	用测绳测量

8.1.2　地下连续墙质量检查

《地下铁道工程施工及验收规范》GB 50299—1999

（1）地下连续墙每一单元槽段施工，应对下列项目进行中间检验，并符合有关规定：

1）钢筋笼制作的长、宽、高和钢筋间距、焊接、预埋件位置及钢筋笼吊装、入槽深度及位置；

2）泥浆配制及循环泥浆和废弃泥浆的处理；

3）槽段成槽后的宽、深和垂直度及清底和接头壁清刷；

4）锁口管吊装时的插入深度、垂直度及起拔方法和时间；

5）混凝土配合比、坍落度、导管布置及混凝土灌注。

（2）基坑开挖后应进行地下连续墙验收，并符合下列规定：

1）混凝土抗压强度和抗渗压力应符合设计要求，墙面无露筋、露石和夹泥现象；

2）墙体结构允许偏差应符合表 8-3 的要求。

地下连续墙各部位允许偏差值（mm）　表 8-3

允许偏差 项目	临时支护墙体	单一或复合墙体
平面位置	±50	+30 0
平整度	50	30
垂直度（‰）	5	3
预留孔洞	50	30
预埋件	—	30
预埋连接筋	—	30
变形缝	—	±20

注：平面位置以隧道线路中线为准进行测量。

（3）工程竣工验收应提供下列资料：

1）原材料质量合格证；

2）图纸会审记录、变更设计或洽商记录；

3）单元槽段中间验收记录；

4）工程测量定位记录；

5）各种试验报告和质量评定记录；

6）废弃泥浆处理报告；

7）基坑开挖后地下连续墙结构验收记录；

8）隐蔽工程验收记录；

9）开竣工报告；

10）竣工图。

8.1.3 基坑验槽

1. 检查内容

资料检查：基坑测量放线，平面定位和高程定位测量记录；基坑验槽记录等。

实体检查：基底严禁超挖、扰动、受冻、水浸或存在异物、杂土、淤泥、土质松软及软硬不均等现象，如出现此类问题必须进行专项处理，并留下相关原始记录。

2. 现场检查

基坑验槽现场检查项目、检查方法见表 8-4。

基坑验槽现场检查项目一览表　表 8-4

序号	项目	允许偏差（mm）	检查方法
1	基底高程	+10，−20	用水准仪测量
2	基底平整度	20（1m 范围内不得多于 1 处）	用 3m 尺量

8.1.4 主体结构施工质量检查

1. 检查内容

资料检查：钢筋原材料、混凝土半成品出厂合格证书、检验报告，钢筋连接（机械连接、焊接）件检测报告；混凝土配合比设计；材料进场记录；模板工程预检记录；钢筋制作安装、钢筋骨架隐蔽记录。

实体检查：

模板工程：模板接缝应严密，不漏浆，在混凝土浇筑前，木模应浇水湿润，但模板内不应有积水；模板与混凝土的接触面应清理干净并涂刷隔离剂，但不得采用影响结构性能或妨碍装饰工程施工的隔离剂；在涂刷脱模剂时，不得沾污钢筋和混凝土接槎处；浇筑混凝土前，模板内的杂物应清理干净；固定在模板上的预埋件、预留孔和预留洞不得遗漏，且应安装牢固。

钢筋工程：受力钢筋的品种、级别、规格和数量必须符合设计要求；纵向受力钢筋的连接方式应符合设计要求；钢筋的接头宜设置在受力较小处；同一纵向受力钢筋不宜设置两个或两个以上接头，接头末端至钢筋弯起点的距离不应小于钢筋直径的 10 倍；当受力钢筋采用机械连接接头或焊接接头时，设置在同一构件内的接头宜相互错开；同一构件中相邻纵向受力钢筋的绑扎搭接接头宜相互错开。绑扎搭接接头中钢筋的横向净距不应小于钢筋直径，且不应小于 25mm。

混凝土工程：抗压、抗渗试块的留置应按照《混凝土结构工程施工质量验收规范》GB 50204—2002 第 7.4.1，7.4.2 条执行；现场检查混凝土到场外观，不得有离析现象；现场检查到场混凝土坍落度；混凝土运输浇筑及间歇的全部时间不应超过混凝土的初凝时间；同一施工段的混凝土应连续浇筑，并应在底层混凝土初凝之前将上一层混凝土浇筑完毕；当底层混凝土初凝后浇筑上一层混凝土时，应按施工技术方案中对施工缝的要求进行处理。

2. 现场检查

主体结构各部位混凝土浇筑前主要检查项目、允许偏差、检查方法见表 8-5。

主体结构现场检查项目一览表　　　　　　　　　　　　　表 8-5

序号	项目		允许偏差（mm）	检查方法
1	钢筋原材、连接件、混凝土强度抗压、抗渗强度		符合设计和规范要求	现场抽取试件，委托检测机构检测
2	钢筋骨架		长	用钢尺检查
			宽、高	
3	受力钢筋	间距	±10	
		排距	±5	
		保护层厚度	±3	
4	模板	截面内部尺寸	+4，−5	用钢尺检查
		相邻两板表面高低差	2	
		表面平整度	5	
5	预埋件中心线位置	预埋管、钢板、预留孔	3	用钢尺检查
		插筋	5	
		螺栓	2	
		预留洞	10	

8.1.5 防水层施工质量检查

检查内容：

资料检查：防水材料出厂合格证书、检验报告，抽检报告；材料进场记录；基面隐蔽记录。

实体检查：防水层的基面应洁净、平整，不得有空鼓、松动、起砂和脱皮现象；基层阴阳角处应做成圆弧形；防水层应与基层粘结牢固，表面平整、涂刷均匀，不得有流淌、皱折、鼓泡、露胎体和翘边等缺陷；防水层的平均厚度应符合设计要求，最小厚度不得小于设计厚度的80%；侧墙防水层的保护层与防水层粘结牢固，结合紧密，厚度均匀一致。

8.1.6 路面施工质量检查

检查内容：

资料检查：沥青混凝土配合比设计；沥青混凝土原材料、半成品出厂合格证书、检验报告，抽检报告；材料进场记录；基面隐蔽记录。

实体检查：铺装基面应平整，清扫干净，无污染、无积水；侧石平顺，无折角；侧石高度一致、无起伏；横截沟、排水沟、盖板安装牢固，衔接齐顺。

8.1.7 给水及消防系统水压试验

检查内容：

资料检查：水泵等设备出厂合格证、检测报告；设备进场手续；主要阀门、管道的强度试验和严密性试验记录；给水管道水压试验；电机水泵使用功能检验；给排水工程记录。

实体检查：水压过程中检查管道表观缺陷，遇有缺陷时，应作出标记，卸压后修补；检查接口、管身破损及漏水现象。

8.1.8 电气照明系统联动调试

检查内容：

资料检查：电气设备原材料、半成品及设备出厂合格证（含CCC认证证书）、进场检验记录和复试报告；绝缘和接地电阻测试记录；照度检测报告；电气工程质量记录。

实体检查：套管的安装质量；配电箱、柜安装质量；电气保护接地和避雷接地。

8.1.9 通风系统调试

检查内容：

资料检查：原材料、半成品及设备出厂合格证、进场检验记录；调试记录与风速、风量等测试报告；通风空调工程质量记录。

实体检查：风机、风管安装质量；设备运转是否正常。

8.1.10 弱电智能化系统联动调试

检查内容：

资料检查：原材料及设备出厂合格证（含CCC认证证书），进场记录；调试记录和测试记录；监控系统工程质量记录。

实体检查：各子系统是否运转正常，可以实现监控目的。

8.1.11 资料和现场实体质量检查内容

（1）地基处理与桩基、基坑支护结构、主体结构的施工质量、试验检测、隐蔽记录：

1）地基处理：

原材料合格证、进场检验记录和复试报告；地基处理的施工方案；地基处理的施工记录和施工质量；地基处理相关检测。

2）桩基工程：

预制桩、接桩材料的产品合格证、复试报告和记录；灌注桩混凝土及钢材合格证、进场记录和复试报告；桩基施工方案；钻进记录、浇桩记录、打（压）桩记录、隐蔽记录和施工质量；桩基承载力和桩身质量检验。

3）基坑支护结构：

原材料合格证、进场检验记录和复试报告；基坑支护的施工方案；施工记录、隐蔽和施工质量；基坑支护监测方法、数量和结果。

4）主体结构：

原材料出厂合格证书、检验报告、进场记录、抽检报告；钢筋制作与安装、连接（机械连接、焊接、绑扎）件检测报告和施工质量；模板制作与安装质量和预埋件、预留孔位置；混凝土配合比及计量情况；混凝土浇筑记录及浇筑质量；混凝土抗压强度及评定；防水混凝土抗渗等级检测报告；混凝土结构外观质量；防水工程细部构造施工质量；预制构件安装质量；回填质量。

（2）基坑开挖与支护、混凝土、钢筋、钢结构制作与安装、结构防水、隧道抗渗堵漏及其他涉及结构安全与耐久性的关键工序：

1）地基处理、桩基质量、基坑支护质量、基坑；

2）钢筋加工与连接、钢筋成型与安装；

3）现浇混凝土结构工程质量；

4）钢结构制作与安装质量；

5）地下防水质量；

6）抗渗堵漏质量。

（3）基坑位移、地面沉降、隧道轴线、结构限界等与结构安全、使用功能和环境影响相关的重要指标：

1）基坑监测；

2）地面、构筑物沉降观测；

3）隧道轴线测量放样记录与复测；

4）结构限界测量。

（4）成型隧道工程总体质量监督检查

1）隧道结构竣工后，混凝土抗压强度和抗渗压力必须符合设计要求；

2）隧道混凝土外观质量良好，无露筋、露石，裂缝应修补好；

3）防水工程达到防水设计等级要求；

4）结构尺寸允许偏差值见表 8-6。

隧道结构各部位允许偏差值（mm）　　　　表 8-6

项目	允许偏差												检查方法
	垫层	先贴防水保护层	后贴防水保护层	底板	顶板上表面	顶板下表面	内墙	外墙	柱子	变形缝	预留件	预埋件	
平面位置	±30	—	—	—	—	—	±10	±15	纵向±20横向±10	±10	±20	±20	以线路中线为标准尺检查
垂直度（‰）	—	—	—	—	—	—	2	3	1.5	3	—	—	线锤加尺检查
直顺度	—	—	—	—	—	—	—	—	—	—	5	—	拉线检查
平整度	5	5	10	15	5	10	5	10	5	—	—	—	用2m靠尺检查
高程	+5 −10	+0 −10	+20 −10	±20	+30 0	+30 0	—	—	—	—	—	—	用水准仪测量
厚度	±10	—	—	±15	±10		±15		—	—	—	—	用尺检查

8.1.12　工程竣工验收资料检查内容

（1）原材料、成品、半成品质量合格证；

（2）图纸会审记录、变更设计或洽商记录；

（3）各种试验报告和质量评定记录；

（4）工程测量定位记录；

（5）隐蔽工程验收记录；

（6）基础、结构工程验收记录；

（7）开竣工报告；

（8）竣工图。

8.2　浅埋暗挖法（喷锚）隧道质量验收标准

8.2.1　初期支护

1. 检查内容

（1）资料检查：钢筋、锚杆、水泥、砂、石等原材料、半成品及设备出厂合格证、进场检验记录；钢格栅试拼检查记录；大管棚施工记录；小导管施工记录；锚杆施工记录；格栅钢架加工检查记录；钢架安装记录；喷射混凝土施工记录；压注浆施工记录。

（2）实体检查：

钢筋格栅、钢筋网加工及架设：钢筋格栅和钢筋网采用的钢筋种类、型号、规格应符合设计要求，其施焊应符合设计及钢筋焊接标准的规定；拱架（包括拱顶和墙拱架）应圆顺，直墙架应直顺；钢筋格栅组装后应在同一平面。钢筋格栅安装应符合以下规定：基面应坚实并清理干净，必要时进行预加固；钢筋格栅应垂直线路中线；钢筋格栅与壁面应楔紧，每片钢筋格栅节点及相邻格栅纵向必须分别连接牢固。钢筋网铺设应平整，并与钢筋格栅或锚杆连接牢固，每层钢筋网之间应搭接牢固，搭接长度不应小于200mm。

喷射混凝土：采用锤击法检查喷层与围岩以及喷层之间粘结；喷射混凝土应密实、平整、无裂缝、脱落、漏喷、漏筋、空鼓、渗漏水等现象。

2. 现场检查

初期支护现场检查项目、允许偏差、检查方法见表8-7。

初期支护现场检查一览表　　　　　　表8-7

序号	项目	允许偏差（mm）	检查方法
1	喷射混凝土厚度	60%以上不小于设计厚度，最小值不小于设计厚度1/3，总平均值不小于设计厚度	凿孔检查
2	喷射混凝土平整度	30	用水准仪量测
3	矢弦比	不大于1/6	用尺量

8.2.2　防水层铺贴及二次衬砌混凝土浇筑

（1）资料检查：钢筋原材料、混凝土半成品出厂合格证书、检验报告，抽检报告；钢筋连接（机械连接、焊接）件检测报告；混凝土配合比设计；材料进场记录；监控测量方案；模板工程预检记录；钢筋制作安装、钢筋骨架隐蔽记录。

（2）实体检查：

防水层铺贴：基面应坚实、平整、圆顺、无漏水现象，基面平整度不得超过50mm；防水层的衬层应沿隧道环向由拱顶向两侧依次铺贴平顺，并与基面固定牢固，其长、短边搭接长度均不应小于50mm；防水卷材应沿隧道环向由拱顶向两侧依次铺贴，其长、短边搭接长度均不应小于100mm；相邻两幅卷材接缝应错开，错开位置距结构转角处不应小于600mm；卷材搭接处应采用双焊缝焊接，焊缝宽度不应小于10mm，且均应连续，不得有假焊、漏焊、焊焦、焊穿等现象。

二次衬砌：钢筋、模板、混凝土的相关内容检查同明挖法隧道，要点补充如下：拱部模板应预留沉落量10～30mm，其高程最大允许偏差为设计高程加预留沉落量＋10mm；变形缝端头模板处的填缝板中心应与初期支护结构变形缝重合；变形缝与垂直施工缝端头模板应与初期支护结构间的缝隙嵌堵严密，支立必须垂直、牢固。

现场检查项目、允许偏差、检查方法除明挖法隧道现场检查内容外，补充见表8-8。

防水层铺贴及二次衬砌混凝土浇筑现场检查项目一览表　　　表8-8

序号	项目	允许偏差（mm）	检查方法
1	防水卷材搭接	不小于100	用尺量

（3）沥青混凝土摊铺前、给水及消防系统水压试验、电气照明系统联动调试、通风系统调试、弱电智能化系统联动调试等监督控制点检查同明挖法隧道。

8.2.3　现场检查内容

（1）竖井开挖、结构；

（2）超前导管和管棚支护、注浆加固；

(3) 钻爆施工方案及审批；

(4) 隧道开挖方法及地质描述；

(5) 初期支护结构钢筋格栅及钢筋网加工、安装及喷射混凝土施工质量；

(6) 混凝土原材料、配合比和试验；

(7) 防水层材料及基面检验和衬层、卷材的铺贴；

(8) 二次衬砌结构钢筋加工及绑扎，模板支立，预埋件安装和混凝土浇筑；

(9) 二次衬砌结构成型允许偏差见表 8-9。

隧道二次衬砌结构允许偏差（mm）　　　　表 8-9

项目	允许偏差						
	内墙	仰拱	拱部	变形缝	柱子	预埋件	预留孔洞
平面位置	±10	—	—	±20	±10	±20	±20
垂直度（‰）	2	—	—	—	2	—	—
高程	—	±15	+30，−10	—	—	—	—
直顺度	—	—	—	5	—	—	—
平整度	15	20	15	—	5	—	—

8.2.4　工程竣工验收质量检查内容

(1) 原材料、成品、半成品质量合格证；

(2) 图纸会审记录、变更设计或洽商记录；

(3) 各种试验报告和质量评定记录；

(4) 工程测量定位记录；

(5) 隐蔽工程验收记录；

(6) 冬季施工热工计算及施工记录；

(7) 监控量测记录；

(8) 开竣工报告；

(9) 竣工图。

8.3　盾构法隧道质量验收标准

8.3.1　钢筋混凝土管片验收

主控项目

(1) 管片出厂时的混凝土强度与抗渗等级必须符合设计要求。

检查数量：应符合现行国家标准《混凝土结构工程施工质量验收规范》GB 50204 的规定。

检验方法：检查同条件混凝土试件的强度和抗渗报告。

(2) 管片混凝土外观质量不应有严重缺陷，缺陷等级宜按表 8-10 划分。

检查数量：全数检查。

检验方法：观察或尺量。

混凝土管片外观质量缺陷等级　　　　　　　　　　　　　表 8-10

名称	现象	缺陷等级
露筋	管片内钢筋未被混凝土包裹而外露	严重缺陷
蜂窝	混凝土表面缺少水泥砂浆而形成石子外露	严重缺陷
孔洞	混凝土内孔穴深度和长度均超过保护层厚度	严重缺陷
夹渣	混凝土内夹有杂物且深度超过保护层厚度	严重缺陷
疏松	混凝土中局部不密实	严重缺陷
裂缝	可见的贯穿裂缝	严重缺陷
	长度超过密封槽、宽度大于 0.1mm、且深度大于 1mm 的裂缝	严重缺陷
	非贯穿性干缩裂缝	一般缺陷
外形缺陷	棱角磕碰、飞边等	一般缺陷
外表缺陷	密封槽部位在长度 500mm 的范围内存在直径大于 5mm、深度大于 5mm 的气泡超过 5 个	严重缺陷
	管片表面麻面、掉皮、起砂、存在少量气泡等	一般缺陷

一般项目

（3）存在一般缺陷的管片数量不得大于同期生产管片数量的 10%，并应由生产厂家按技术要求处理后重新验收。

检验数量：全数检查。

检验方法：观察，检查技术处理方案。

（4）管片的尺寸偏差应符合《盾构法隧道施工与验收规范》GB 50446 第 6.7.2 条第 5 款的规定。

检验数量：每日生产且不超过 15 环，抽查 1 环。

检验方法：尺量。

（5）水平拼装检验的频率和结果应符合《盾构法隧道施工与验收规范》GB 50446 第 6.7.3 条的规定。

检验方法：尺量。

（6）管片成品检测测试应按设计要求进行。

检查数量：管片每生产 100 环应抽查 1 块管片进行检漏测试，连续 3 次达到检测标准，则改为每生产 200 环抽查 1 块管片，再连续 3 次达到检测标准，按最终检测频率为 400 环抽查 1 块管片进行检漏测试。如出现一次不达标，则恢复每 100 环抽查 1 块管片的最初检测频率，再按上述要求进行抽检。当检漏频率为每 100 环抽查 1 块管片时，如出现不达标，则双倍复检，如再出现不达标，必须逐块检测。

检查方法：观察、尺量。

8.3.2　成型隧道验收

主控项目

（1）结构表面应无裂缝、无缺棱掉角，管片接缝应符合设计要求。

检验数量：全数检查；

检验方法：观察检验，检查施工日志。

（2）隧道防水应符合设计要求。

检验数量：逐环检查；

检验方法：观察检验，检查施工日志。

（3）衬砌结构不应侵入建筑限界。

检验数量：每5环检验一次；

检验方法：全站仪、水准仪量测。

（4）隧道轴线平面位置和高程偏差应符合表8-11的要求。

隧道轴线平面位置和高程偏差应　　　　　　　　　　　　　　　　表8-11

项目	允许偏差（mm）			检验方法	检查频率
	地铁隧道	公路隧道	水工隧道		
隧道轴线平面位置	±100	±150	±150	全站仪	10环
隧道轴线高程	±100	±150	±150	水准仪	

一般项目

（5）隧道允许偏差值应符合表8-12的规定。

隧道允许偏差　　　　　　　　　　　　　　　　　　　　表8-12

项目	允许偏差（mm）			检验方法	检查频率
	地铁隧道	公路隧道	水工隧道		
衬砌环直径椭圆度	±0.5%D	±0.8%D	±1%D	尺量后计算	10环
相邻管片的径向错台	10	12	15	尺量	4点/环
相邻管片环向错台	15	17	20	尺量	1点/环

（6）工程竣工验收质量检查内容：

1）原材料、成品、半成品质量合格证；

2）图纸会审记录、变更设计或洽商记录；

3）各种试验报告和质量评定记录；

4）工程测量定位记录；

5）隐蔽工程验收记录；

6）隧道初砌环轴高程、平面偏移值；

7）隧道初衬渗漏水量监测值；

8）监控量测记录；

9）开竣工报告；

10）竣工图。

参 考 文 献

［1］ 纪迅，李云，陈曦. 施工员专业基础知识［M］. 南京：河海大学出版社，2010.

［2］ 杜爱玉，高会访，杜翠霞等. 市政工程测量与施工放线一本通［M］. 北京：中国建材工业出版社，2009.

［3］ 中华人民共和国行业标准. CJJ 1—2008 城镇道路工程施工与质量验收规范［S］. 北京：中国建筑工业出版社，2008.

［4］ 张学宏. 建筑结构（第2版）［M］. 北京：中国建筑工业出版社，2003.

［5］ 中华人民共和国国家标准. GB 50268—2008 给水排水管道工程施工及验收规范［S］. 北京：中国建筑工业出版社，2008.

［6］ 叶刚. 施工员必读［M］. 北京：中国电力出版社，2004.

［7］ 楼丽凤. 市政工程建筑材料［M］. 北京：中国建筑工业出版社，2003.

［8］ 侯治国，周绥平. 建筑结构（第2版）［M］. 武汉：武汉理工大学出版社，2004.

［9］ 中华人民共和国行业标准. CJJ 2—2008 城市桥梁工程施工与质量验收规范［S］. 北京：中国建筑工业出版社，2008.

［10］ 中华人民共和国国家标准. GB 50268—2008 给水排水管道工程施工及验收规范［S］. 北京：中国建筑工业出版社，2008.

［11］ 王长峰等. 现代项目管理概论［M］. 北京：机械工业出版社，2008

［12］ 刘军. 施工现场十大员技术管理手册——安全员［M］. 北京：中国建筑工业出版社，2005.

［13］ 中华人民共和国行业标准. JGJ/T 250—2011 建筑与市政工程施工现场专业人员职业标准［S］. 北京：中国建筑工业出版社，2012.